普通高等教育"十二五"规划教材

微积分及其应用

下册

主　编　黄福同
副主编　许　国　于　宁
主　审　王继忠

机械工业出版社

本书根据教育部最新颁布的高等学校经济管理类本科生微积分课程教学基本要求及研究生入学考试数学考试大纲编写而成. 全书分上、下两册，本书为下册，内容包括空间解析几何与向量代数、多元函数微分学、二重积分、无穷级数、微分方程与差分方程等内容，书末还附有二阶、三阶行列式简介和习题答案与提示.

本书结构严谨，叙述条理清晰，着重微积分在经济管理方面的应用，注重计算机对教学的辅助作用，并在每章后配有数学实验，可供高等学校经济管理及相关专业本科教学使用.

图书在版编目（CIP）数据

微积分及其应用 . 下册/黄福同主编. —北京：机械工业出版社，2014.4（2018.11 重印）

普通高等教育“十二五”规划教材

ISBN 978 - 7 - 111 - 45629 - 2

Ⅰ.①微… Ⅱ.①黄… Ⅲ.①微积分 - 高等学校 - 教材 Ⅳ. ①O172

中国版本图书馆 CIP 数据核字（2014）第 018093 号

机械工业出版社（北京市百万庄大街 22 号 邮政编码 100037）

策划编辑：郑 玫 责任编辑：郑 玫 李 乐

版式设计：常天培 责任校对：张莉娟

封面设计：张 静 责任印制：常天培

北京京丰印刷厂印刷

2018 年 11 月第 1 版 · 第 3 次印刷

169mm × 239mm · 11.75 印张 · 233 千字

标准书号：ISBN 978 - 7 - 111 - 45629 - 2

定价：29.80 元

凡购本书，如有缺页、倒页、脱页，由本社发行部调换

电话服务	网络服务
服务咨询热线：010 - 88379833	机 工 官 网：www.cmpbook.com
读者购书热线：010 - 88379649	机 工 官 博：weibo.com/cmp1952
	教育服务网：www.cmpedu.com
封面无防伪标均为盗版	金 书 网：www.golden-book.com

前　　言

本书是根据教育部最新颁布的高等学校经济管理类本科生微积分课程教学基本要求及研究生入学考试数学考试大纲，按照经济管理类专业人才的培养目标要求，结合教学改革与发展实际，在认真分析、总结、吸收高等院校经济管理类微积分课程教学改革经验的基础上，按照科学性、创新性、适用性和实践性为高等学校经济管理类本科生编写的，适合经济管理及相关专业本科教学选用．本书有以下几个特点：

1. 保持经典教材的优点，注重突出微积分的基本思想，并把多年来的教学经验、教学成果与教材相融合；优化内容结构，适当降低理论深度，减少对解题技巧的训练，使教材更符合学生的认知规律．

2. 从实际问题出发，引入微积分的一些基本概念和理论，将微积分和经济学的有关内容有机结合；应用实例的选取做到了“直观化”“生活化”“科学化”；融入了数学建模的思想，既突出了微积分的基本思想，又强化了理论知识的应用．

3. 将数学实验的内容融入教材中，通过实验模拟减少理论的抽象性，增强数值计算、理论应用的趣味性．

4. 本教材配套的学生用全程学习指导内容丰富，每章包括预习导引、知识梳理、释疑解难、典型题精讲、教材习题选解和自测题六部分，实现了对教材的导读导学、答疑解惑、归纳整理及知识的拓延提升．

本书由黄福同组织编写和统稿．第六章由赵永谦编写，第七章由于正文编写，第八章由许国编写，第九章由于宁编写，第十章由黄福同编写，各章的实验部分由葛倩编写．王继忠教授不辞辛劳地完成了本书的审稿工作，并提出了许多建设性的建议，在此向他表示衷心感谢！

本书的编写参阅了许多专家、学者的教材论著及文献，并引用了部分论著中的例子，恕不一一指明出处，在此一并向有关作者致谢！

书中难免有不妥之处，恳请读者给予批评指正．

编　者

目　　录

第六章　空间解析几何与向量代数

空间解析几何是学习多元函数微积分的基础，空间向量是研究空间解析几何最有效的工具，在工程技术中有着广泛的应用.

本章首先建立空间直角坐标系并介绍向量概念及向量的某些运算，然后介绍空间曲线和空间曲面的方程.

第一节　空间直角坐标系

与平面解析几何一样，我们先引进空间直角坐标系，并建立空间中的点与有序数组之间的一一对应关系.

在空间取一定点 O，以 O 为原点，作三条互相垂直且具有相同长度单位的数轴，分别称为 x **轴**、y **轴**和 z **轴**，或者分别叫做**横轴**、**纵轴**和**竖轴**. 通常把 x 轴和 y 轴放在水平面上，z 轴垂直于它们所确定的平面；三条轴的正方向符合右手规则，即以右手握住 z 轴，当右手四指从 x 轴正向以 $\frac{\pi}{2}$ 的角度转向 y 轴正向时，大拇指的方向是 z 轴的正向，如图 6-1 所示. 这样的三条坐标轴就建立了一个空间直角坐标系，点 O 叫做**坐标原点**(或**原点**). 由三条坐标轴中的任意两条所确定的三个平面统称为**坐标平面**，分别称为 xOy 面、yOz 面与 zOx 面. 三个坐标平面把空间分成了八个部分，每一部分叫做**一个卦限**. 在 xOy 面的上方有四个卦限，含有 x 轴、y 轴和 z 轴的正半轴的那个卦限叫做第Ⅰ卦限，然后从 z 轴的正方向看，按逆时针顺序其他依次为第Ⅱ、第Ⅲ和第Ⅳ卦限. 位于第Ⅰ、第Ⅱ、第Ⅲ和第Ⅳ卦限下面的四个卦限分别为第Ⅴ、第Ⅵ、第Ⅶ和第Ⅷ卦限. (图 6-2).

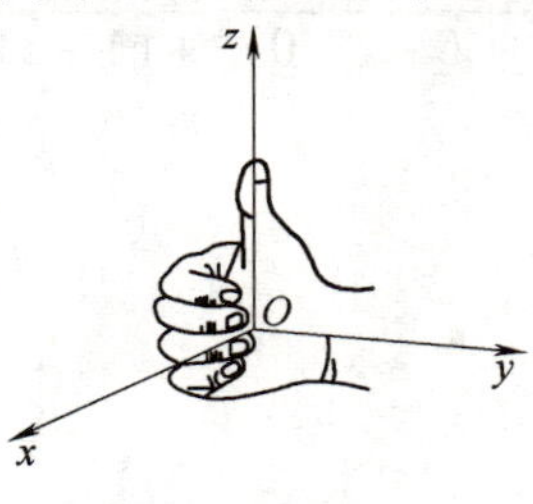

图　6-1

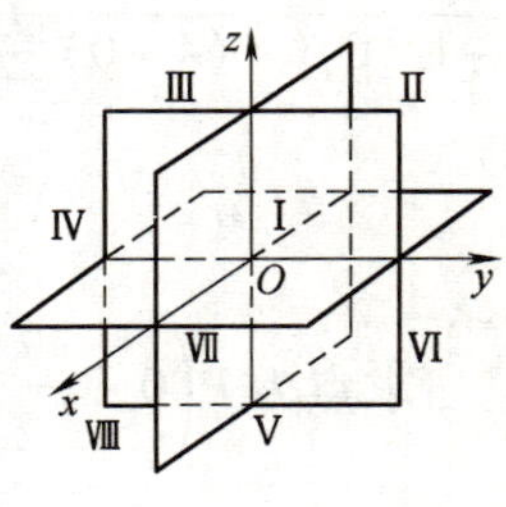

图　6-2

设 M 为空间中任意一点，过点 M 作垂直于 xOy 面的直线，垂足为 N；过 N 分别作 x 轴、y 轴的垂线，垂足分别记为 P,Q，再过点 M 作 z 轴的垂线，垂足记为 R

(图 6-3). 点 P,Q,R 在相应坐标轴上的坐标依次为 x,y,z, 于是, 空间点 M 就确定了一个唯一的有序数组 x,y,z; 反过来, 已知有序数组 x,y,z, 我们分别用 x 轴、y 轴和 z 轴上的射线 OP、OQ 和 OR 来表示, 过点 M, N 和 R 分别作垂直于 x 轴、y 轴和 z 轴的平面, 这三个互相垂直的平面就交于唯一一点 M. 有序数组 x,y,z 叫做**点 M 的坐标**, 记为 $M(x,y,z)$, 并依次称 x,y,z 为 M 点的**横坐标、纵坐标、竖坐标**.

设空间中有两点 $P_1(x_1,y_1,z_1)$ 和 $P_2(x_2,y_2,z_2)$, 过 P_1 和 P_2 各作三个分别垂直于三条坐标轴的平面. 这六个平面围成一个以 P_1P_2 为对角线的长方体(图 6-4). 由立体几何的知识, 我们得到空间两点 P_1 和 P_2 之间的距离 d 为

$$d = |P_1P_2| = \sqrt{(x_2-x_1)^2+(y_2-y_1)^2+(z_2-z_1)^2}.$$

这就是**空间两点间的距离公式**.

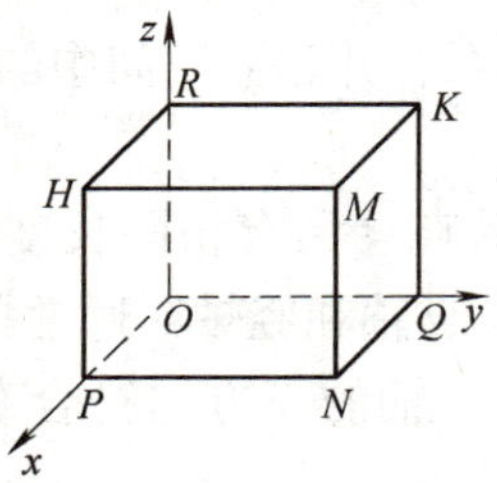

图 6-3

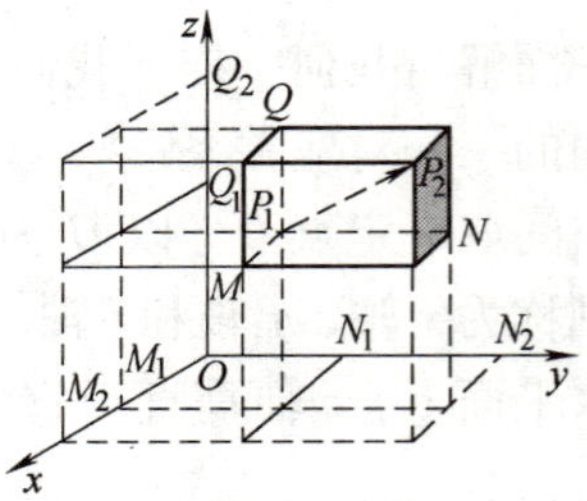

图 6-4

例　在 z 轴上求与两点 $A(-1,4,2)$ 和 $B(3,-2,1)$ 等距离的点.

解　由于所求的点 P 在 z 轴上, 所以设该点的坐标为 $P(0,0,z)$, 由题意, 有

$$|PA| = |PB|,$$

由两点间的距离公式, 得

$$\sqrt{(-1-0)^2+(4-0)^2+(2-z)^2} = \sqrt{(3-0)^2+(-2-0)^2+(1-z)^2},$$

解得
$$z = \frac{7}{2},$$

所以, 所求点为 $P\left(0,0,\frac{7}{2}\right)$.

习题 6.1

1. 点 $A(-1,2,3)$, $B(2,3,-1)$ 各在哪个卦限? 求出它们关于下列几种情况的对称点:

(1) 三个坐标平面;　　(2) 三个坐标轴;　　(3) 坐标原点.

2. 坐标轴上的点和坐标平面上的点的坐标各有什么特征? 指出下列各点的位置:

$A(3,4,0)$；$B(0,4,3)$；$C(3,0,0)$；$D(0,-1,0)$.

3. 边长为 a 的立方体，放置在 xOy 面上，其底面的中心在坐标原点，底面的顶点在 x 轴和 y 轴上，求它的各个顶点的坐标.

4. 在第Ⅲ卦限内求一点 M，使得它到三个坐标轴的距离分别为 $d_x=5$，$d_y=3\sqrt{5}$，$d_z=2\sqrt{13}$.

第二节　向量代数

一、向量的概念

在初等数学中，我们已经学过向量的有关概念及线性运算. 所谓**向量**就是**既有大小又有方向的量**，也叫做**矢量**. 我们通常用有向线段来表示向量. 有向线段的长度表示向量的大小，有向线段的方向表示向量的方向. 以 P_1 为起点、P_2 为终点的有向线段表示的向量，记作$\overrightarrow{P_1P_2}$(图 6-5). 有时也用粗体的英文字母表示向量，如 $\boldsymbol{a}$，$\boldsymbol{i}$，$\boldsymbol{v}$，$\boldsymbol{F}$ 等. 为了书写方便明确，向量也用加箭头的字母表示，如 $\vec{a}$，$\vec{i}$，$\vec{v}$，$\vec{F}$ 等.

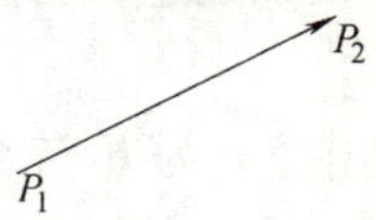

图 6-5

在实际问题中，有些向量与起点有关，有些向量与起点无关. 这里我们只研究与起点无关的向量，并称这种向量为**自由向量**(以后简称为**向量**).

向量的大小叫做向量的**模**，$\overrightarrow{P_1P_2}$，$\boldsymbol{a}$，$\vec{a}$，$\boldsymbol{F}$ 的模分别记作 $|\overrightarrow{P_1P_2}|$，$|\boldsymbol{a}|$，$|\vec{a}|$，$|\boldsymbol{F}|$. 模为 1 的向量叫做**单位向量**. 一般地，我们用 $\boldsymbol{i}$，$\boldsymbol{j}$，$\boldsymbol{k}$ 分别表示与 x 轴、y 轴、z 轴正向一致的单位向量，并称它们为这一坐标系的**基本单位向量**. 模为 0 的向量叫做**零向量**，记作 $\mathbf{0}$ 或 $\vec{0}$.

向量的线性运算满足下列运算规律：

(1) $\boldsymbol{a}+\boldsymbol{b}=\boldsymbol{b}+\boldsymbol{a}$；　　(2) $(\boldsymbol{a}+\boldsymbol{b})+\boldsymbol{c}=\boldsymbol{a}+(\boldsymbol{b}+\boldsymbol{c})$；

(3) $\lambda(\mu\boldsymbol{a})=\mu(\lambda\boldsymbol{a})=(\lambda\mu)\boldsymbol{a}$；

(4) $(\lambda+\mu)\boldsymbol{a}=\lambda\boldsymbol{a}+\mu\boldsymbol{a}$；$\lambda(\boldsymbol{a}+\boldsymbol{b})=\lambda\boldsymbol{a}+\lambda\boldsymbol{b}$.

与平面向量的坐标表示类似，空间向量也可以用空间点的坐标表示. 设向量$\overrightarrow{P_1P_2}$的起点为 $P_1(x_1,y_1,z_1)$，终点为 $P_2(x_2,y_2,z_2)$，其坐标表示为

$$\overrightarrow{P_1P_2}=(x_2-x_1,y_2-y_1,z_2-z_1),$$

或

$$\overrightarrow{P_1P_2}=(x_2-x_1)\boldsymbol{i}+(y_2-y_1)\boldsymbol{j}+(z_2-z_1)\boldsymbol{k}.$$

对于非零向量 $\boldsymbol{a}=\overrightarrow{P_1P_2}$，我们用它与三个坐标轴的夹角 α，β，$\gamma(0\leqslant\alpha\leqslant\pi,0\leqslant\beta\leqslant\pi,0\leqslant\gamma\leqslant\pi)$来表示它的方向，称 α，β，γ 为非零向量 $\boldsymbol{a}$ 的**方向角**.

根据直角三角形的性质，容易得到

$$|\boldsymbol{a}|=\sqrt{a_x^2+a_y^2+a_z^2};$$

$$a_x=|\boldsymbol{a}|\cos\alpha,\ a_y=|\boldsymbol{a}|\cos\beta,\ a_z=|\boldsymbol{a}|\cos\gamma.$$

其中，$\cos\alpha$，$\cos\beta$，$\cos\gamma$ 叫做向量 $\boldsymbol{a}$ 的方向余弦.

例 1　已知两向量 $\boldsymbol{a}=(6,-4,10)$，$\boldsymbol{b}=(3,4,-9)$，试求 $\boldsymbol{a}+2\boldsymbol{b}$，$3\boldsymbol{a}-2\boldsymbol{b}$.

解　$\boldsymbol{a}=(6,-4,10)$，$\boldsymbol{b}=(3,4,-9)$，则

$$\boldsymbol{a}+2\boldsymbol{b}=(6,-4,10)+2(3,4,-9)=(6,-4,10)+(6,8,-18)=(12,4,-8),$$

$$3\boldsymbol{a}-2\boldsymbol{b}=3(6,-4,10)-2(3,4,-9)=(18,-12,30)-(6,8,-18)=(12,-20,48).$$

二、数量积与向量积

1. 两向量的数量积

设一物体在常力 $\boldsymbol{F}$ 的作用下沿直线从点 A 移动到点 B，用 $\boldsymbol{s}$ 表示位移$\overrightarrow{AB}$. 由力学知识知道，力 $\boldsymbol{F}$ 所做的功为

$$W=|\boldsymbol{F}||\boldsymbol{s}|\cos\theta,$$

其中，θ 为 $\boldsymbol{F}$ 与 $\boldsymbol{s}$ 的夹角(图 6-6).

设向量 $\boldsymbol{a}$ 与 $\boldsymbol{b}$ 之间的夹角为 $\theta(0\leqslant\theta\leqslant\pi)$(图 6-7)，则称数

$$|\boldsymbol{a}||\boldsymbol{b}|\cos\theta$$

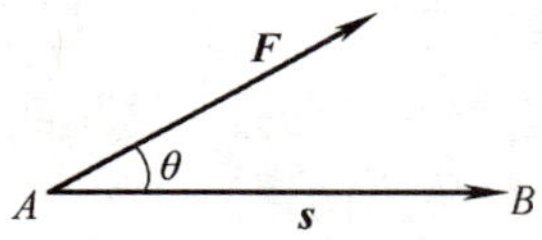

图　6-6

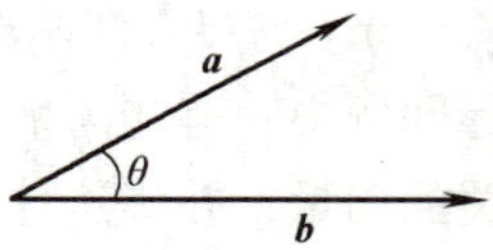

图　6-7

为向量 $\boldsymbol{a}$ 与 $\boldsymbol{b}$ 的**数量积**，记作 $\boldsymbol{a}\cdot\boldsymbol{b}$，即

$$\boldsymbol{a}\cdot\boldsymbol{b}=|\boldsymbol{a}||\boldsymbol{b}|\cos\theta.$$

由两向量的数量积的定义可以推得：

(1) $\boldsymbol{a}\cdot\boldsymbol{a}=|\boldsymbol{a}|^2$；

(2) 两个非零向量 $\boldsymbol{a}$ 与 $\boldsymbol{b}$ 垂直的充分必要条件是 $\boldsymbol{a}\cdot\boldsymbol{b}=0$.

根据数量积的定义易见，数量积满足下列运算规律：

(1) 交换律　$\boldsymbol{a}\cdot\boldsymbol{b}=\boldsymbol{b}\cdot\boldsymbol{a}$；

(2) 分配律　$(\boldsymbol{a}+\boldsymbol{b})\cdot\boldsymbol{c}=\boldsymbol{a}\cdot\boldsymbol{c}+\boldsymbol{b}\cdot\boldsymbol{c}$；

(3) 结合律　$(\lambda\boldsymbol{a})\cdot\boldsymbol{b}=\lambda(\boldsymbol{a}\cdot\boldsymbol{b})=\boldsymbol{a}\cdot(\lambda\boldsymbol{b})$，$\lambda$ 为实数.

空间两向量的数量积的坐标表示与平面上两向量的数量积的坐标表示类似. 设向量 $\boldsymbol{a}=(a_x,a_y,a_z)$，$\boldsymbol{b}=(b_x,b_y,b_z)$，则向量 $\boldsymbol{a}$ 与 $\boldsymbol{b}$ 的数量积的坐标表示式为

$$\boldsymbol{a}\cdot\boldsymbol{b}=(a_x,a_y,a_z)\cdot(b_x,b_y,b_z)=a_xb_x+a_yb_y+a_zb_z;$$

向量 $\boldsymbol{a}$ 的模的坐标表示式为

$$\boldsymbol{a}\cdot\boldsymbol{a}=|\boldsymbol{a}|^2=a_x^2+a_y^2+a_z^2,\ |\boldsymbol{a}|=\sqrt{a_x^2+a_y^2+a_z^2}.$$

当 $\boldsymbol{a}$ 和 $\boldsymbol{b}$ 都是非零向量时，由两向量的数量积的定义，得

$$\cos\theta = \frac{\boldsymbol{a}\cdot\boldsymbol{b}}{|\boldsymbol{a}||\boldsymbol{b}|}.$$

将数量积的坐标表示式及向量的模的坐标表示式代入上式，得

$$\cos\theta = \frac{a_x b_x + a_y b_y + a_z b_z}{\sqrt{a_x^2 + a_y^2 + a_z^2}\cdot\sqrt{b_x^2 + b_y^2 + b_z^2}}.$$

这就是两向量夹角余弦的坐标表示式.

2. 两向量的向量积

在研究物体转动问题时，要考虑作用在物体上的力所产生的力矩. 设点 O 为一杠杆的支点，力 $\boldsymbol{F}$ 作用于杠杆上点 P 处，力 $\boldsymbol{F}$ 与 $\overrightarrow{OP}$ 的夹角为 θ(图 6-8). 由力学知识知，力 $\boldsymbol{F}$ 对支点 O 的力矩 $\boldsymbol{M}$ 是一向量，它的模为

$$|\boldsymbol{M}| = |\overrightarrow{OQ}|\cdot|\boldsymbol{F}| = |\overrightarrow{OP}|\sin\theta|\boldsymbol{F}|,$$

而 $\boldsymbol{M}$ 的方向垂直于 $\overrightarrow{OP}$ 与 $\boldsymbol{F}$ 所确定的平面，$\boldsymbol{M}$ 的指向是按右手规则从 $\overrightarrow{OP}$ 以不超过 π 的角转向 $\boldsymbol{F}$ 来确定的，即当右手的四指从 $\overrightarrow{OP}$ 以不超过 π 的角转向 $\boldsymbol{F}$ 握拳时，大拇指的指向就是 $\boldsymbol{M}$ 的指向(图 6-9).

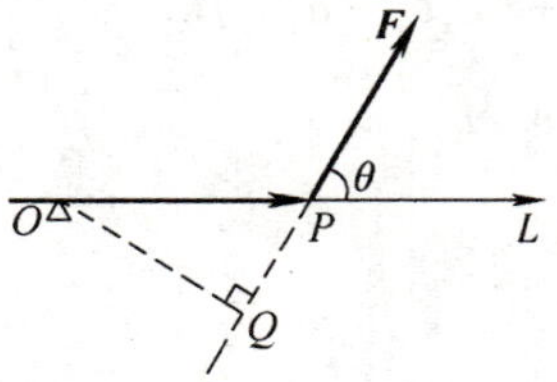

图　6-8

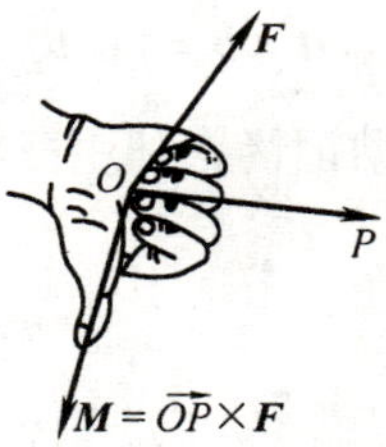

图　6-9

这种由两个已知向量所确定的新向量在其他基础课程中也经常遇到，如磁场强度、刚体绕轴转动的速度等，为此给出两个向量向量积的概念.

设向量 $\boldsymbol{c}$ 是由两个向量 $\boldsymbol{a}$ 与 $\boldsymbol{b}$ 按下列方式定出：

(1) $\boldsymbol{c}$ 的模为 $|\boldsymbol{c}| = |\boldsymbol{a}||\boldsymbol{b}|\sin(\widehat{\boldsymbol{a},\boldsymbol{b}})$；

(2) $\boldsymbol{c}$ 的方向既垂直于 $\boldsymbol{a}$ 又垂直于 $\boldsymbol{b}$，$\boldsymbol{c}$ 的指向按右手规则从 $\boldsymbol{a}$ 转向 $\boldsymbol{b}$ 来确定(图 6-10)，则向量 $\boldsymbol{c}$ 叫做向量 $\boldsymbol{a}$ 与 $\boldsymbol{b}$ 的**向量积**，记作 $\boldsymbol{a}\times\boldsymbol{b}$，即

$$\boldsymbol{c} = \boldsymbol{a}\times\boldsymbol{b}.$$

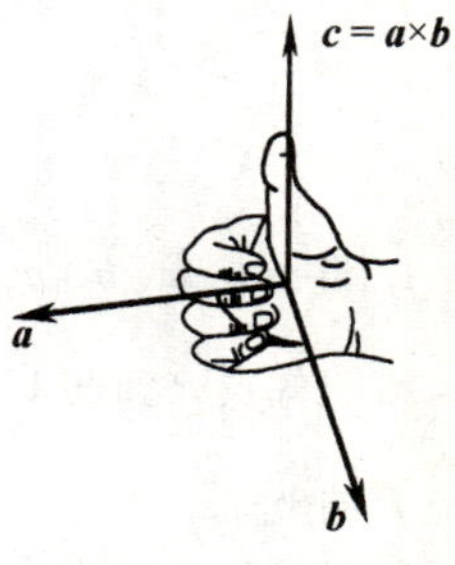

图　6-10

由向量积的定义知，上面的力矩 $\boldsymbol{M}$ 就是 $\overrightarrow{OP}$ 与力 $\boldsymbol{F}$ 的向量积，即 $\boldsymbol{M} = \overrightarrow{OP}\times\boldsymbol{F}$.

根据向量积的定义容易推得：

(1) $\boldsymbol{a}\times\boldsymbol{a} = \boldsymbol{0}$；

(2) 向量 $\boldsymbol{a}$ 与 $\boldsymbol{b}$ 平行的充分必要条件为 $\boldsymbol{a}\times\boldsymbol{b} = \boldsymbol{0}$.

向量积符合下列运算规律：

(1) 反交换律　$\boldsymbol{a}\times\boldsymbol{b}=-\boldsymbol{b}\times\boldsymbol{a}$(向量的向量积不满足交换律)；

(2) 分配律　$(\boldsymbol{a}+\boldsymbol{b})\times\boldsymbol{c}=\boldsymbol{a}\times\boldsymbol{c}+\boldsymbol{b}\times\boldsymbol{c}$；

(3) 结合律　$(\lambda\boldsymbol{a})\times\boldsymbol{b}=\boldsymbol{a}\times(\lambda\boldsymbol{b})=\lambda(\boldsymbol{a}\times\boldsymbol{b})$，$\lambda$ 为实数.

这些规律这里不予证明.

下面来推导向量积的坐标表示式.

设 $\boldsymbol{a}=a_x\boldsymbol{i}+a_y\boldsymbol{j}+a_z\boldsymbol{k}$，$\boldsymbol{b}=b_x\boldsymbol{i}+b_y\boldsymbol{j}+b_z\boldsymbol{k}$. 那么，按上述运算规律，得

$$\begin{aligned}\boldsymbol{a}\times\boldsymbol{b}&=(a_x\boldsymbol{i}+a_y\boldsymbol{j}+a_z\boldsymbol{k})\times(b_x\boldsymbol{i}+b_y\boldsymbol{j}+b_z\boldsymbol{k})\\&=a_x\boldsymbol{i}\times(b_x\boldsymbol{i}+b_y\boldsymbol{j}+b_z\boldsymbol{k})+a_y\boldsymbol{j}\times(b_x\boldsymbol{i}+b_y\boldsymbol{j}+b_z\boldsymbol{k})+\\&\quad a_z\boldsymbol{k}\times(b_x\boldsymbol{i}+b_y\boldsymbol{j}+b_z\boldsymbol{k})\\&=a_xb_x\boldsymbol{i}\times\boldsymbol{i}+a_xb_y\boldsymbol{i}\times\boldsymbol{j}+a_xb_z\boldsymbol{i}\times\boldsymbol{k}+a_yb_x\boldsymbol{j}\times\boldsymbol{i}+a_yb_y\boldsymbol{j}\times\boldsymbol{j}+\\&\quad a_yb_z\boldsymbol{j}\times\boldsymbol{k}+a_zb_x\boldsymbol{k}\times\boldsymbol{i}+a_zb_y\boldsymbol{k}\times\boldsymbol{j}+a_zb_z\boldsymbol{k}\times\boldsymbol{k}.\end{aligned}$$

由于 $\boldsymbol{i}\times\boldsymbol{i}=\boldsymbol{j}\times\boldsymbol{j}=\boldsymbol{k}\times\boldsymbol{k}=\boldsymbol{0}$，$\boldsymbol{i}\times\boldsymbol{j}=\boldsymbol{k}$，$\boldsymbol{j}\times\boldsymbol{k}=\boldsymbol{i}$，$\boldsymbol{k}\times\boldsymbol{i}=\boldsymbol{j}$，$\boldsymbol{i}\times\boldsymbol{k}=-\boldsymbol{j}$，$\boldsymbol{j}\times\boldsymbol{i}=-\boldsymbol{k}$，$\boldsymbol{k}\times\boldsymbol{j}=-\boldsymbol{i}$，所以

$$\boldsymbol{a}\times\boldsymbol{b}=(a_yb_z-a_zb_y)\boldsymbol{i}+(a_zb_x-a_xb_z)\boldsymbol{j}+(a_xb_y-a_yb_x)\boldsymbol{k}.$$

为了帮助记忆，利用三阶行列式，上式可以写成为

$$\boldsymbol{a}\times\boldsymbol{b}=\begin{vmatrix}\boldsymbol{i}&\boldsymbol{j}&\boldsymbol{k}\\a_x&a_y&a_z\\b_x&b_y&b_z\end{vmatrix}.$$

例 2　求同时垂直于向量 $\boldsymbol{a}=(2,1,3)$，$\boldsymbol{b}=(0,-5,1)$ 的向量 $\boldsymbol{c}$.

解　因为 $\boldsymbol{c}$ 同时垂直于 $\boldsymbol{a}$ 和 $\boldsymbol{b}$，所以

$$\boldsymbol{c}=\pm(\boldsymbol{a}\times\boldsymbol{b})=\pm\begin{vmatrix}\boldsymbol{i}&\boldsymbol{j}&\boldsymbol{k}\\2&1&3\\0&-5&1\end{vmatrix}=\pm(16\boldsymbol{i}-2\boldsymbol{j}-10\boldsymbol{k})=\pm(16,-2,-10).$$

习题 6.2

1. 设 $\boldsymbol{m}=2\boldsymbol{a}-\boldsymbol{b}+\boldsymbol{c}$，$\boldsymbol{n}=-\boldsymbol{a}+2\boldsymbol{b}-\boldsymbol{c}$，试用 $\boldsymbol{a}$，$\boldsymbol{b}$，$\boldsymbol{c}$ 表示 $3\boldsymbol{m}-4\boldsymbol{n}$.

2. 已知点 P 到点 $A(0,0,12)$ 的距离是 7，$\overrightarrow{OP}$ 的方向余弦是 $\cos\alpha=\dfrac{2}{7}$，$\cos\beta=\dfrac{3}{7}$，$\cos\gamma=\dfrac{6}{7}$，求点 P 的坐标.

3. 求平行于向量 $\boldsymbol{a}=(6,7,-6)$ 的单位向量.

4. 已知 $|\boldsymbol{a}|=3$，$|\boldsymbol{b}|=6$ 且 $\boldsymbol{a}$，$\boldsymbol{b}$ 同方向，求 $\boldsymbol{a}\cdot\boldsymbol{b}$.

5. 设 $\boldsymbol{a}$，$\boldsymbol{b}$，$\boldsymbol{c}$ 为单位向量，且满足 $\boldsymbol{a}+\boldsymbol{b}+\boldsymbol{c}=\boldsymbol{0}$，求 $\boldsymbol{a}\cdot\boldsymbol{b}+\boldsymbol{b}\cdot\boldsymbol{c}+\boldsymbol{c}\cdot\boldsymbol{a}$.

6. 设 $\boldsymbol{a}=(3,5,-4)$，$\boldsymbol{b}=(2,1,8)$，试求 m，使 $m\boldsymbol{a}+\boldsymbol{b}$ 与 z 轴垂直.

7. 求同时垂直于 $\boldsymbol{a}=2\boldsymbol{i}-\boldsymbol{j}+\boldsymbol{k}$，$\boldsymbol{b}=\boldsymbol{i}+2\boldsymbol{j}-\boldsymbol{k}$ 的单位向量.

第三节　空间曲面及其方程

一、曲面方程的概念

在平面解析几何中，我们把平面曲线看成是动点的几何轨迹，并建立了平面曲线的方程．在空间解析几何中，任何曲面也可以看做是动点的几何轨迹，并可以根据相应的条件建立曲面的方程．

如果曲面 S 与三元方程

$$F(x,y,z)=0 \tag{6.1}$$

有下述关系：

(1) 曲面 S 上任一点的坐标都满足方程(6.1)；

(2) 不在曲面 S 上的点的坐标不满足方程(6.1)，

那么方程(6.1)就叫做曲面 S 的方程，而曲面 S 就叫做方程(6.1)的图形．

例1　设有两定点 $A(-1,0,4)$ 和 $B(1,2,-1)$，求与 A，B 等距离的点的轨迹．

解　设动点为 $M(x,y,z)$，由题意得

$$|MA|=|MB|,$$

则

$$\sqrt{(x+1)^2+(y-0)^2+(z-4)^2}=\sqrt{(x-1)^2+(y-2)^2+(z+1)^2},$$

两边平方，化简得

$$4x+4y-10z+11=0.$$

这方程表示一平面，它是定点 A，B 连线的垂直平分面(中垂面)．

例2　试建立球心在点 $M_0(x_0,y_0,z_0)$、半径为 R 的球面方程．

解　设 $M(x,y,z)$ 是球面上任意一点(图6-11)，则

$$|M_0M|=R,$$

即

$$\sqrt{(x-x_0)^2+(y-y_0)^2+(z-z_0)^2}=R,$$

或

$$(x-x_0)^2+(y-y_0)^2+(z-z_0)^2=R^2. \tag{6.2}$$

球面上所有点的坐标都满足方程(6.2)，而不在球面上的点与 M_0 的距离都不等于 R，因而其坐标都不满足方程(6.2)．方程(6.2)就是球心在点 $M_0(x_0,y_0,z_0)$、半径为 R 的球面方程．

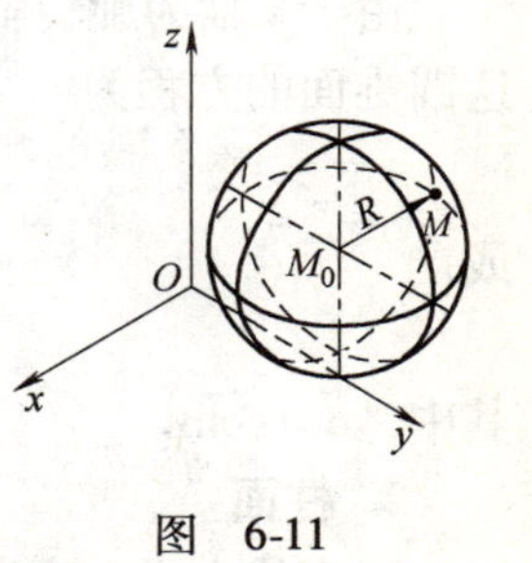

图　6-11

球面的一般方程为

$$Ax^2+Ay^2+Az^2+Dx+Ey+Fz+G=0. \tag{6.3}$$

这是关于 x,y,z 的二次方程，其特点是缺 xy，yz，zx 项，且

平方项系数相等.

当 $x_0=y_0=z_0=0$ 时，得到球心在原点的球面方程为

$$x^2+y^2+z^2=R^2.$$

二、旋转曲面与柱面

1. 旋转曲面

一条平面曲线绕该平面内的一条定直线旋转一周而形成的曲面叫做**旋转曲面**. 这条定直线，叫做旋转曲面的**轴**.

设在 yOz 平面上有一已知曲线 C，它的方程为

$$f(y,z)=0,$$

把这条曲线绕 z 轴旋转一周，就得到一个以 z 轴为轴的旋转曲面(图 6-12). 现在我们来求这个曲面的方程.

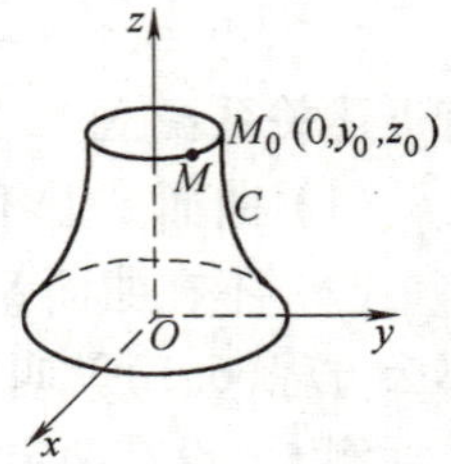

图　6-12

设 $M_0(0,y_0,z_0)$是曲线 C 上任意一点，则有

$$f(y_0,z_0)=0.$$

当曲线 C 绕 z 轴旋转时，点 M_0 转到点 $M(x,y,z)$，其中 $z=z_0$，点 M 到 z 轴的距离为

$$d=\sqrt{x^2+y^2}=|y_0|.$$

将 $z=z_0$，$y_0=\pm\sqrt{x^2+y^2}$代入$f(y_0,z_0)=0$ 中，得旋转曲面的方程为

$$f(\pm\sqrt{x^2+y^2},z)=0. \tag{6.4}$$

由这个方程可以看出，只要在曲线 C 的方程 $f(y,z)=0$ 中将 y 以 $\pm\sqrt{x^2+y^2}$代替，就得到曲线 C 绕 z 轴旋转所成的旋转曲面的方程.

同理，曲线 C 绕 y 轴旋转所成的旋转曲面的方程为

$$f(y,\pm\sqrt{x^2+z^2})=0. \tag{6.5}$$

例 3　一直线 L 绕另一条与直线 L 相交的直线旋转一周，所得旋转曲面叫做**圆锥面**. 试建立顶点在原点 O、旋转轴为 z 轴的圆锥面的方程(图 6-13).

解　在 yOz 坐标面上，直线 L 的方程为

$$z=y\cot\alpha. \tag{6.6}$$

由于 z 轴为旋转轴，所以，只要将方程(6.6)中的 y 改为 $\pm\sqrt{x^2+y^2}$，便得到这圆锥面的方程为

$$z=\pm\sqrt{x^2+y^2}\cot\alpha$$

或

$$z^2=a^2(x^2+y^2), \tag{6.7}$$

其中，$a=\cot\alpha$.

2. 柱面

一直线 L 沿一定曲线 C 平行移动所形成的轨迹，叫做**柱面**(图 6-14). 动直线 L

叫做柱面的**母线**，定曲线 C 叫做柱面的**准线**.

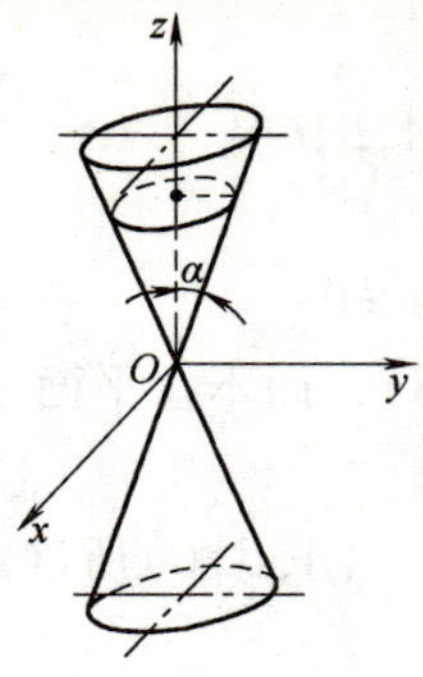

图 6-13

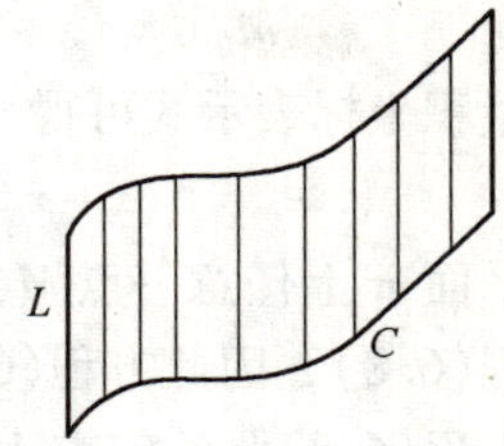

图 6-14

一般来说，不完全的三元方程(即 x,y,z 不同时出现的方程)在空间直角坐标系中表示柱面. 方程 $f(x,y)=0$ 只含 x,y 而不含 z，在空间中就表示母线平行于 z 轴的柱面；同理，方程 $f(y,z)=0$ 表示母线平行于 x 轴的柱面；方程 $f(x,z)=0$ 表示母线平行于 y 轴的柱面.

例如：方程 $x^2+y^2=R^2$ 表示一个柱面，它表示母线平行于 z 轴的柱面，准线是 xOy 面上的一个以原点为圆心、半径为 R 的圆(图 6-15)，这个柱面叫做**圆柱面**.

类似地，方程 $y^2=2x$ 表示母线平行于 z 轴，准线是 xOy 面上的抛物线 $y^2=2x$ 的柱面，这个柱面叫做**抛物柱面**(图 6-16).

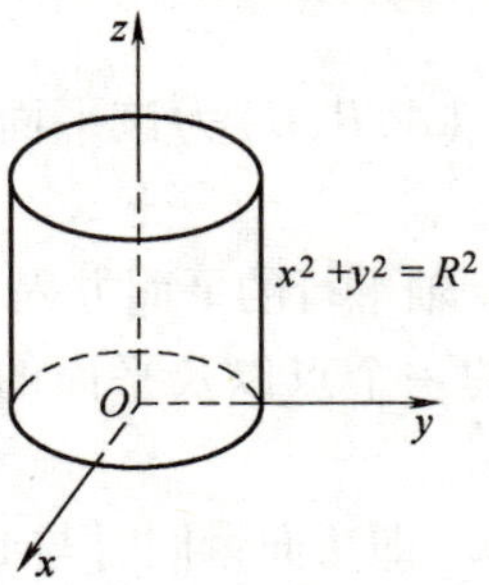

图 6-15

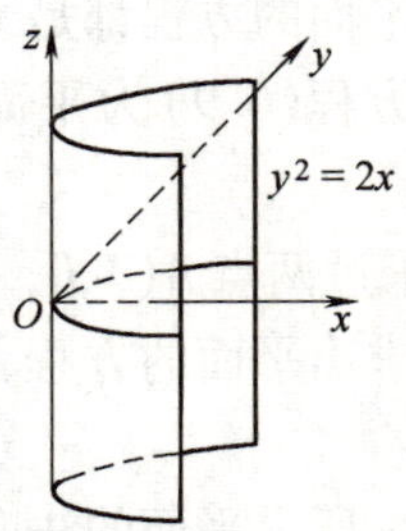

图 6-16

三、平面及其方程

1. 平面的点法式方程

若一个非零向量 $\boldsymbol{n}$ 垂直于平面 π，则称向量 $\boldsymbol{n}$ 为平面 π 的一个**法向量**.

若 $\boldsymbol{n}$ 是平面 π 的一个法向量，$M_0(x_0,y_0,z_0)$是平面 π 的一个定点. 下面建立平面 π 的方程.

设 $M(x,y,z)$为平面 π 上的任一点，由于 $\boldsymbol{n}\perp\pi$，因此 $\boldsymbol{n}\perp\overrightarrow{M_0M}$. 即

$$\boldsymbol{n}\cdot\overrightarrow{M_0M}=0.$$

而

$$\overrightarrow{M_0M}=(x-x_0,y-y_0,z-z_0),\ \boldsymbol{n}=(A,B,C),$$

所以由数量积坐标表示式可得

$$A(x-x_0)+B(y-y_0)+C(z-z_0)=0. \tag{6.8}$$

由于平面 π 上任意一点 $M(x,y,z)$ 都满足方程(6.8)，而不在平面 π 上的点都不满足方程(6.8)，因此方程(6.8)就是平面 π 的方程.

由于方程(6.8)是给定点 $M_0(x_0,y_0,z_0)$ 和法向量 $\boldsymbol{n}=(A,B,C)$ 所确定的，因而称方程(6.8)叫做**平面 π 的点法式方程**.

例 4 求通过点 $M_0(-1,2,-3)$ 且与 xOy 平面平行的平面方程.

解 显然 $\boldsymbol{n}=(0,0,1)$ 为所求平面的一个法向量，因此所求平面的方程为

$$0\cdot(x+1)+0\cdot(y-2)+1\cdot(z+3)=0,$$

即

$$z+3=0.$$

2. 平面的一般式方程

展开平面的点法式方程(6.8)，得

$$Ax+By+Cz-(Ax_0+By_0+Cz_0)=0,$$

设 $D=-(Ax_0+By_0+Cz_0)$，则

$$Ax+By+Cz+D=0\ (A,B,C\text{ 不全为零}). \tag{6.9}$$

即任意一个平面的方程都是 x,y,z 的一次方程.

我们称方程(6.9)为**平面的一般式方程**. 其中，(A,B,C) 为该平面的一个法向量.

例 5 求过两点 $A(3,0,-2)$，$B(-1,2,4)$ 且与 x 轴平行的平面方程.

解 要求出平面的方程，关键要找出平面所过的一个点以及平面的一个法向量 $\boldsymbol{n}$.

由已知，所求平面的法向量同时与 $\overrightarrow{AB}$ 和 x 轴垂直. 即法向量同时与 $\overrightarrow{AB}=(-4,2,6)$ 和 $\boldsymbol{i}=(1,0,0)$ 垂直. 因此，可取 $\overrightarrow{AB}\times\boldsymbol{i}$ 作为该平面的一个法向量. 即

$$\boldsymbol{n}=\overrightarrow{AB}\times\boldsymbol{i}=\begin{vmatrix}\boldsymbol{i}&\boldsymbol{j}&\boldsymbol{k}\\-4&2&6\\1&0&0\end{vmatrix}$$

$$=\begin{vmatrix}2&6\\0&0\end{vmatrix}\boldsymbol{i}-\begin{vmatrix}-4&6\\1&0\end{vmatrix}\boldsymbol{j}+\begin{vmatrix}-4&2\\1&0\end{vmatrix}\boldsymbol{k}$$

$$=0\boldsymbol{i}+6\boldsymbol{j}-2\boldsymbol{k},$$

所以 $\boldsymbol{n}=(0,6,-2)$ 为所求平面的一个法向量.

再由平面的点法式方程(6.8)得所求平面的方程为

$$0\cdot(x-3)+6(y-0)-2(z+2)=0,$$

整理得

$$3y-z-2=0.$$

四、简单的二次曲面

在空间解析几何中，方程 $F(x,y,z)=0$ 一般代表曲面，若 $F(x,y,z)=0$ 为一次代数方程，则它所代表的曲面为**一次曲面**，即平面；若 $F(x,y,z)=0$ 为二次代数方程，则它所代表的曲面称为**二次曲面**.

1. 椭球面

由方程

$$\frac{x^2}{a^2}+\frac{y^2}{b^2}+\frac{z^2}{c^2}=1\quad(a>0,b>0,c>0)\tag{6.10}$$

所确定的曲面称为**椭球面**(图 6-17)，a,b,c 称为椭球面的半轴，方程(6.10)称为椭球面的标准方程.

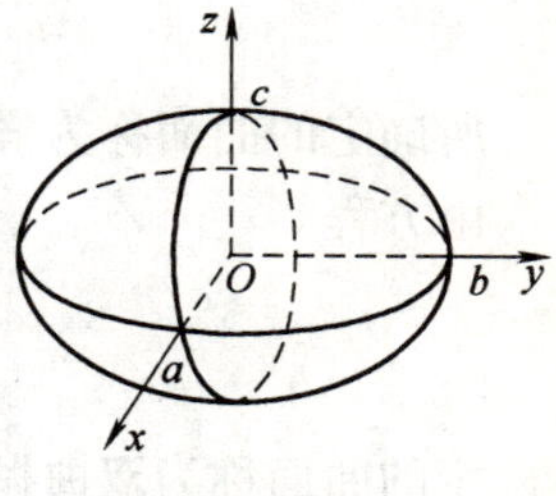

图　6-17

2. 双曲面

双曲面由图形的特点分为单叶双曲面和双叶双曲面.

由方程

$$\frac{x^2}{a^2}+\frac{y^2}{b^2}-\frac{z^2}{c^2}=1\quad(a>0,b>0,c>0)\tag{6.11}$$

所确定的曲面称为**单叶双曲面**(图 6-18).

由方程

$$\frac{x^2}{a^2}+\frac{y^2}{b^2}-\frac{z^2}{c^2}=-1(a>0,b>0,c>0)\tag{6.12}$$

所确定的曲面称为**双叶双曲面**(图 6-19).

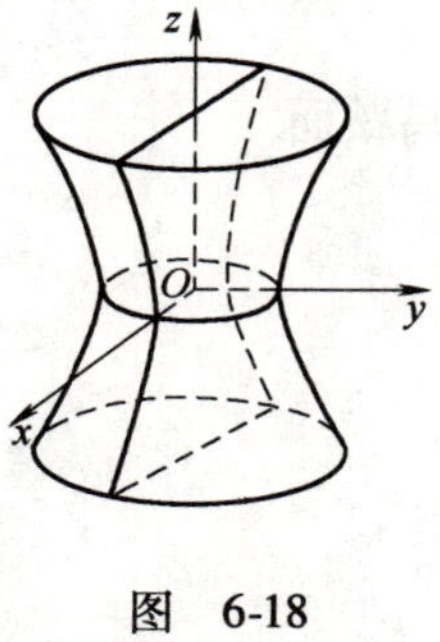

图　6-18

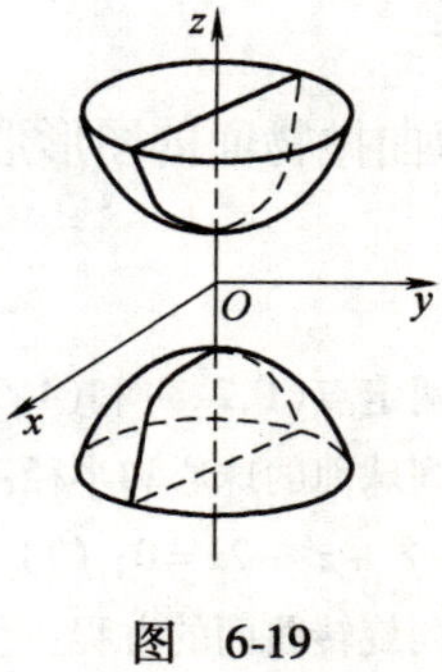

图　6-19

显然，单叶双曲面关于各坐标轴、坐标平面及原点对称.

注　方程

$$\frac{x^2}{a^2}-\frac{y^2}{b^2}+\frac{z^2}{c^2}=1 \text{ 和 } -\frac{x^2}{a^2}+\frac{y^2}{b^2}+\frac{z^2}{c^2}=1 \quad (a>0,\ b>0,\ c>0)$$

也都是单叶双曲面.

方程

$$\frac{x^2}{a^2}-\frac{y^2}{b^2}+\frac{z^2}{c^2}=-1 \text{ 和 } -\frac{x^2}{a^2}+\frac{y^2}{b^2}+\frac{z^2}{c^2}=-1 \quad (a>0,\ b>0,\ c>0)$$

也都是双叶双曲面.

3. 抛物面

常见的抛物面有椭圆抛物面和双曲抛物面.

由方程

$$z=\frac{x^2}{a^2}+\frac{y^2}{b^2}\ (a>0,b>0) \tag{6.13}$$

所确定的曲面称为**椭圆抛物面**(图 6-20).

由方程

$$z=\frac{x^2}{a^2}-\frac{y^2}{b^2}\quad (a>0,b>0) \tag{6.14}$$

所确定的曲面称为**双曲抛物面**(图 6-21).

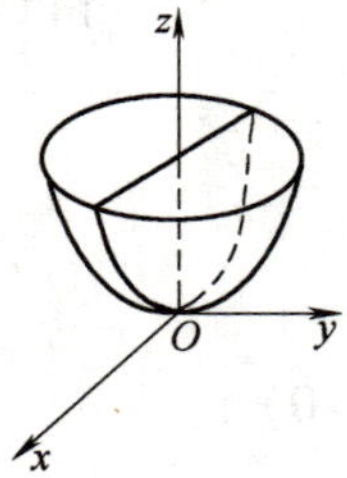

图　6-20

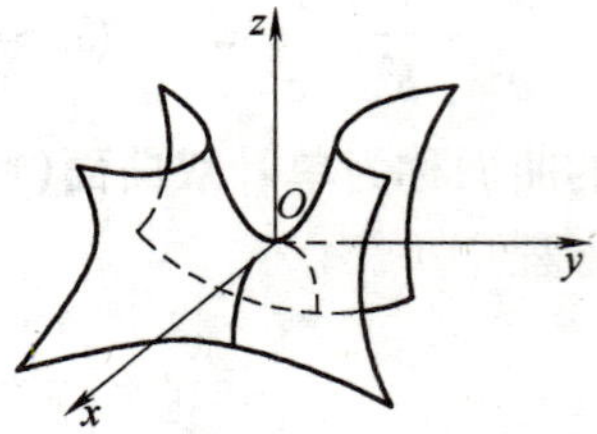

图　6-21

注　双曲抛物面的图形形状很像马鞍，因此也称**马鞍面**.

习题 6.3

1. 求与两定点(1,2,3)和(4,5,6)距离相等的点的轨迹.

2. 求下列球面的球心和半径：

(1) $x^2+y^2+z^2-2x=0$；(2) $2x^2+2y^2+2z^2-5y-8=0$.

3. 求下列旋转曲面的方程：

(1) xOz 面上的抛物线 $z^2=5x$ 绕 x 轴旋转一周；

(2) xOz 面上的圆 $x^2+z^2=9$ 绕 z 轴旋转一周；

(3) xOy 面上的双曲线 $4x^2-9y^2=36$ 分别绕 x 轴及 y 轴旋转一周.

4. 指出下列方程中哪些是旋转曲面，如果是，曲面是怎样生成的?

(1) $\frac{x^2}{4}+\frac{y^2}{9}+\frac{z^2}{9}=1$;　　(2) $x^2+y^2+z^2=1$.

5. 指出下列方程在平面解析几何和空间解析几何中各表示什么图形?

(1) $x^2+y^2=9$;　　(2) $y^2=8x$;　　(3) $\frac{x^2}{9}-\frac{y^2}{16}=1$.

6. 求过点 $A(3,0,-2)$ 且与平面 $3x-y+4z+10=0$ 平行的平面方程.

7. 求通过 y 轴且垂直于平面 $2x+y-z+5=0$ 的平面方程.

第四节　空间曲线及其方程

一、曲线的方程

1. 空间曲线的一般方程

空间曲线可以看做是两个曲面的交线，设两个曲面的方程分别为

$$F(x,y,z)=0 \quad 和 \quad G(x,y,z)=0,$$

它们的交线为 C，则曲线 C 上的点同时在这两个曲面上，它的坐标必同时满足这两个曲面的方程．反之，坐标同时满足这两个方程的点一定在这两曲面的交线 C 上．因此，方程组

$$\begin{cases} F(x,y,z)=0, \\ G(x,y,z)=0 \end{cases} \tag{6.15}$$

即为空间曲线 C 的方程．方程组(6.15)称为**空间曲线 C 的一般方程**.

例 1　求 xOy 面上以坐标原点为圆心的单位圆在空间直角坐标系中的方程.

解　求该曲线的方程，只要找出通过它的两个曲面的方程．我们可以选 xOy 面作为其中的一个曲面，其方程是 $z=0$；再选圆柱面 $x^2+y^2=1$ 作为另一个曲面．因此，该单位圆的方程可以写为

$$\begin{cases} x^2+y^2=1, \\ z=0. \end{cases}$$

显然，这个圆还可以看成是 xOy 面与球心在原点、半径为 1 的球面的交线．因此，该圆的方程又可以写为

$$\begin{cases} x^2+y^2+z^2=1, \\ z=0. \end{cases}$$

当然，我们还可以将此圆看成是圆柱面 $x^2+y^2=1$ 与球面 $x^2+y^2+z^2=1$ 的交线，因此，此圆的方程也可以写为

$$\begin{cases} x^2+y^2=1, \\ x^2+y^2+z^2=1. \end{cases}$$

这三组方程从表面上看不一样，但却表示同一条曲线. 由于通过此圆的曲面有无数个，任意过此圆的两个不同的曲面的方程联立起来都表示该曲线的方程. 因此，空间曲线的表示法不唯一.

2. 空间曲线的参数方程

空间曲线除了一般方程外，还可以用参数方程的形式表示. 只要将空间曲线 C 上的动点的坐标 x,y,z 都表示成参数 t 的函数：

$$\begin{cases} x=x(t), \\ y=y(t), \\ z=z(t). \end{cases} \tag{6.16}$$

每给定一个 t 值，就得到一组 x,y,z 的值，对应这曲线上的一点 $P(x,y,z)$. 当 t 在某个范围内连续变化时，点 P 就描绘出曲线 C. 方程组(6.16)称为**空间曲线的参数方程**.

二、曲线的投影

设空间曲线 C 的一般方程为

$$\begin{cases} F(x,y,z)=0, \\ G(x,y,z)=0. \end{cases} \tag{6.17}$$

现在要求它在 xOy 面上的**投影曲线**，由方程组(6.17)消去变量 z，得到一个不含 z 的方程，设其为

$$f(x,y)=0. \tag{6.18}$$

方程(6.18)表示一个母线平行于 z 轴的**柱面**. 由于此柱面方程是从曲线 C 的方程(6.17)得到的，因此曲线 C 上点的坐标一定满足方程(6.18)，即曲线 C 在这柱面上，所以，此柱面可以看成是以曲线 C 为**准线**，母线平行于 z 轴的柱面，即为曲线 C 关于 xOy 面的**投影柱面**，它与 xOy 面的交线就是曲线 C 在 xOy 面上的**投影曲线**，简称**投影**. 由于 xOy 面的方程为 $z=0$,所以曲线 C 在 xOy 面上投影曲线的方程为

$$\begin{cases} f(x,y)=0, \\ z=0. \end{cases} \tag{6.19}$$

同理，如果要得到曲线 C 在 yOz 面和 zOx 面上的投影，可分别从方程组(6.19)中消去 x 和 y，得到曲线 C 关于 yOz 面和 zOx 面的投影柱面分别为

$$g(y,z)=0 \quad 和 \quad h(x,z)=0,$$

从而，曲线 C 在 yOz 面和 zOx 面上的投影分别为

$$\begin{cases} g(y,z)=0, \\ x=0 \end{cases} \quad 和 \quad \begin{cases} h(x,z)=0, \\ y=0. \end{cases}$$

例 2　求曲线$\begin{cases}x^2+y^2+z^2=1,\\ z=\dfrac{1}{2}\end{cases}$在三个坐标面上的投影曲线.

解　消去方程组中的变量 z，得曲线关于 xOy 面的投影柱面方程为

$$x^2+y^2=\frac{3}{4},$$

因此曲线在 xOy 面的投影曲线为

$$\begin{cases}x^2+y^2=\dfrac{3}{4},\\ z=0.\end{cases}$$

由于曲线在平面 $z=\dfrac{1}{2}$上，此平面垂直于 yOz 面，$z=\dfrac{1}{2}$就是该曲线关于 yOz 面的投影柱面，所以该曲线在 yOz 面的投影为

$$\begin{cases}x=0,\\ z=\dfrac{1}{2}.\end{cases}$$

同理可得，曲线在 zOx 面上的投影为

$$\begin{cases}y=0,\\ z=\dfrac{1}{2}.\end{cases}$$

三、直线及其方程

1. 空间直线的对称式方程

一个平行于已知直线的非零向量称为已知直线的**方向向量**．直线上的任一向量都平行于它的方向向量.

由立体几何知道，过空间一点可以唯一地作一条直线与已知直线平行．所以当直线 L 上的一点 $M_0(x_0,y_0,z_0)$和它的一方向向量 $\boldsymbol{s}=(m,n,p)$为已知时，直线 L 的位置就完全确定了．现在来建立这条直线的方程.

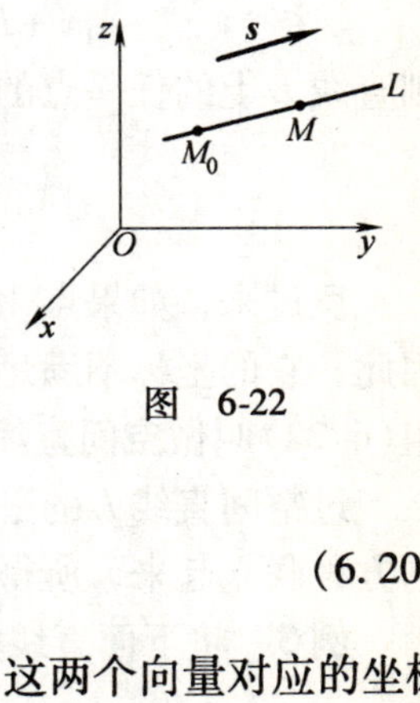

图　6-22

设点 $M(x,y,z)$为直线 L 上任一点，则向量$\overrightarrow{M_0M}$与直线 L 的方向向量 $\boldsymbol{s}$ 平行(图 6-22)．所以两向量$\overrightarrow{M_0M}$与 $\boldsymbol{s}$ 对应坐标成比例．而$\overrightarrow{M_0M}=(x-x_0,y-y_0,z-z_0)$，因此有

$$\frac{x-x_0}{m}=\frac{y-y_0}{n}=\frac{z-z_0}{p}.\tag{6.20}$$

反过来，如果点 M 不在直线 L 上，则$\overrightarrow{M_0M}$与 $\boldsymbol{s}$ 不平行，这两个向量对应的坐标

就不成比例. 因此方程组(6.20)就是直线 L 的方程，叫做直线的**对称式方程**或**点向式方程**.

注意：(1) 在方程组(6.20)中，若 m,n,p 中有一个为零，如 $m=0$，而 $n,p\neq 0$，这方程组应理解为

$$\begin{cases}x-x_0=0,\\ \dfrac{y-y_0}{n}=\dfrac{z-z_0}{p}.\end{cases}$$

(2) 在方程组(6.20)中，若 m,n,p 中有两个为零，如 $m=n=0$，而 $p\neq 0$，这方程组应理解为

$$\begin{cases}x-x_0=0,\\ y-y_0=0.\end{cases}$$

直线的任一方向向量 $\boldsymbol{s}$ 的坐标 m，n，p 叫做这条直线的一组方向数，而向量 $\boldsymbol{s}$ 的方向余弦叫做该**直线的方向余弦**. 由于任一平行于直线的非零向量都可以作为它的方向向量，因此直线的方向数是不唯一的，但方向余弦唯一.

在直线的对称式方程(6.20)中，令

$$\frac{x-x_0}{m}=\frac{y-y_0}{n}=\frac{z-z_0}{p}=t,$$

则有

$$\begin{cases}x=x_0+mt,\\ y=y_0+nt,\\ z=z_0+pt.\end{cases}\tag{6.21}$$

方程组(6.21)称为直线的**参数方程**.

2. 空间直线的一般方程

空间直线 L 可以看成是两平面 Π_1 和 Π_2 的交线. 设两相交平面的方程分别为

$$A_1x+B_1y+C_1z+D_1=0 \text{ 和 } A_2x+B_2y+C_2z+D_2=0,$$

则直线 L 上的任一点的坐标应同时满足这两个平面的方程，即满足方程组

$$\begin{cases}A_1x+B_1y+C_1z+D_1=0,\\ A_2x+B_2y+C_2z+D_2=0.\end{cases}\tag{6.22}$$

反过来，如果点 M 不在直线 L 上，那么它不可能同时在两平面 Π_1 和 Π_2 上，因此，它的坐标不满足方程组(6.22). 即直线 L 可以由方程组(6.22)表示，方程组(6.22)叫做**空间直线的一般方程**.

过空间直线 L 的平面有无数多个，只需在这无数多个平面中任取两个，将它们的方程联立起来，所得的方程组就表示空间直线 L.

例 3 将下面直线的一般方程化为对称式方程和参数方程：

$$\begin{cases} x+y+z+1=0, \\ 2x-y+3z+4=0. \end{cases} \tag{6.23}$$

解　先求出直线上的一点(x_0,y_0,z_0)．取$x_0=1$，代入方程(6.23)中，得$y_0=0$，$z_0=-2$，即$(1,0,-2)$是这直线上的一点.

再求直线的一个方向向量$\boldsymbol{s}$．由于两平面的交线与这两平面的法向量$\boldsymbol{n}_1=(1,1,1)$，$\boldsymbol{n}_2=(2,-1,3)$都垂直，所以可取

$$\boldsymbol{s}=\boldsymbol{n}_1\times\boldsymbol{n}_2=\begin{vmatrix} \boldsymbol{i} & \boldsymbol{j} & \boldsymbol{k} \\ 1 & 1 & 1 \\ 2 & -1 & 3 \end{vmatrix}=(4,-1,-3).$$

因此，所给直线的对称式方程为

$$\frac{x-1}{4}=\frac{y}{-1}=\frac{z+2}{-3},$$

直线的参数方程为

$$\begin{cases} x=1+4t, \\ y=-t, \\ z=-2-3t. \end{cases}$$

习题 6.4

1. 求下列空间曲线在xOy面的投影曲线的方程：

(1) $\begin{cases} x^2+y^2=z, \\ z=x+1; \end{cases}$　　(2) $\begin{cases} x^2+y^2+z^2=9, \\ x+z=1. \end{cases}$

2. 分别求母线平行于x轴和y轴而且过曲线$\begin{cases} 2x^2+y^2+z^2=16, \\ x^2+z^2-y^2=0 \end{cases}$的柱面方程.

3. 求上半球面$z=\sqrt{a^2-x^2-y^2}$，柱面$x^2+y^2-ax=0$及xOy面所围成的立体在xOy面和zOx面上的投影.

4. 求旋转抛物面$z=x^2+y^2(0\leqslant z\leqslant 4)$在三个坐标面上的投影.

5. 求满足下列条件的直线的方程：

(1) 过点$(4,-1,3)$且平行于直线$\dfrac{x-3}{2}=\dfrac{y}{1}=\dfrac{z-1}{5}$；

(2) 平行于x轴且过点$(2,3,1)$；

(3) 过两点$(3,-2,1)$和$(-1,0,2)$.

6. 用对称式方程及参数方程表示直线$\begin{cases} x-y+z=1, \\ 2x+y+z=4. \end{cases}$

实验五　MATLAB 绘图

在实验一中，我们已经介绍了用 MATLAB 绘制二维图形的方法，下面我们将

介绍如何用 MATLAB 绘制三维图形.

一、三维曲线与曲面的绘制

1. 三维曲线

绘制三维曲线可以用“plot3”. plot3 命令与 plot 命令用法十分相似，其调用格式为

plot3(x1,y1,z1,'选项1',x2,y2,z2,'选项2',…,xn,yn,zn,'选项n')

例 1　绘制螺旋线 $x=\cos t$，$y=\sin t$，$z=t(0\leqslant t\leqslant 6\pi)$.

解　输入：

```
>>t=0 : pi/100: 6 * pi;
x=cos(t);
y=sin(t);
z=t;
plot3(x,y,z) ↙
```

输出：如图 6-23 所示.

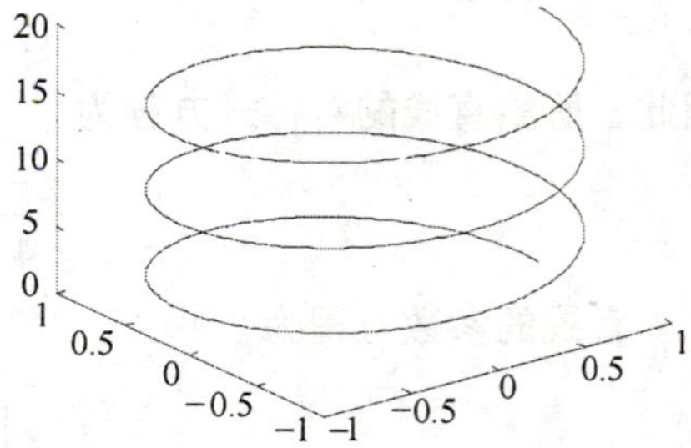

图　6-23

如果曲线的方程是以一般式给出的，则需先变换为参数式再用 plot 命令绘制.

2. 三维曲面

如果已知二元函数 $z=f(x,y)$，则可以绘制出该函数的三维曲面图. 在绘制三维曲面图之前，先要调用 meshgrid 函数生成网格矩阵数据，其格式为

x=a: d1: b; y=c: d2: d; [X,Y]=meshgrid(x,y)

语句执行后，生成矩阵 X 和 Y，这样就可以按函数公式计算出矩阵 Z,之后用 mesh 或 surf 等函数绘制三维曲面图. mesh 绘制的是三维网状图，surf 绘制的是三维曲面图，它们的调用格式分别为

mesh(X,Y,Z)

surf(X,Y,Z)

参数 X，Y，Z 都是矩阵，用来定义图形上点的三个坐标.

例 2　绘制旋转抛物面 $z=x^2+y^2$.

解　输入：

```
>>x= -4: 0.5: 4;
y= -4: 0.5: 4;
[X,Y]=meshgrid(x,y);
Z=X.^2+Y.^2;
mesh(X,Y,Z) ↙
```

输出：如图 6-24 所示.

还可以输入：

```
>>x = -4: 0.5: 4;
y = -4: 0.5: 4;
[X,Y] = meshgrid(x,y);
Z = X.^2 + Y.^2;
surf(X,Y,Z) ↙
```

输出：如图 6-25 所示.

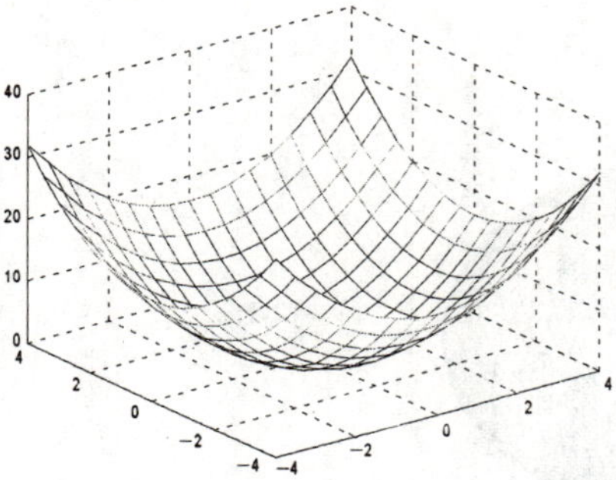

图　6-24

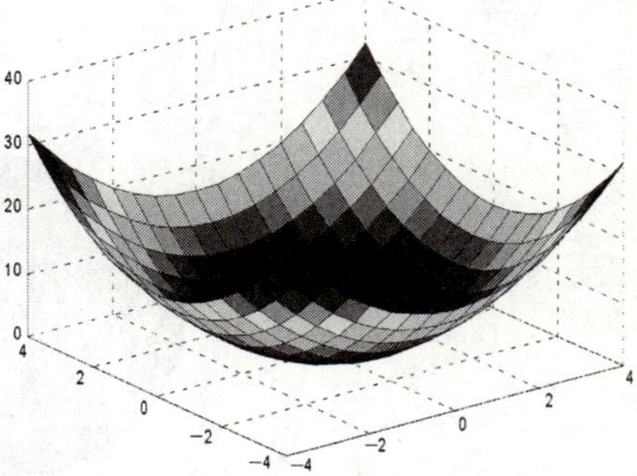

图　6-25

二、利用 MATLAB 演示曲面的形成过程

MATLAB 可以让空间图形实现动态可视化，我们举一个例子加以演示.

例 3　演示椭圆$\begin{cases}\dfrac{x^2}{4}+\dfrac{y^2}{3}=1,\\ z=0\end{cases}$绕 y 轴旋转所得的旋转椭球面的形成过程.

解　输入：

```
>>theta = 0: pi/30: 2 * pi;
n = length(theta);
y = 4 * cos(theta);
z = 3 * sin(theta);
x = 0 * ones(1,n);
plot3(x,y,z)
pause(1)
for phi = 0: pi/60: pi;
    x = y. * sin(phi);
    y1 = y. * cos(phi);
    plot3(x,y1,z)
    pause(1)
```

```
        grid on
        hold on
        view([ -30,30])
    end
hold off
```

运行上述命令后，在图形窗口中就会演示椭圆绕坐标轴旋转得旋转椭球面的全过程，最后得到的图形如图 6-26 所示.

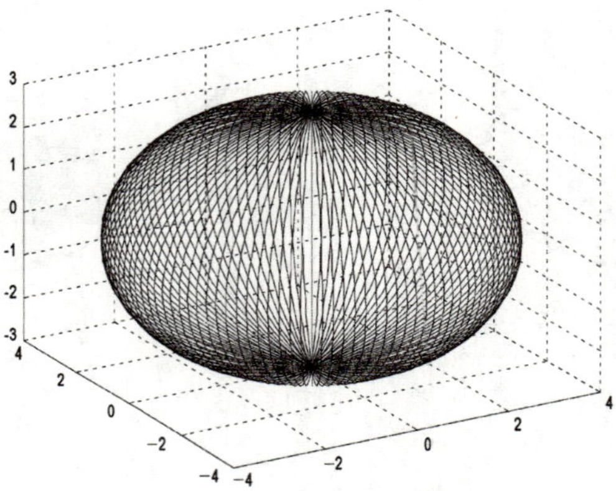

图　6-26

三、常用统计分析图的绘制

在 MATLAB 中，还可以绘制很多统计分析图形，常见的有条形图、阶梯图、杆图和填充图等，绘制二维统计图所采用的函数分别是：

二维条形图：bar(x,y,'选项')；

二维阶梯图：stairs(x,y,'选项')；

二维杆图：stem(x,y,'选项')

二维填充图：fill(x1,y1,'选项 1',x2,y2,'选项 2',…)

二维饼图：pie(x,'选项')

选项用来定义图形的颜色和线形.

当需要同时绘制多幅图形时，我们可以使用 subplot 函数，其调用格式为

subplot(m,n,p)

该函数将当前图形窗口分成 m×n 个绘图区，即每行 n 个，共 m 行，区号按行优先编号，且选定第 p 个区为当前活动区. 在每一个绘图区允许以不同的坐标系单独绘制图形.

例 4　分别以条形图、阶梯图、杆图和填充图形式绘制曲线 $y=2\sin x$.

解　输入：

>>x=0: pi/10: 2 * pi; y=2 * sin(x);

subplot(2,2,1); bar(x,y,'g'); title('bar(x,y,"g")'); axis([0,7,-2,2]); %绘制绿色条形图

subplot(2,2,2); stairs(x,y,'b'); title('stairs(x,y,"b")'); axis([0,7,-2,2]); %绘制蓝色阶梯图

subplot(2,2,3); stem(x,y,'k'); title('stem(x,y,"k")'); axis([0,7,-2,2]); %绘制黑色杆图

subplot(2,2,4); fill(x,y,'y'); title('fill(x,y,"y")'); axis([0,7,-2,2]); ↙ %绘制黄色填充图

输出：如图 6-27 所示.

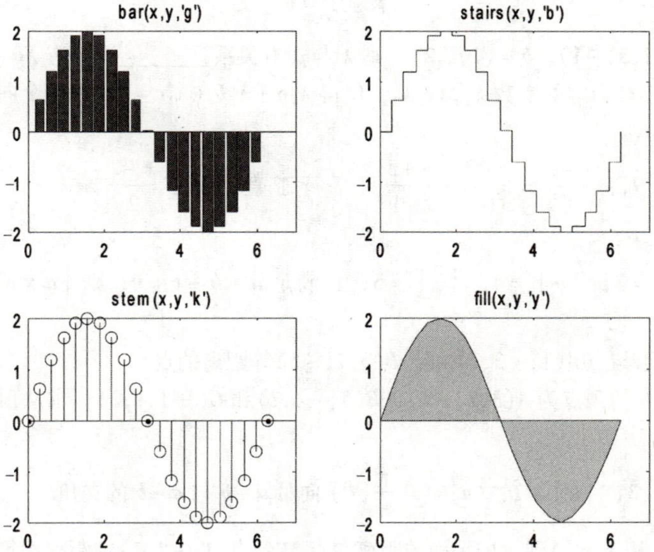

图　6-27

这些统计分析图也可以以三维形式出现，使用的函数分别是：

三维条形图：bar3(y,'选项')，bar3(x,y,'选项')

三维杆图：stem3(z,'选项')，stem3(x,y,z,'选项')

三维饼图：pie3(x,'选项')

三维填充图：fill3(x,y,z,'选项')

实 验 题 5

1. 绘制空间曲线$\begin{cases} x=\left[4+\cos\left(\dfrac{3}{2}t\right)\right]\cos t, \\ y=\left[2+\cos\left(\dfrac{3}{2}t\right)\right]\sin t, \\ z=\sin\left(\dfrac{3}{2}t\right), \end{cases}$ $0<t<\dfrac{\pi}{4}$的图形.

2. 对本章第三节中介绍的几种二次曲面，任意选取参数，利用 MATLAB 绘制出它们的图形，并分析参数的变化对图形有何影响.

3. 绘制曲线 $y=\cos x$ 的各种统计分析图.

总 习 题 六

1. 填空：

(1) 设 $\boldsymbol{a}=(2,5,-1)$，$\boldsymbol{b}=(1,3,2)$，则 λ 与 μ 有关系________，才有 $\lambda\boldsymbol{a}+\mu\boldsymbol{b}$ 与 z 轴垂直；

(2) 设存在不全为零的实数 $\lambda_1,\lambda_2,\lambda_3$，使得 $\lambda_1\boldsymbol{a}+\lambda_2\boldsymbol{b}+\lambda_3\boldsymbol{c}=\boldsymbol{0}$，则三个向量 $\boldsymbol{a},\boldsymbol{b},\boldsymbol{c}$ 的位置关系为________；

(3) 过直线 L_1：$\dfrac{x-1}{1}=\dfrac{y-2}{0}=\dfrac{z-3}{-1}$且平行于直线 L_2：$\dfrac{x+2}{2}=\dfrac{y-1}{1}=\dfrac{z}{1}$的平面方程为________；

(4) 设 $|\boldsymbol{a}|=3$，$|\boldsymbol{b}|=4$，$|\boldsymbol{c}|=5$，且满足 $\boldsymbol{a}+\boldsymbol{b}+\boldsymbol{c}=\boldsymbol{0}$，则 $|\boldsymbol{a}\times\boldsymbol{b}+\boldsymbol{b}\times\boldsymbol{c}+\boldsymbol{c}\times\boldsymbol{a}|$ =________.

2. 在 y 轴上求与点 $A(1,-3,7)$ 和点 $B(5,7,-5)$ 等距离的点.

3. 已知△ABC 的顶点为 $A(3,2,-1)$、$B(5,-4,7)$ 和 $C(-1,1,2)$，求从顶点 C 所引中线的长度.

4. 设 $|\boldsymbol{a}|=\sqrt{3}$，$|\boldsymbol{b}|=1$，$(\widehat{\boldsymbol{a},\boldsymbol{b}})=\dfrac{\pi}{6}$，求向量 $\boldsymbol{a}+\boldsymbol{b}$ 与 $\boldsymbol{a}-\boldsymbol{b}$ 的夹角.

5. 已知动点 $M(x,y,z)$ 到 xOy 平面的距离与点 M 到点$(1,-1,2)$的距离相等，求点 M 的轨迹方程.

6. 指出下列旋转曲面的一条母线和旋转轴：

(1) $z=2(x^2+y^2)$；　　(2) $\dfrac{x^2}{36}+\dfrac{y^2}{9}+\dfrac{z^2}{36}=1$；

(3) $z^2=9(x^2+y^2)$；　　(4) $\dfrac{x^2}{16}-\dfrac{y^2}{4}-\dfrac{z^2}{4}=1$.

7. 点 $P_1(2,-1,-1)$ 关于平面 Π 的对称点为 $P_2(-2,3,11)$，求平面 Π 的方程.

8. 设一平面垂直于平面 $z=0$，并过从点$(1,-1,1)$到直线$\begin{cases} y-z+1=0, \\ x=0 \end{cases}$的垂线，求此平面的方程.

9. 求过点$(-1,0,4)$，且平行于平面 $3x-4y+z-10=0$，又与直线$\dfrac{x+1}{1}=\dfrac{y-3}{1}=\dfrac{z}{2}$相交的直

线方程.

10. 求曲线$\begin{cases} z=2-x^2-y^2, \\ z=(x-1)^2+(y-1)^2 \end{cases}$在三个坐标面上的投影曲线的方程.

11. 求锥面$z=\sqrt{x^2+y^2}$与柱面$z^2=2x$所围立体在三个坐标面上的投影.

12. 画出下列各曲面所围立体的图形：

(1) 抛物柱面$2y^2=x$，平面$z=0$及$\dfrac{x}{4}+\dfrac{y}{3}+\dfrac{z}{2}=1$；

(2) 抛物柱面$x^2=1-z$，平面$y=0$，$z=0$及$x+y=1$；

(3) 锥面$z=\sqrt{x^2+y^2}$及旋转抛物面$z=2-x^2-y^2$；

(4) 旋转抛物面$z=x^2+y^2$，柱面$y^2=x$，平面$z=0$及$x=1$.

第七章　多元函数微分学

前面我们讨论的函数只有一个自变量，这种函数叫做一元函数. 但在很多实际问题中，影响某一变量的因素有很多，一个变量的变化往往依赖于多个变量的变化. 这就提出了多元函数及其微分和积分的问题. 本章将在一元函数微分学的基础上，以二元函数为主，讨论多元函数的微分法及其应用.

第一节　多元函数的基本知识

一、多元函数的概念

讨论一元函数时，经常用到邻域和区间的概念. 讨论多元函数需要把邻域和区间的概念加以推广，同时还要涉及其他一些概念.

1. 平面点集

由平面解析几何知道，当在平面上建立直角坐标系后，平面上的点 P 与有序二元实数组 (x,y) 之间就形成了一一对应关系. 这种建立了坐标系的平面称为**坐标平面**.

二元有序实数组 (x,y) 的全体，记作

$$\mathbf{R}^2=\{(x,y)\mid x\in\mathbf{R},y\in\mathbf{R}\},$$

它就表示整个 xOy 坐标平面.

坐标平面上具有某种性质 I 的点的集合，称为**平面点集**，记作

$$E=\{(x,y)\mid(x,y)\text{具有性质 }I\}.$$

例如，平面上以原点为中心、r 为半径的圆内所有点的集合是

$$E=\{(x,y)\mid x^2+y^2<r^2\}.$$

如果我们用 P 表示点 (x,y)，用 $|OP|$ 表示 P 点到原点 O 的距离，那么集合 E 也可表示成

$$E=\{P\mid |OP|<r\}.$$

设 $P_0(x_0,y_0)$ 是 xOy 平面上的一点，δ 是某一正数. 与点 $P_0(x_0,y_0)$ 距离小于 δ 的点 $P(x,y)$ 的全体，称为**点 P_0 的 δ 邻域**，记为 $U(P_0,\delta)$，即

$$U(P_0,\delta)=\{P\mid |PP_0|<\delta\},$$

或

$$U(P_0,\delta)=\{(x,y)\mid \sqrt{(x-x_0)^2+(y-y_0)^2}<\delta\}.$$

在几何上，$U(P_0,\delta)$ 表示 xOy 平面上以点 $P_0(x_0,y_0)$ 为中心、δ 为半径的圆的

内部的点 $P(x,y)$ 的全体．

点 P_0 的去心 δ **邻域**，记作$\mathring{U}(P_0,\delta)$，即

$$\mathring{U}(P_0,\delta)=\{P\,|\,0<|P_0P|<\delta\}.$$

通常情况下，如果不需要强调邻域的半径 δ，则用 $U(P_0)$ 表示点 P_0 的某个邻域，点 P_0 的去心邻域记作$\mathring{U}(P_0)$．

设 E 是平面上一个点集，P 是平面上任意一点，则点 P 与点集 E 之间必有以下三种关系之一：

(1) 存在点 P 的某一邻域 $U(P)$，使得 $U(P)\subset E$，此时称 P 为 E 的**内点**；

(2) 存在点 P 的某一邻域 $U(P)$，使得 $U(P)\cap E=\varnothing$，此时称 P 为 E 的**外点**；

(3) 如果点 P 的任一邻域内既有属于 E 的点，也有不属于 E 的点，此时称 P 为 E 的**边界点**．E 的边界点的全体，称为 E 的**边界**，记作∂E．

E 的内点必属于 E，E 的外点必定不属于 E；而 E 的边界点可能属于 E，也可能不属于 E．

例如，设平面点集

$$E=\{(x,y)\,|\,1<x^2+y^2\leqslant 4\},$$

满足 $1<x^2+y^2<4$ 的一切点 (x,y) 都是 E 的内点；满足 $x^2+y^2=1$ 的一切点 (x,y) 都是 E 的边界点，它们都不属于 E；满足 $x^2+y^2=4$ 的一切点 (x,y) 也都是 E 的边界点，它们都属于 E．

如果点集 E 的点都是内点，则称 E 为**开集**．

设 E 为一点集，如果对于点集 E 中的任意两点，都可用折线连接起来，且该折线上的点都属于 E，则称 E 为**连通集**．

连通的开集称为**区域或开区域**．

例如，$E_1=\{(x,y)\,|\,1<x^2+y^2<4\}$ 及 $D_1=\{(x,y)\,|\,x-y>1\}$ 都是区域．

开区域连同它的边界一起所构成的点集称为**闭区域**．

例如，$E_2=\{(x,y)\,|\,1\leqslant x^2+y^2\leqslant 4\}$ 及 $D_2=\{(x,y)\,|\,x-y\geqslant 1\}$ 都是闭区域．

对于点集 E，如果存在正数 K，使得 E 内的一切点 P 与某定点 A 间的距离 $|AP|$ 都不超过 K，即 $|AP|\leqslant K$，则称 E 为**有界点集**；否则，称 E 为**无界点集**．

例如，上述集合 E_1 是有界开区域，E_2 是有界闭区域；D_1 是无界开区域，D_2 是无界闭区域．

2. 多元函数的概念

在很多实际问题中，经常会遇到多个变量之间的依赖关系．例如，圆锥的体积 V 和它的底半径 r、高 h 之间具有以下关系：

$$V=\frac{1}{3}\pi r^2 h.$$

这里，当 r,h 在集合 $\{(r,h)\,|\,r>0,\ h>0\}$ 内取定一对值 (r,h) 时，V 的值就随之

确定. 我们称 V 是 r,h 的二元函数.

再如,一定量的理想气体的压强 p、体积 V 和热力学温度 T 之间具有以下关系:

$$p=\frac{RT}{V}$$

其中, R 为常数. 这里, 当 V,T 在集合 $\{(V,T)\mid V>0,\ T>0\}$ 内取定一对值 (V,T) 时, p 的值就随之确定. 故称 p 是 V,T 的二元函数. 一般地, 有如下的定义:

定义 1　设 D 是平面点集 $\mathbf{R}^2$ 的一个非空子集, 如果存在定义在 D 上的一个对应关系 f,使得对于任意的点 $P(x,y)\in D$, 都有唯一的实数 z 通过 f 与之对应, 则称 f 是定义在 D 上的**二元函数**, 记为

$$z=f(x,y),(x,y)\in D\ (\text{或 } z=f(P),P\in D).$$

其中 x,y 称为**自变量**, z 称为**因变量**, D 称为函数的**定义域**, 集合 $\{z\mid z=f(x,y),(x,y)\in D\}$ 称为函数的**值域**.

z 为 x 和 y 的函数也可记为 $z=z(x,y)$, $z=g(x,y)$ 等.

类似地, 可定义三元函数 $u=f(x,y,z)$ 以及三元以上的函数.

关于多元函数的定义域, 我们约定: 用算式表达多元函数 $u=f(P)$ 时, 就以使这个算式有意义的所有点 P 组成的点集为这个**多元函数的定义域**.

例如, 函数 $z=\sqrt{x+y}$ 的定义域为 $\{(x,y)\mid x+y\geqslant 0\}$ (图 7-1),这是一个无界闭区域.

又如,函数 $z=\arcsin(x^2+y^2)$ 的定义域为 $\{(x,y)\mid x^2+y^2\leqslant 1\}$ (图 7-2), 这是一个有界闭区域.

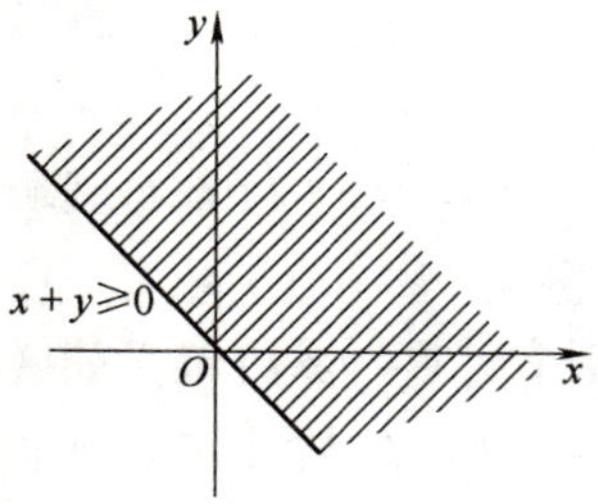

图　7-1

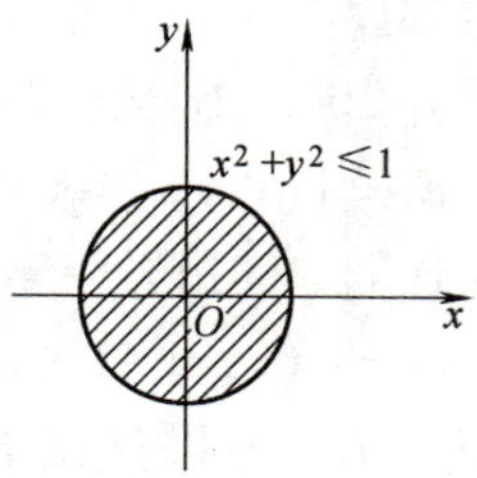

图　7-2

设函数 $z=f(x,y)$ 的定义域为 D, 点集

$$S=\{(x,y,z)\mid z=f(x,y),(x,y)\in D\}$$

称为二元函数 $z=f(x,y)$ 的图形. 显然,属于 S 的点 $P(x,y,z)$ 满足三元方程

$$F(x,y,z)=f(x,y)-z=0,$$

所以二元函数的图形就是空间中的一张曲面(图 7-3),定义域 D 是该曲面在 xOy 面上的投影.

例如，$z=ax+by+c$ 的图形是一张平面；而函数 $z=\sqrt{x^2+y^2}$ 的图形是圆锥面．

二、多元函数的极限

类似于一元函数的极限概念，我们定义：如果当 $P(x,y)\to P_0(x_0,y_0)$ 时，对应的函数值 $z=f(x,y)$ 无限接近于某一个确定的常数 A，则称 A 是函数 $z=f(x,y)$ 当 $(x,y)\to(x_0,y_0)$ 时的极限．

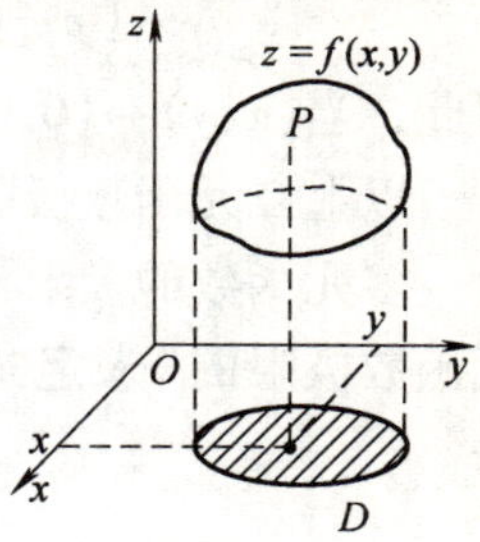

图　7-3

定义 2　设二元函数 $f(x,y)$ 的定义域为 D，$P_0(x_0,y_0)$ 为 D 的内点或边界点. 如果对于任意给定的正数 ε，总存在正数 δ，使得对于满足不等式

$$0<|PP_0|=\sqrt{(x-x_0)^2+(y-y_0)^2}<\delta$$

的一切 $P(x,y)\in D$，都有

$$|f(x,y)-A|<\varepsilon$$

成立，则称常数 A 为函数 $f(x,y)$ 当 $(x,y)\to(x_0,y_0)$ 时的**极限**，记为

$$\lim_{(x,y)\to(x_0,y_0)}f(x,y)=A \quad (\text{或}\lim_{\substack{x\to x_0\\ y\to y_0}}f(x,y)=A)$$

或

$$f(x,y)\to A \quad ((x,y)\to(x_0,y_0)).$$

为区别于一元函数的极限，上述定义的极限也称为**二重极限**．

必须注意，二重极限存在，是指 $P(x,y)$ 以任何方式趋于 $P_0(x_0,y_0)$ 时，函数值都无限接近于常数 A．

如果当 $P(x,y)$ 以两种不同的方式趋于 $P_0(x_0,y_0)$ 时函数趋于不同的值，或者当 $P(x,y)$ 沿某一方向趋于 $P_0(x_0,y_0)$ 时函数的极限不存在，则此极限不存在．

例 1　考察函数

$$f(x,y)=\begin{cases}\dfrac{xy}{x^2+y^2}, & x^2+y^2\neq 0,\\ 0, & x^2+y^2=0\end{cases}$$

当 $(x,y)\to(0,0)$ 时，极限是否存在．

解　当点 $P(x,y)$ 沿 x 轴趋于点 $(0,0)$ 时，

$$\lim_{(x,y)\to(0,0)}f(x,y)=\lim_{x\to 0}f(x,0)=\lim_{x\to 0}0=0;$$

当点 $P(x,y)$ 沿 y 轴趋于点 $(0,0)$ 时，

$$\lim_{(x,y)\to(0,0)}f(x,y)=\lim_{y\to 0}f(0,y)=\lim_{y\to 0}0=0.$$

虽然点 $P(x,y)$ 依上面两种方式趋于原点时，函数的极限存在并相等，但并不能说明 $\lim\limits_{(x,y)\to(0,0)}f(x,y)=0$. 事实上，当点 $P(x,y)$ 沿直线 $y=kx(k\neq 0)$ 趋于原点时，有

$$\lim_{\substack{(x,y)\to(0,0)\\ y=kx}}\frac{xy}{x^2+y^2}=\lim_{x\to 0}\frac{kx^2}{x^2+k^2x^2}=\frac{k}{1+k^2}\neq 0\quad(k\neq 0).$$

因此，当$(x,y)\to(0,0)$时，该函数极限是不存在的．

以上二元函数极限的概念可以推广到$n(n>2)$元函数的极限．

多元函数的极限与一元函数的极限有类似的运算法则．同样，我们可以定义多元函数极限的“未定式”，其运算也有与一元函数极限的“未定式”类似的计算方法．

例 2　求 $\lim\limits_{(x,y)\to(0,0)}\dfrac{\sqrt{xy+4}-2}{xy}$.

解
$$\lim_{(x,y)\to(0,0)}\frac{\sqrt{xy+4}-2}{xy}=\lim_{(x,y)\to(0,0)}\frac{(\sqrt{xy+4}-2)(\sqrt{xy+4}+2)}{xy(\sqrt{xy+4}+2)}$$
$$=\lim_{(x,y)\to(0,0)}\frac{1}{\sqrt{xy+4}+2}=\frac{1}{\sqrt{0\times 0+4}+2}=\frac{1}{4}.$$

三、多元函数的连续性

如同一元函数一样,我们利用二重极限与函数值的关系来定义二元函数的连续性．

定义 3　设二元函数$f(x,y)$的定义域为D，$P_0(x_0,y_0)\in D$．如果
$$\lim_{(x,y)\to(x_0,y_0)}f(x,y)=f(x_0,y_0),$$
则称函数$f(x,y)$在点$P_0(x_0,y_0)$**连续**．

如果函数$f(x,y)$在D上的每一点都连续，那么就称函数$f(x,y)$在D上连续，或者称$f(x,y)$是D上的**连续函数**．

类似地，可定义三元函数$u=f(x,y,z)$以及三元以上的函数的连续性．

例 3　证明函数$f(x,y)=x^2+y^2$是$\mathbf{R}^2$上的连续函数．

证　对于任意的$P_0(x_0,y_0)\in\mathbf{R}^2$，由二元函数极限的运算法则，得
$$\lim_{(x,y)\to(x_0,y_0)}f(x,y)=\lim_{(x,y)\to(x_0,y_0)}(x^2+y^2)$$
$$=\lim_{(x,y)\to(x_0,y_0)}x^2+\lim_{(x,y)\to(x_0,y_0)}y^2$$
$$=x_0^2+y_0^2=f(x_0,y_0),$$
故函数$f(x,y)=x^2+y^2$在点$P_0(x_0,y_0)$连续．由P_0的任意性知，$f(x,y)$在$\mathbf{R}^2$上连续．

如果函数$f(x,y)$在点$P_0(x_0,y_0)$不连续，则称$P_0(x_0,y_0)$为函数$f(x,y)$的间断点．

与一元函数的情形类似，二元函数间断点的产生，或者因为函数在(x_0,y_0)处无定义，或者由于当$(x,y)\to(x_0,y_0)$时函数无极限，或者极限存在但不等于$f(x_0,$

y_0). 但是,二元函数的间断不仅可能发生在一点上,还可能出现在一段曲线上或其他更复杂的情况.

例如，前面讨论过的函数

$$f(x,y)=\begin{cases}\dfrac{xy}{x^2+y^2}, & x^2+y^2\neq 0,\\ 0, & x^2+y^2=0\end{cases}$$

当$(x,y)\to(0,0)$时，该函数极限不存在. 所以点$O(0,0)$是该函数的一个间断点.

又如，函数$z=\sin\dfrac{1}{x^2-y}$，其定义域为$\{(x,y)\mid x^2\neq y\}$，因此抛物线$y=x^2$上的点都是函数的间断点.

一元连续函数的运算法则对二元函数也成立. 即二元连续函数的和、差、积、商(分母不为零)及复合函数还是连续函数.

在有界闭区域上连续的二元函数有如下性质:

性质1(有界性与最大值最小值定理)　有界闭区域D上的二元连续函数，在D上一定有界，且能取得它的最大值和最小值.

性质2(介值定理)　有界闭区域D上的二元连续函数必取得介于最大值和最小值之间的任何值.

与一元初等函数类似，二元初等函数是指可用一个式子所表示的二元函数，这个式子是由常数及具有不同自变量的一元基本初等函数经过有限次的四则运算或复合运算而得到的.

例如，$\dfrac{x+x^2-y^2}{1+y^2}$，$\arctan(x+y)$等都是二元初等函数.

由连续函数和、差、积、商以及复合函数的连续性，我们可以得出以下结论:

一切二元初等函数在其定义域内是连续的.

由二元函数连续性的定义知，二元连续函数$f(x,y)$在$P_0(x_0,y_0)$处的极限为函数在该点的函数值,即

$$\lim_{(x,y)\to(x_0,y_0)}f(x,y)=f(x_0,y_0).$$

例4　求$\displaystyle\lim_{(x,y)\to(3,4)}\frac{x+y}{xy}$.

解　函数$f(x,y)=\dfrac{x+y}{xy}$是初等函数，它的定义域为

$$D=\{(x,y)\mid x\neq 0,y\neq 0\},$$

点$P_0(3,4)$是定义域D的内点，因此$f(x,y)$在$P_0(3,4)$处连续，所以

$$\lim_{(x,y)\to(3,4)}f(x,y)=f(3,4)=\frac{7}{12}.$$

习题 7.1

1. 已知函数 $f(x,y)=\dfrac{xy}{x^2+y}$，试求 $f\left(xy,\dfrac{x}{y}\right)$．

2. 已知函数 $f(u,v,w)=u^w+w^{u+v}$，试求 $f(x+y,x-y,xy)$．

3. 求下列各函数的定义域：

(1) $y=\ln(x^2-y+1)$；　　(2) $z=\dfrac{1}{\sqrt{x+y}}+\dfrac{1}{\sqrt{x-y}}$；

(3) $z=\ln(y-x)+\dfrac{\sqrt{x}}{\sqrt{1-x^2-y^2}}$；　　(4) $u=\arccos\dfrac{z}{\sqrt{x^2+y^2}}$．

4. 求下列各极限：

(1) $\lim\limits_{(x,y)\to(0,1)}\dfrac{1-xy}{x^2+y^2}$；　　(2) $\lim\limits_{(x,y)\to(1,0)}\dfrac{\ln(x+e^y)}{\sqrt{x^2+y^2}}$；

(3) $\lim\limits_{(x,y)\to(2,0)}\dfrac{\sin(2xy)}{y}$；　　(4) $\lim\limits_{(x,y)\to(0,0)}\dfrac{xy}{\sqrt{xy+1}-1}$．

5. 证明极限 $\lim\limits_{(x,y)\to(0,0)}\dfrac{xy^2}{x^3-y^3}$ 不存在．

6. 问函数 $z=\dfrac{y^2+2x}{y^2-2x}$ 在何处间断？

第二节　偏导数及全微分

一、偏导数的定义及其计算法

在一元函数中，我们通过研究函数的变化率引入了导数的概念．对于多元函数同样需要讨论它的变化率．由于多元函数的自变量不止一个，因此我们要考虑多元函数相对于其中一个自变量的变化率，这就是多元函数对这个自变量的导数，我们称之为**偏导数**．

定义 1　设函数 $z=f(x,y)$ 在点 (x_0,y_0) 的某一邻域内有定义，当固定 $y=y_0$，而 x 在 x_0 处有增量 Δx 时，函数有增量

$$f(x_0+\Delta x,y_0)-f(x_0,y_0),$$

如果极限

$$\lim_{\Delta x\to 0}\frac{f(x_0+\Delta x,y_0)-f(x_0,y_0)}{\Delta x} \tag{7.1}$$

存在，则称此极限为 $z=f(x,y)$ 在点 (x_0,y_0) 处对 x 的**偏导数**，记作

$$\left.\frac{\partial z}{\partial x}\right|_{\substack{x=x_0\\y=y_0}},\ \left.\frac{\partial f}{\partial x}\right|_{\substack{x=x_0\\y=y_0}},\ \left.z_x\right|_{\substack{x=x_0\\y=y_0}},\ 或 f_x(x_0,y_0).$$

即

$$f_x(x_0,y_0)=\lim_{\Delta x\to 0}\frac{f(x_0+\Delta x,y_0)-f(x_0,y_0)}{\Delta x}. \tag{7.2}$$

类似地，函数 $z=f(x,y)$ 在点 (x_0,y_0) 处对 y 的偏导数定义为

$$f_y(x_0,y_0)=\lim_{\Delta y\to 0}\frac{f(x_0,y_0+\Delta y)-f(x_0,y_0)}{\Delta y}, \tag{7.3}$$

记作

$$\left.\frac{\partial z}{\partial y}\right|_{\substack{x=x_0\\y=y_0}},\ \left.\frac{\partial f}{\partial y}\right|_{\substack{x=x_0\\y=y_0}},\ z_y\Big|_{\substack{x=x_0\\y=y_0}}，\text{或}f_y(x_0,y_0).$$

如果函数 $z=f(x,y)$ 在区域 D 内每一点 (x,y) 处对 x 的偏导数都存在，那么这个偏导数就是 x、y 的函数，称为函数 $z=f(x,y)$ 对自变量 x 的偏导函数，记为

$$\frac{\partial z}{\partial x},\ \frac{\partial f}{\partial x},\ z_x，\text{或}f_x(x,y),$$

即

$$f_x(x,y)=\lim_{\Delta x\to 0}\frac{f(x+\Delta x,y)-f(x,y)}{\Delta x}. \tag{7.4}$$

类似地，可定义函数 $z=f(x,y)$ 对自变量 y 的偏导函数，记为

$$\frac{\partial z}{\partial y},\ \frac{\partial f}{\partial y},\ z_y，\text{或}f_y(x,y),$$

即

$$f_y(x,y)=\lim_{\Delta y\to 0}\frac{f(x,y+\Delta y)-f(x,y)}{\Delta y}. \tag{7.5}$$

由偏导函数的定义知，函数 $z=f(x,y)$ 在点 (x_0,y_0) 处对 x 的偏导数 $f_x(x_0,y_0)$ 就是偏导函数 $f_x(x,y)$ 在点 (x_0,y_0) 处的函数值，即 $f_x(x_0,y_0)=f_x(x,y)\Big|_{\substack{x=x_0\\y=y_0}}$，同样 $f_y(x_0,y_0)=f_y(x,y)\Big|_{\substack{x=x_0\\y=y_0}}$. 与一元函数一样，我们把偏导函数简称为偏导数.

实际运算中，求 $z=f(x,y)$ 的偏导数 $\frac{\partial f}{\partial x}$ 时，只要把 y 看做常量，将 $z=f(x,y)$ 对 x 求导数即可；同样，求 $\frac{\partial f}{\partial y}$ 时，只要把 x 看做常量而对 y 求导数即可. 因此，函数 $z=f(x,y)$ 在点 (x_0,y_0) 处对 x,y 的偏导数分别为

$$f_x(x_0,y_0)=\frac{\mathrm{d}}{\mathrm{d}x}f(x,y_0)\Big|_{x=x_0},\ f_y(x_0,y_0)=\frac{\mathrm{d}}{\mathrm{d}y}f(x_0,y)\Big|_{y=y_0}.$$

偏导数的概念还可推广到二元以上的函数. 例如，三元函数 $u=f(x,y,z)$ 在点 (x,y,z) 处对 x 的偏导数定义为

$$f_x(x,y,z)=\lim_{\Delta x\to 0}\frac{f(x+\Delta x,y,z)-f(x,y,z)}{\Delta x},$$

其中(x,y,z)是函数$u=f(x,y,z)$的定义域的内点．

在一元函数中,函数在一点可导则在该点必连续,但对于二元函数来说，在偏导数存在的点处不一定连续．因为$f_x(x_0,y_0)$只保证一元函数$f(x,y_0)$在(x_0,y_0)处连续；同样$f_y(x_0,y_0)$只保证一元函数$f(x_0,y)$在(x_0,y_0)处连续．这说明，曲面$z=f(x,y)$关于平面$x=x_0$和$y=y_0$的截线在(x_0,y_0)处连续不能代表曲面$z=f(x,y)$在(x_0,y_0)处连续．例如，

$$f(x,y)=\begin{cases}\dfrac{xy}{x^2+y^2}, & x^2+y^2\neq 0,\\ 0, & x^2+y^2=0\end{cases}$$

在$(0,0)$点不连续．但由偏导数的定义，得

$$f_x(0,0)=\lim_{\Delta x\to 0}\frac{f(\Delta x,0)-f(0,0)}{\Delta x}=\lim_{\Delta x\to 0}\frac{0}{\Delta x}=0.$$

同理可得

$$f_y(0,0)=0.$$

由此可见,虽然函数在$(0,0)$点的两个偏导数都存在,但在该点函数不连续．

例 1　求$z=x^2+3xy+y^2$在点$(1,2)$处的偏导数．

解　$\dfrac{\partial z}{\partial x}=2x+3y$，$\dfrac{\partial z}{\partial y}=3x+2y$．

$$\left.\frac{\partial z}{\partial x}\right|_{\substack{x=1\\y=2}}=2\times1+3\times2=8,$$

$$\left.\frac{\partial z}{\partial y}\right|_{\substack{x=1\\y=2}}=3\times1+2\times2=7.$$

例 2　求$z=x^2\sin 2y$的偏导数．

解　$\dfrac{\partial z}{\partial x}=2x\sin 2y$，$\dfrac{\partial z}{\partial y}=2x^2\cos 2y$．

例 3　设$z=x^y(x>0,x\neq1)$，求证：$\dfrac{x}{y}\dfrac{\partial z}{\partial x}+\dfrac{1}{\ln x}\dfrac{\partial z}{\partial y}=2z$．

证　$\dfrac{\partial z}{\partial x}=yx^{y-1}$，$\dfrac{\partial z}{\partial y}=x^y\ln x$．所以

$$\frac{x}{y}\frac{\partial z}{\partial x}+\frac{1}{\ln x}\frac{\partial z}{\partial y}=\frac{x}{y}yx^{y-1}+\frac{1}{\ln x}x^y\ln x=x^y+x^y=2z.$$

例 4　求$r=\sqrt{x^2+y^2+z^2}$的偏导数．

解
$$\frac{\partial r}{\partial x}=\frac{x}{\sqrt{x^2+y^2+z^2}}=\frac{x}{r}.$$

由所给自变量的循环对称性，得
$$\frac{\partial r}{\partial y}=\frac{y}{r};\ \frac{\partial r}{\partial z}=\frac{z}{r}.$$

应该注意,在一元函数中，$\frac{\mathrm{d}y}{\mathrm{d}x}$可以看做是函数的微分 $\mathrm{d}y$ 与自变量的微分 $\mathrm{d}x$ 之商，而偏导数的记号$\frac{\partial z}{\partial x}$是一个整体记号，不能看做分子与分母之商.

二、偏导数的几何意义和经济意义

二元函数 $z=f(x,y)$ 在点 (x_0,y_0) 处的偏导数有如下几何意义：设 $M_0(x_0,y_0,f(x_0,y_0))$ 为曲面 $z=f(x,y)$ 上一点，过 M_0 作平面 $y=y_0$，截曲面得一曲线，此曲线在平面 $y=y_0$ 上的方程为 $z=f(x,y_0)$，则导数 $\left.\frac{\mathrm{d}}{\mathrm{d}x}f(x,y_0)\right|_{x=x_0}$ 即偏导数 $f_x(x_0,y_0)$，就是这曲线在点 M_0 处的切线 M_0T_x 对 x 轴的斜率（图 7-4）.

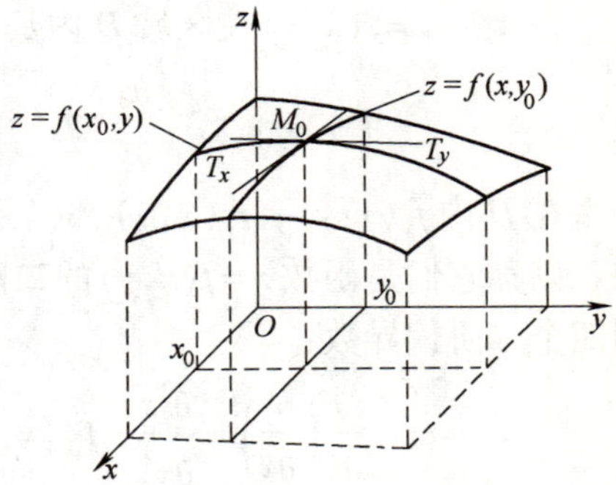

图　7-4

同样偏导数 $f_y(x_0,y_0)$ 的几何意义是曲面被平面 $x=x_0$ 所截得的曲线在点 M_0 处的切线 M_0T_y 对 y 轴的斜率.

例 5　曲线$\begin{cases} z=\dfrac{x^2+y^2}{4} \\ y=4 \end{cases}$，在点(2，4，5)处的切线对于 x 轴的倾角是多少？

解　$\frac{\partial z}{\partial x}=\frac{2x}{4}=\frac{x}{2}$，$\left.\frac{\partial z}{\partial x}\right|_{(2,4,5)}=1=\tan\alpha$，故 $\alpha=\frac{\pi}{4}$.

在一元函数微分学中，我们给出了边际和弹性的概念，这些概念也可以推广到多元函数微分学中. 一般地，我们称 $f_x(x_0,y_0)$，$f_y(x_0,y_0)$ 为函数 $z=f(x,y)$ 在点 (x_0,y_0) 的边际，$f_x(x,y)$ 及 $f_y(x,y)$ 称为边际函数. 例如，某企业的生产函数为 $Q=f(K,L)$，其中 K 为资本要素，L 为劳动要素，称$\frac{\partial Q}{\partial K}$为资本边际产出，表示产出量 Q 对资本要素 K 的边际；称$\frac{\partial Q}{\partial L}$为劳动边际产出，表示产出量 Q 对劳动要素 L 的边际.

例 6　设 Q_1，Q_2 分别为商品 X_1,X_2 的需求量，p_1,p_2 分别为商品 X_1,X_2 的价格，X_1,X_2 的需求函数分别为

$$Q_1=7+2p_1p_2,\ Q_2=p_1^2p_2-1.$$

求其边际需求函数，并说明该两种商品间的关系．

解　边际需求函数分别为

$$\frac{\partial Q_1}{\partial p_1}=2p_2;\ \frac{\partial Q_1}{\partial p_2}=2p_1;\ \frac{\partial Q_2}{\partial p_1}=2p_1p_2;\ \frac{\partial Q_2}{\partial p_2}=p_1^2.$$

根据经济理论，由于$\frac{\partial Q_1}{\partial p_2}>0$，$\frac{\partial Q_2}{\partial p_1}>0$，因此这两种商品是相互竞争关系．即这两种商品中任何一种商品的价格提高，都将引起另一种商品的需求增加．

三、高阶偏导数

设函数 $z=f(x,y)$ 在区域 D 内具有偏导数

$$\frac{\partial z}{\partial x}=f_x(x,y),\ \frac{\partial z}{\partial y}=f_y(x,y),$$

那么在 D 内 $f_x(x,y)$，$f_y(x,y)$ 都仍是 x,y 的函数．如果这两个函数的偏导数也存在，则称它们是函数 $z=f(x,y)$ 的**二阶偏导数**．按照对自变量求导次序的不同有下列四个二阶偏导数：

$$\frac{\partial}{\partial x}\left(\frac{\partial z}{\partial x}\right)=\frac{\partial^2 z}{\partial x^2}=f_{xx}(x,y),\ \frac{\partial}{\partial y}\left(\frac{\partial z}{\partial x}\right)=\frac{\partial^2 z}{\partial x\partial y}=f_{xy}(x,y),$$

$$\frac{\partial}{\partial x}\left(\frac{\partial z}{\partial y}\right)=\frac{\partial^2 z}{\partial y\partial x}=f_{yx}(x,y),\ \frac{\partial}{\partial y}\left(\frac{\partial z}{\partial y}\right)=\frac{\partial^2 z}{\partial y^2}=f_{yy}(x,y).$$

其中 $f_{xy}(x,y)$，$f_{yx}(x,y)$ 称为 $z=f(x,y)$ 的**二阶混合偏导数**．

同样可得三阶，四阶，…，以及 n 阶偏导数．

二阶及二阶以上的偏导数统称为**高阶偏导数**．

例 7　设 $z=x^3y^2-3xy^3-xy+1$，求$\frac{\partial^2 z}{\partial x^2}$，$\frac{\partial^3 z}{\partial x^3}$，$\frac{\partial^2 z}{\partial x\partial y}$和$\frac{\partial^2 z}{\partial y\partial x}$．

解

$$\frac{\partial z}{\partial x}=3x^2y^2-3y^3-y,\ \frac{\partial z}{\partial y}=2x^3y-9xy^2-x;$$

$$\frac{\partial^2 z}{\partial x^2}=6xy^2,\ \frac{\partial^3 z}{\partial x^3}=6y^2;$$

$$\frac{\partial^2 z}{\partial x\partial y}=6x^2y-9y^2-1,\ \frac{\partial^2 z}{\partial y\partial x}=6x^2y-9y^2-1.$$

我们注意到，例 7 中两个二阶混合偏导数相等，即$\frac{\partial^2 z}{\partial y\partial x}=\frac{\partial^2 z}{\partial x\partial y}$．这不是偶然的，

事实上，我们有下面的定理．

定理1　如果函数 $z=f(x,y)$ 的两个二阶混合偏导数 $\frac{\partial^2 z}{\partial y\partial x}$ 及 $\frac{\partial^2 z}{\partial x\partial y}$ 在区域 D 内连续，那么在该区域内这两个二阶混合偏导数必相等．

例8　验证函数 $z=\ln\sqrt{x^2+y^2}$ 满足方程 $\frac{\partial^2 z}{\partial x^2}+\frac{\partial^2 z}{\partial y^2}=0$．

证　因为 $z=\ln\sqrt{x^2+y^2}=\frac{1}{2}\ln(x^2+y^2)$，所以

$$\frac{\partial z}{\partial x}=\frac{x}{x^2+y^2},\quad \frac{\partial z}{\partial y}=\frac{y}{x^2+y^2},$$

$$\frac{\partial^2 z}{\partial x^2}=\frac{(x^2+y^2)-x\cdot 2x}{(x^2+y^2)^2}=\frac{y^2-x^2}{(x^2+y^2)^2},$$

$$\frac{\partial^2 z}{\partial y^2}=\frac{(x^2+y^2)-y\cdot 2y}{(x^2+y^2)^2}=\frac{x^2-y^2}{(x^2+y^2)^2},$$

因此

$$\frac{\partial^2 z}{\partial x^2}+\frac{\partial^2 z}{\partial y^2}=\frac{x^2-y^2}{(x^2+y^2)^2}+\frac{y^2-x^2}{(x^2+y^2)^2}=0 .$$

四、全微分

由二元函数偏导数的定义及一元函数微分学中增量与微分的关系，可得偏增量与偏微分：

$$f(x+\Delta x,y)-f(x,y)\approx f_x(x,y)\Delta x, \tag{7.6}$$

$$f(x,y+\Delta y)-f(x,y)\approx f_y(x,y)\Delta y, \tag{7.7}$$

称 $f(x+\Delta x,y)-f(x,y)$ 为**函数对 x 的偏增量**，$f_x(x,y)\Delta x$ 为**函数对 x 的偏微分**；称 $f(x,y+\Delta y)-f(x,y)$ 为**函数对 y 的偏增量**，$f_y(x,y)\Delta y$ 为**函数对 y 的偏微分**．

在实际问题中，有时需要研究多元函数中各自变量都取得增量时因变量所获得的增量，这样的增量称为函数的**全增量**．下面以二元函数为例进行讨论．

设函数 $z=f(x,y)$ 在点 $P(x,y)$ 的某邻域内有定义，并设 $P'(x+\Delta x,y+\Delta y)$ 为这邻域内的任一点，则称这两点的函数值之差 $f(x+\Delta x,y+\Delta y)-f(x,y)$ 为函数在点 P 对应于自变量的增量 Δx、Δy 的全增量，记作

$$\Delta z=f(x+\Delta x,y+\Delta y)-f(x,y). \tag{7.8}$$

计算全增量比较复杂，我们希望用增量 Δx、Δy 的线性函数来近似代替函数的全增量，因此引入如下定义．

定义2　如果函数 $z=f(x,y)$ 在点 (x,y) 的全增量

$$\Delta z=f(x+\Delta x,y+\Delta y)-f(x,y)$$

可表示为

$$\Delta z=A\Delta x+B\Delta y+o(\rho)\left(\rho=\sqrt{(\Delta x)^{2}+(\Delta y)^{2}}\right), \tag{7.9}$$

其中 A，B 不依赖于 Δx，Δy，而仅与 x,y 有关，则称函数 $z=f(x,y)$ 在点 (x,y) **可微分**，此时称 $A\Delta x+B\Delta y$ 为函数 $z=f(x,y)$ 在点 (x,y) 的**全微分**，记作 $\mathrm{d}z$，即

$$\mathrm{d}z=A\Delta x+B\Delta y. \tag{7.10}$$

如果函数在区域 D 内各点处都可微分，那么称该函数在 D 内可微分 .

根据函数 $z=f(x,y)$ 在点 (x,y) 可微分的定义，有

$$\Delta z=f(x+\Delta x,y+\Delta y)-f(x,y)=A\Delta x+B\Delta y+o(\rho),$$

因此

$$\lim_{(\Delta x,\Delta y)\to(0,0)}\Delta z=\lim_{\rho\to 0}\Delta z=0,$$

即

$$\lim_{(\Delta x,\Delta y)\to(0,0)}f(x+\Delta x,y+\Delta y)=\lim_{\rho\to 0}[f(x,y)+\Delta z]=f(x,y).$$

所以函数 $z=f(x,y)$ 在点 (x,y) 处连续. 由此可得，若函数 $z=f(x,y)$ 在点 (x,y) 可微分，则函数在该点一定连续.

我们知道，一元函数中可微分与可导是等价的，对于多元函数，情况就复杂得多. 下面我们从讨论函数 $z=f(x,y)$ 在点 (x,y) 可微的条件入手，来讨论偏导数与全微分的关系 .

定理 2（可微必要条件） 如果函数 $z=f(x,y)$ 在点 (x,y) 可微分，则函数在该点的偏导数 $\frac{\partial z}{\partial x}$、$\frac{\partial z}{\partial y}$ 必定存在，且函数 $z=f(x,y)$ 在点 (x,y) 的全微分为

$$\mathrm{d}z=\frac{\partial z}{\partial x}\Delta x+\frac{\partial z}{\partial y}\Delta y. \tag{7.11}$$

证 设函数 $z=f(x,y)$ 在点 $P(x,y)$ 可微分. 于是，对于点 P 的某个邻域内的任意一点 $P'(x+\Delta x,y+\Delta y)$，有

$$\Delta z=A\Delta x+B\Delta y+o(\rho),$$

特别地，当 $\Delta y=0$ 时，有

$$f(x+\Delta x,y)-f(x,y)=A\Delta x+o(\rho),$$

上式两边同除以 Δx（此时 $|\Delta x|=\rho$），再令 $\Delta x\to 0$，得

$$\lim_{\Delta x\to 0}\frac{f(x+\Delta x,y)-f(x,y)}{\Delta x}=A,$$

从而偏导数 $\frac{\partial z}{\partial x}$ 存在，且 $\frac{\partial z}{\partial x}=A$.

同理可证偏导数 $\frac{\partial z}{\partial y}$ 存在，且 $\frac{\partial z}{\partial y}=B$. 所以式(7.11)成立 .

定理 2 说明，偏导数 $\frac{\partial z}{\partial x}$、$\frac{\partial z}{\partial y}$ 存在是函数 $z=f(x,y)$ 在点 (x,y) 可微分的必要条

件，但不是充分条件. 例如，函数

$$f(x,y)=\begin{cases}\dfrac{xy}{\sqrt{x^2+y^2}}, & x^2+y^2\neq 0,\\ 0, & x^2+y^2=0\end{cases}$$

在点(0,0)处虽然有$f_x(0,0)=0$及$f_y(0,0)=0$，但函数在(0,0)处不可微分，即$\Delta z-[f_x(0,0)\Delta x+f_y(0,0)\Delta y]$不是较$\rho$高阶的无穷小. 事实上，当$(x,y)$沿直线$y=x$趋于(0,0)时，

$$\frac{\Delta z-[f_x(0,0)\Delta x+f_y(0,0)\Delta y]}{\rho}=\frac{\Delta x\cdot\Delta y}{(\Delta x)^2+(\Delta y)^2}=\frac{\Delta x\cdot\Delta x}{(\Delta x)^2+(\Delta x)^2}=\frac{1}{2},$$

显然它不能趋于0 .

如果我们假定函数$z=f(x,y)$在点(x,y)的各个偏导数是连续的，则可以证明函数$z=f(x,y)$是可微分的，由此得到二元函数$z=f(x,y)$在点(x,y)可微的充分条件 .

定理3(可微充分条件)　如果函数$z=f(x,y)$的偏导数$\frac{\partial z}{\partial x}$、$\frac{\partial z}{\partial y}$在点$(x,y)$连续，则函数在该点可微分 .

定理2和定理3的结论可推广到三元及三元以上函数 .

习惯上，我们将自变量的增量Δx、Δy分别记作$\mathrm{d}x$、$\mathrm{d}y$，并分别称为自变量的微分,于是函数$z=f(x,y)$的全微分可写作

$$\mathrm{d}z=\frac{\partial z}{\partial x}\mathrm{d}x+\frac{\partial z}{\partial y}\mathrm{d}y. \tag{7.12}$$

二元函数的全微分等于它的两个偏微分之和，我们称二元函数的微分符合叠加原理. 叠加原理也适用于二元以上的函数，例如三元函数$u=f(x,y,z)$的全微分为

$$\mathrm{d}u=\frac{\partial u}{\partial x}\mathrm{d}x+\frac{\partial u}{\partial y}\mathrm{d}y+\frac{\partial u}{\partial z}\mathrm{d}z .$$

例9　计算函数$z=x^2y+y^2$的全微分 .

解　因为$\frac{\partial z}{\partial x}=2xy$，$\frac{\partial z}{\partial y}=x^2+2y$，所以

$$\mathrm{d}z=2xy\mathrm{d}x+(x^2+2y)\mathrm{d}y .$$

例10　计算函数$z=\mathrm{e}^{xy}$在点(2,1)处的全微分 .

解　因为$\frac{\partial z}{\partial x}=y\mathrm{e}^{xy}$，$\frac{\partial z}{\partial y}=x\mathrm{e}^{xy}$；$\left.\frac{\partial z}{\partial x}\right|_{\substack{x=2\\y=1}}=\mathrm{e}^2$，$\left.\frac{\partial z}{\partial y}\right|_{\substack{x=2\\y=1}}=2\mathrm{e}^2$,所以

$$\mathrm{d}z=\mathrm{e}^2\mathrm{d}x+2\mathrm{e}^2\mathrm{d}y .$$

例 11　计算函数 $u=x+\sin\dfrac{y}{2}+e^{yz}$ 的全微分.

解　因为 $\dfrac{\partial u}{\partial x}=1$，$\dfrac{\partial u}{\partial y}=\dfrac{1}{2}\cos\dfrac{y}{2}+ze^{yz}$，$\dfrac{\partial u}{\partial z}=ye^{yz}$，所以

$$du=dx+\left(\frac{1}{2}\cos\frac{y}{2}+ze^{yz}\right)dy+ye^{yz}dz.$$

习题 7.2

1. 求下列函数的偏导数:

(1) $z=x^3y-y^3x$；　(2) $z=\dfrac{xe^y}{y^2}$；

(3) $z=\sqrt{\ln(xy)}$；　(4) $z=\sin(xy)+\cos^2(xy)$；

(5) $z=\ln\tan\dfrac{x}{y}$；　(6) $z=(1+xy)^y$；

(7) $u=x^{\frac{y}{z}}$；　(8) $u=\arctan(x-y)^z$.

2. 设 $f(x,y)=x+(y-1)\arcsin\sqrt{\dfrac{x}{y}}$，求 $f_x(x,1)$.

3. 曲线 $\begin{cases}z=\sqrt{1+x^2+y^2},\\x=1\end{cases}$ 在点 $(1,1,\sqrt{3})$ 处的切线与 y 轴正向所成的角是多少?

4. 求下列函数的 $\dfrac{\partial^2 z}{\partial x^2}$，$\dfrac{\partial^2 z}{\partial y^2}$，$\dfrac{\partial^2 z}{\partial x\partial y}$:

(1) $z=\arctan\dfrac{y}{x}$；　(2) $z=y^x$.

5. 设 $z=x\ln(xy)$，求 $\dfrac{\partial^3 z}{\partial x^2\partial y}$ 及 $\dfrac{\partial^3 z}{\partial x\partial y^2}$.

6. 求下列函数的全微分:

(1) $z=xy+\dfrac{x}{y}$；　(2) $z=\dfrac{y}{\sqrt{x^2+y^2}}$；

(3) $u=e^x(x^2+y^2+z^2)$；　(4) $u=x^{yz}$.

7. 设 $f(x,y,z)=\left(\dfrac{x}{y}\right)^z$，求 $df(1,1,1)$.

8. 求函数 $z=\dfrac{y}{x}$ 当 $x=2, y=1, \Delta x=0.1, \Delta y=-0.2$ 时的全增量和全微分.

9. 设 $z=e^{-\left(\frac{1}{x}+\frac{1}{y}\right)}$，求证 $x^2\dfrac{\partial z}{\partial x}+y^2\dfrac{\partial z}{\partial y}=2z$.

第三节　多元复合函数的求导法则

本节我们将一元函数微分学中复合函数的求导法则推广到多元函数的情形. 我

们根据多元函数的中间变量是一元函数还是多元函数，来考虑多元复合函数的微分法.

一、中间变量是一元函数的情形

定理1　如果函数 $u=\varphi(t)$ 及 $v=\psi(t)$ 在点 t 都可导，函数 $z=f(u,v)$ 在对应点 (u,v) 具有连续偏导数，则复合函数 $z=f(\varphi(t),\psi(t))$ 在点 t 也可导，且有

$$\frac{\mathrm{d}z}{\mathrm{d}t}=\frac{\partial z}{\partial u}\cdot\frac{\mathrm{d}u}{\mathrm{d}t}+\frac{\partial z}{\partial v}\cdot\frac{\mathrm{d}v}{\mathrm{d}t}. \tag{7.13}$$

证明从略.

推理　如果函数 $u=\varphi(t)$，$v=\psi(t)$ 及 $w=\omega(t)$ 都在点 t 可导，函数 $z=f(u,v,w)$ 在对应点 (u,v,w) 具有连续偏导数，则复合函数 $z=f(\varphi(t),\psi(t),\omega(t))$ 在点 t 也可导，且有

$$\frac{\mathrm{d}z}{\mathrm{d}t}=\frac{\partial z}{\partial u}\cdot\frac{\mathrm{d}u}{\mathrm{d}t}+\frac{\partial z}{\partial v}\cdot\frac{\mathrm{d}v}{\mathrm{d}t}+\frac{\partial z}{\partial w}\cdot\frac{\mathrm{d}w}{\mathrm{d}t}. \tag{7.14}$$

上述式(7.13)或式(7.14)中的导数 $\frac{\mathrm{d}z}{\mathrm{d}t}$，称为函数的**全导数**.

例1　设 $z=x^2+xy+y^2$，$x=t^2$，$y=t$，求 $\frac{\mathrm{d}z}{\mathrm{d}t}$，$\frac{\mathrm{d}^2z}{\mathrm{d}t^2}$.

解　$$\frac{\mathrm{d}z}{\mathrm{d}t}=\frac{\partial z}{\partial x}\cdot\frac{\mathrm{d}x}{\mathrm{d}t}+\frac{\partial z}{\partial y}\cdot\frac{\mathrm{d}y}{\mathrm{d}t}$$

$$=(2x+y)\cdot 2t+(x+2y)\cdot 1=4t^3+3t^2+2t,$$

$$\frac{\mathrm{d}^2z}{\mathrm{d}t^2}=12t^2+6t+2.$$

例2　设 $z=uv+\sin t$，$u=\mathrm{e}^t$，$v=\cos t$，求全导数 $\frac{\mathrm{d}z}{\mathrm{d}t}$.

解　$$\frac{\mathrm{d}z}{\mathrm{d}t}=\frac{\partial z}{\partial u}\cdot\frac{\mathrm{d}u}{\mathrm{d}t}+\frac{\partial z}{\partial v}\cdot\frac{\mathrm{d}v}{\mathrm{d}t}+\frac{\partial z}{\partial t}$$

$$=v\mathrm{e}^t+u\cdot(-\sin t)+\cos t$$

$$=\mathrm{e}^t\cos t-\mathrm{e}^t\sin t+\cos t$$

$$=\mathrm{e}^t(\cos t-\sin t)+\cos t.$$

二、中间变量是多元函数的情形

定理2　如果函数 $u=\varphi(x,y)$，$v=\psi(x,y)$ 都在点 (x,y) 具有对 x 及 y 的偏导

数，函数 $z=f(u,v)$ 在对应点 (u,v) 处具有连续偏导数，则复合函数 $z=f(\varphi(x,y),\psi(x,y))$ 在点 (x,y) 的两个偏导数都存在，且有

$$\frac{\partial z}{\partial x}=\frac{\partial z}{\partial u}\cdot\frac{\partial u}{\partial x}+\frac{\partial z}{\partial v}\cdot\frac{\partial v}{\partial x}, \tag{7.15}$$

$$\frac{\partial z}{\partial y}=\frac{\partial z}{\partial u}\cdot\frac{\partial u}{\partial y}+\frac{\partial z}{\partial v}\cdot\frac{\partial v}{\partial y}. \tag{7.16}$$

推理　设函数 $u=\varphi(x,y)$，$v=\psi(x,y)$，$w=\omega(x,y)$ 都在点 (x,y) 具有对 x 及 y 的偏导数，函数 $z=f(u,v,w)$ 在相应的点 (u,v,w) 处具有连续的偏导数，则复合函数 $z=f(\varphi(x,y),\psi(x,y),\omega(x,y))$ 在点 (x,y) 的两个偏导数都存在，且有

$$\frac{\partial z}{\partial x}=\frac{\partial z}{\partial u}\cdot\frac{\partial u}{\partial x}+\frac{\partial z}{\partial v}\cdot\frac{\partial v}{\partial x}+\frac{\partial z}{\partial w}\cdot\frac{\partial w}{\partial x}, \tag{7.17}$$

$$\frac{\partial z}{\partial y}=\frac{\partial z}{\partial u}\cdot\frac{\partial u}{\partial y}+\frac{\partial z}{\partial v}\cdot\frac{\partial v}{\partial y}+\frac{\partial z}{\partial w}\cdot\frac{\partial w}{\partial y}. \tag{7.18}$$

多元函数的复合可以是多种多样的，我们要善于分析函数间的复合关系，灵活运用定理 1、2 中的求导法则. 例如，

设 $z=f(u,v)$，而 $u=\varphi(x,y)$，$v=\psi(y)$，则

$$\frac{\partial z}{\partial x}=\frac{\partial z}{\partial u}\cdot\frac{\partial u}{\partial x},\quad \frac{\partial z}{\partial y}=\frac{\partial z}{\partial u}\cdot\frac{\partial u}{\partial y}+\frac{\partial z}{\partial v}\cdot\frac{\mathrm{d}v}{\mathrm{d}y}.$$

又如，设 $z=f(u,x,y)$，而 $u=\varphi(x,y)$，则

$$\frac{\partial z}{\partial x}=\frac{\partial f}{\partial u}\frac{\partial u}{\partial x}+\frac{\partial f}{\partial x},\quad \frac{\partial z}{\partial y}=\frac{\partial f}{\partial u}\frac{\partial u}{\partial y}+\frac{\partial f}{\partial y}.$$

这里 $\frac{\partial z}{\partial x}$ 与 $\frac{\partial f}{\partial x}$ 是不同的，$\frac{\partial z}{\partial x}$ 是把复合函数 $z=f(\varphi(x,y),x,y)$ 中的 y 看做常量而对 x 的偏导数，即函数 $z=f(\varphi(x,y),x,y)$ 对自变量 x 的偏导数；而 $\frac{\partial f}{\partial x}$ 是把 $z=f(u,x,y)$ 中的 u 及 y 看做常量而对 x 的偏导数，即在 $f(u,x,y)$ 中把 x,y,u 看成地位相同的自变量，是函数 $f(u,x,y)$ 对自变量 x 的偏导数. $\frac{\partial z}{\partial y}$ 与 $\frac{\partial f}{\partial y}$ 也有类似的区别.

例 3　设 $z=\mathrm{e}^u\sin v$，$u=xy$，$v=x+y$，求 $\frac{\partial z}{\partial x}$ 和 $\frac{\partial z}{\partial y}$.

解　$$\frac{\partial z}{\partial x}=\frac{\partial z}{\partial u}\cdot\frac{\partial u}{\partial x}+\frac{\partial z}{\partial v}\cdot\frac{\partial v}{\partial x}$$

$$=\mathrm{e}^u\sin v\cdot y+\mathrm{e}^u\cos v\cdot 1$$

$$=e^{xy}[y\sin(x+y)+\cos(x+y)],$$

$$\frac{\partial z}{\partial y}=\frac{\partial z}{\partial u}\cdot\frac{\partial u}{\partial y}+\frac{\partial z}{\partial v}\cdot\frac{\partial v}{\partial y}$$

$$=e^{xy}[x\sin(x+y)+\cos(x+y)].$$

例 4　设 $u=f(x,y,z)=e^{x^2+y^2+z^2}$，而 $z=x^2\sin y$，求$\frac{\partial u}{\partial x}$和$\frac{\partial u}{\partial y}$.

解　$$\frac{\partial u}{\partial x}=\frac{\partial f}{\partial x}+\frac{\partial f}{\partial z}\cdot\frac{\partial z}{\partial x}$$

$$=2xe^{x^2+y^2+z^2}+2ze^{x^2+y^2+z^2}\cdot 2x\sin y$$

$$=2x(1+2x^2\sin^2 y)e^{x^2+y^2+x^4\sin^2 y};$$

$$\frac{\partial u}{\partial y}=\frac{\partial f}{\partial y}+\frac{\partial f}{\partial z}\cdot\frac{\partial z}{\partial y}$$

$$=2ye^{x^2+y^2+z^2}+2ze^{x^2+y^2+z^2}\cdot x^2\cos y$$

$$=2(y+x^4\sin y\cos y)e^{x^2+y^2+x^4\sin^2 y}.$$

例 5　设 $w=f(x+y+z,xyz)$，f 具有连续偏导数，求$\frac{\partial w}{\partial x}$及$\frac{\partial w}{\partial y}$.

解　令 $u=x+y+z$，$v=xyz$，则 $w=f(u,v)$.

为表达方便，引入记号：

$$f_1'=\frac{\partial f(u,v)}{\partial u},\ f_2'=\frac{\partial f(u,v)}{\partial v},$$

这里，下标 1 表示对第一个变量 u 求导，下标 2 表示对第二个变量 v 求导.

$$\frac{\partial w}{\partial x}=\frac{\partial f}{\partial u}\cdot\frac{\partial u}{\partial x}+\frac{\partial f}{\partial v}\cdot\frac{\partial v}{\partial x}=f_1'+yzf_2',$$

$$\frac{\partial w}{\partial y}=\frac{\partial f}{\partial u}\cdot\frac{\partial u}{\partial y}+\frac{\partial f}{\partial v}\cdot\frac{\partial v}{\partial y}=f_1'+xzf_2'.$$

全微分形式不变性：设 $z=f(u,v)$ 具有连续偏导数，则有全微分

$$dz=\frac{\partial z}{\partial u}du+\frac{\partial z}{\partial v}dv.$$

如果 $z=f(u,v)$ 具有连续偏导数，而 $u=\varphi(x,y)$，$v=\psi(x,y)$ 也具有连续偏导数，则

$$dz=\frac{\partial z}{\partial x}dx+\frac{\partial z}{\partial y}dy$$

$$= \left(\frac{\partial z}{\partial u}\frac{\partial u}{\partial x}+\frac{\partial z}{\partial v}\frac{\partial v}{\partial x}\right)dx + \left(\frac{\partial z}{\partial u}\frac{\partial u}{\partial y}+\frac{\partial z}{\partial v}\frac{\partial v}{\partial y}\right)dy$$

$$= \frac{\partial z}{\partial u}\left(\frac{\partial u}{\partial x}dx+\frac{\partial u}{\partial y}dy\right)+\frac{\partial z}{\partial v}\left(\frac{\partial v}{\partial x}dx+\frac{\partial v}{\partial y}dy\right)$$

$$= \frac{\partial z}{\partial u}du+\frac{\partial z}{\partial v}dv.$$

由此可见，无论 z 是自变量 x,y 的函数，还是中间变量 u,v 的函数，它的全微分形式是一样的. 所以这个性质叫做全微分形式不变性.

例 6　设 $z=e^u\sin v, u=xy, v=x+y$，利用全微分形式不变性求全微分.

解　$$dz=\frac{\partial z}{\partial u}du+\frac{\partial z}{\partial v}dv=e^u\sin v du+e^u\cos v dv$$

$$=e^u\sin v(ydx+xdy)+e^u\cos v(dx+dy)$$

$$=e^{xy}[y\sin(x+y)+\cos(x+y)]dx+$$

$$e^{xy}[x\sin(x+y)+\cos(x+y)]dy.$$

例 7　设 $z=e^{\sin(xy)}$，求 dz.

解　$$dz=e^{\sin(xy)}d[\sin(xy)]=e^{\sin(xy)}\cos(xy)d(xy)$$

$$=e^{\sin(xy)}\cos(xy)(ydx+xdy).$$

习题 7.3

1. 设 $z=e^{x-2y}$，$x=\sin t$，$y=t^3$，求 $\frac{dz}{dt}$.

2. 设 $z=u^2v-uv^2$，$u=x\cos y$，$v=x\sin y$，求 $\frac{\partial z}{\partial x}$，$\frac{\partial z}{\partial y}$.

3. 设 $z=u^2\ln v$，而 $u=\frac{x}{y}$，$v=3x-2y$，求 $\frac{\partial z}{\partial x}$，$\frac{\partial z}{\partial y}$.

4. 设 $z=(x+y)^{(x+y)}$，求 $\frac{\partial z}{\partial x}$，$\frac{\partial z}{\partial y}$.

5. 设 $z=\arctan(xy)$，而 $y=e^x$，求 $\frac{dz}{dx}$.

6. 设 $u=\frac{e^{ax}(y-z)}{a^2+1}$，而 $y=a\sin x, z=\cos x$，求 $\frac{du}{dx}$.

7. 设 $z=\arctan\frac{x}{y}$，而 $x=u+v, y=u-v$，验证

$$\frac{\partial z}{\partial u}+\frac{\partial z}{\partial v}=\frac{u-v}{u^2+v^2}.$$

8. 求下列函数的一阶偏导数(其中 f 具有一阶连续偏导数)：

(1) $u=f(x^2-y^2,\ e^{xy})$；　　(2) $u=f\left(\frac{x}{y},\ \frac{y}{z}\right)$；

(3) $u=f(x,\ xy,\ xyz)$.

9. 设 $z=\frac{y}{f(x^2-y^2)}$，其中 $f(u)$ 为可导函数，验证 $\frac{1}{x}\frac{\partial z}{\partial x}+\frac{1}{y}\frac{\partial z}{\partial y}=\frac{z}{y^2}$.

第四节　隐函数的求导方法

在一元函数微分法中，我们给出了由方程 $F(x,\ y)=0$ 所确定的隐函数的求导法则. 现在我们根据多元复合函数的求导法则，给出隐函数的求导公式.

隐函数存在定理 1　设函数 $F(x,\ y)$ 在点 $P(x_0,\ y_0)$ 的某一邻域内具有连续偏导数，且 $F(x_0,\ y_0)=0$，$F_y(x_0,\ y_0)\neq 0$，则方程 $F(x,\ y)=0$ 在点 $(x_0,\ y_0)$ 的某一邻域内恒能唯一确定一个单值连续且具有连续导数的函数 $y=f(x)$，它满足条件 $y_0=f(x_0)$，并有

$$\frac{\mathrm{d}y}{\mathrm{d}x}=-\frac{F_x}{F_y}. \tag{7.19}$$

公式(7.19)就是隐函数的求导公式.

下面我们只推导公式(7.19)，而对隐函数的存在性不作证明.

将方程 $F(x,\ y)=0$ 所确定的隐函数 $y=f(x)$ 代入 $F(x,\ y)=0$，得恒等式

$$F(x,\ f(x))\equiv 0,$$

上式左端看成是变量 x 的复合函数，两边同时对 x 求导，由复合函数的求导法则，得

$$\frac{\partial F}{\partial x}+\frac{\partial F}{\partial y}\cdot\frac{\mathrm{d}y}{\mathrm{d}x}=0.$$

由于 F_y 连续，且 $F_y(x_0,\ y_0)\neq 0$，所以存在 $(x_0,\ y_0)$ 的一个邻域，在这个邻域内 $F_y\neq 0$，于是得

$$\frac{\mathrm{d}y}{\mathrm{d}x}=-\frac{F_x}{F_y}.$$

例 1　验证方程 $x^2+y^2=1$ 在点 $(0,\ 1)$ 的某一邻域内，能唯一确定一个有连续导数且当 $x=0$ 时 $y=1$ 的隐函数 $y=f(x)$，并求这函数的一阶与二阶导数在 $x=0$ 处的值.

解　设 $F(x,\ y)=x^2+y^2-1$，则 $F_x=2x$，$F_y=2y$，$F(0,\ 1)=0$，$F_y(0,\ 1)=2\neq 0$. 因此由定理 1 可知，方程 $x^2+y^2=1$ 在点 $(0,\ 1)$ 的某一邻域内能唯一确定一个有连续导数且当 $x=0$ 时 $y=1$ 的隐函数 $y=f(x)$. 并有

$$\frac{\mathrm{d}y}{\mathrm{d}x}=-\frac{F_x}{F_y}=-\frac{x}{y},\quad \left.\frac{\mathrm{d}y}{\mathrm{d}x}\right|_{x=0}=0;$$

$$\frac{\mathrm{d}^2y}{\mathrm{d}x^2}=-\frac{y-xy'}{y^2}=-\frac{y-x\left(-\frac{x}{y}\right)}{y^2}=-\frac{y^2+x^2}{y^3}=-\frac{1}{y^3},$$

$$\left.\frac{\mathrm{d}^2y}{\mathrm{d}x^2}\right|_{x=0}=-1.$$

类似于一元隐函数存在定理1，隐函数存在定理还可以推广到多元函数.

隐函数存在定理2　设函数$F(x,y,z)$在点$P(x_0,y_0,z_0)$的某一邻域内具有连续偏导数，且$F(x_0,y_0,z_0)=0$，$F_z(x_0,y_0,z_0)\neq 0$，则方程$F(x,y,z)=0$在点(x_0,y_0,z_0)的某一邻域内恒能唯一确定一个单值连续且具有连续偏导数的二元函数$z=f(x,y)$，它满足条件$z_0=f(x_0,y_0)$，并有

$$\frac{\partial z}{\partial x}=-\frac{F_x}{F_z},\ \frac{\partial z}{\partial y}=-\frac{F_y}{F_z}. \tag{7.20}$$

与前面一样，我们只给出公式(7.20)的推导.

将$z=f(x,y)$代入$F(x,y,z)=0$中，得

$$F(x,y,f(x,y))\equiv 0.$$

上式两端分别对x和y求导，由于左端可以看成是x和y的复合函数，因此由多元复合函数求导法则，得

$$F_x+F_z\cdot\frac{\partial z}{\partial x}=0,\ F_y+F_z\cdot\frac{\partial z}{\partial y}=0.$$

又因为F_z连续，且$F_z(x_0,y_0,z_0)\neq 0$，所以存在点(x_0,y_0,z_0)的某个邻域，使$F_z\neq 0$，于是得

$$\frac{\partial z}{\partial x}=-\frac{F_x}{F_z},\ \frac{\partial z}{\partial y}=-\frac{F_y}{F_z}.$$

顺便指出，上面关于公式(7.20)的推导过程，本身就是隐函数的一种求导方法.

例2　设$x^2+y^2+z^2-4z=0$，求$\frac{\partial z}{\partial x}$.

解　设$F(x,y,z)=x^2+y^2+z^2-4z$，则$F_x=2x$，$F_z=2z-4$. 由公式(7.20)，得

$$\frac{\partial z}{\partial x}=-\frac{F_x}{F_z}=-\frac{2x}{2z-4}=\frac{x}{2-z}.$$

习题 7.4

1. 设$\sin y+\mathrm{e}^x-xy^2=0$，求$\frac{\mathrm{d}y}{\mathrm{d}x}$.

2. 设$\ln\sqrt{x^2+y^2}=\arctan\frac{y}{x}$，求$\frac{\mathrm{d}y}{\mathrm{d}x}$.

3. 设 $x+2y+z-2\sqrt{xyz}=0$，求$\frac{\partial z}{\partial x}$及$\frac{\partial z}{\partial y}$.

4. 设$\frac{x}{z}=\ln\frac{z}{y}$，求$\frac{\partial z}{\partial x}$及$\frac{\partial z}{\partial y}$.

5. 设 $2\sin(x+2y-3z)=x+2y-3z$，证明 $\frac{\partial z}{\partial x}+\frac{\partial z}{\partial y}=1$.

6. 设 $x=x(y, z)$，$y=y(x, z)$，$z=z(x, y)$ 都是由方程 $F(x, y, z)=0$ 所确定的具有连续偏导数的函数．证明

$$\frac{\partial x}{\partial y}\cdot\frac{\partial y}{\partial z}\cdot\frac{\partial z}{\partial x}=-1.$$

7. 设 $\varphi(u, v)$ 具有连续偏导数，证明由方程 $\varphi(cx-az, cy-bz)=0$ 所确定的函数 $z=f(x, y)$ 满足

$$a\frac{\partial z}{\partial x}+b\frac{\partial z}{\partial y}=c.$$

8. 设 $e^z-xyz=0$，求$\frac{\partial^2 z}{\partial x^2}$.

9. 设 $z^3-3xyz=a^3$，求$\frac{\partial^2 z}{\partial x\partial y}$.

10. 设 $u=f(x, y, z)$ 有连续偏导数，$y=y(x)$，$z=z(x)$ 分别由方程 $e^{xy}-y=0$ 和 $e^z-xz=0$ 所确定，求$\frac{\mathrm{d}u}{\mathrm{d}x}$.

第五节 多元函数的极值及其经济应用

一、二元函数的极值及最值

在实际问题中，我们常常会遇到多元函数的最大值最小值问题．在本节中，我们以二元函数为例，先讨论多元函数的极值问题，再讨论多元函数的最值．

定义 设函数 $z=f(x, y)$ 在点 (x_0, y_0) 的某个邻域内有定义，如果对于该邻域内任何异于 (x_0, y_0) 的点 (x, y)，都有

$$f(x, y)<f(x_0, y_0)\ (\text{或} f(x, y)>f(x_0, y_0)),$$

则称函数在点 (x_0, y_0) 有**极大值**(或**极小值**) $f(x_0, y_0)$.

极大值、极小值统称为极值．使函数取得极值的点称为**极值点**．

例 1 函数 $z=(x-1)^2+(y-1)^2+2$ 在点 $P_0(1, 1)$ 处有极小值．因为对点 $P_0(1, 1)$ 的任一去心邻域内的任何点 $P(x, y)$，都有 $f(P)>f(P_0)=2$. 在这个曲面上，点 $(1, 1, 2)$ 低于周围的点(图 7-5).

例 2 函数 $z=3-\sqrt{x^2+y^2}$ 在点 $P_0(0, 0)$ 处有极大值(图 7-6)．因为对点 $P_0(0, 0)$ 的任一去心邻域内的任何点 $P(x, y)$，都有 $f(P)<f(P_0)=3$.

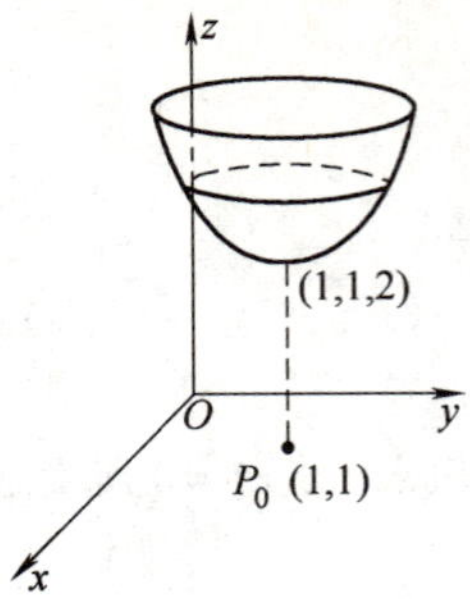

图 7-5

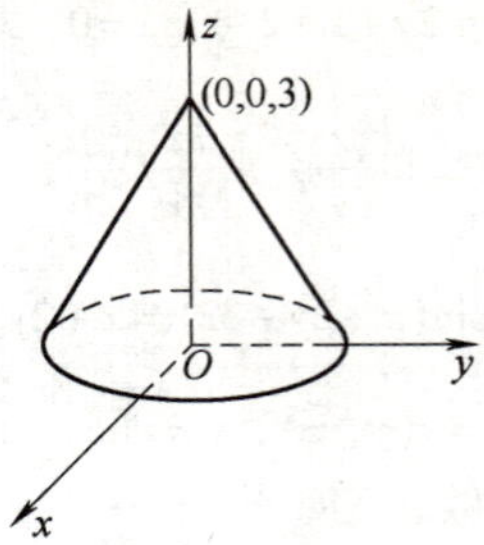

图 7-6

例 3 试讨论函数 $z=xy$ 在点(0, 0)处既不取得极大值，也不取得极小值.

解 因为在点(0, 0)处的函数值为 0，而在点(0, 0)的任一邻域内，总有使函数值大于 0 的点，也有使函数值小于 0 的点. 所以函数 $z=xy$ 在点(0, 0)处不取得极值.

以上关于二元函数的极值概念，可推广到 n 元函数. 设 n 元函数 $u=f(P)$ 在点 P_0 的某一邻域内有定义，如果对于该邻域内任何异于 P_0 的点 P，都有

$$f(P)<f(P_0) \quad (\text{或} f(P)>f(P_0)),$$

则称函数 $f(P)$ 在点 P_0 有极大值(或极小值)$f(P_0)$.

下面我们研究二元函数取得极值的条件.

定理 1(必要条件) 设函数 $z=f(x, y)$ 在点(x_0, y_0)具有偏导数，且在点(x_0, y_0)处取得极值，则有

$$f_x(x_0, y_0)=0, f_y(x_0, y_0)=0.$$

证 不妨设 $z=f(x, y)$ 在点(x_0, y_0)处取得极大值. 由极大值的定义，对于点(x_0, y_0)的某邻域内异于(x_0, y_0)的点$(x_0+\Delta x, y_0+\Delta y)$，都有不等式

$$f(x_0+\Delta x, y_0+\Delta y)<f(x_0, y_0).$$

特别地，当 $\Delta y=0$ 时，有

$$\lim_{\Delta x\to 0^-}\frac{f(x_0+\Delta x, y_0)-f(x_0, y_0)}{\Delta x}\geqslant 0,$$

$$\lim_{\Delta x\to 0^+}\frac{f(x_0+\Delta x, y_0)-f(x_0, y_0)}{\Delta x}\leqslant 0.$$

从而有 $f_x(x_0, y_0)=0$. 类似地，可证 $f_y(x_0, y_0)=0$.

从几何上看，这时如果曲面 $z=f(x, y)$ 在点(x_0, y_0, z_0)处有切平面，则切平面方程为 $z=z_0$，这是一个平行于坐标平面 xOy 的平面，切线一定在切平面上，因此一定有两条分别与 x 轴、y 轴平行的切线，此时就有 $f_x(x_0, y_0)=0$ 且 $f_y(x_0, y_0)=0$.

类似地可推得，如果三元函数 $u=f(x, y, z)$ 在点(x_0, y_0, z_0)具有偏导数，

则它在点(x_0, y_0, z_0)具有极值的必要条件为

$$f_x(x_0, y_0, z_0)=0,\ f_y(x_0, y_0, z_0)=0,\ f_z(x_0, y_0, z_0)=0.$$

能使$f_x(x_0, y_0)=0$，$f_y(x_0, y_0)=0$同时成立的点(x_0, y_0)称为函数$z=f(x, y)$的**驻点**.

由定理1可知，具有偏导数的函数的极值点必定是驻点．但函数的驻点不一定是极值点.

例如，函数$z=xy$在点(0, 0)处的两个偏导数都是零，函数在(0, 0)既不取得极大值，也不取得极小值．那么，什么样的驻点才是极值点呢？

定理2(充分条件)　设函数$z=f(x, y)$在点(x_0, y_0)的某邻域内连续且有一阶及二阶连续偏导数，又$f_x(x_0, y_0)=0$，$f_y(x_0, y_0)=0$，令

$$f_{xx}(x_0, y_0)=A,\ f_{xy}(x_0, y_0)=B,\ f_{yy}(x_0, y_0)=C, \tag{7.21}$$

则$z=f(x, y)$在点(x_0, y_0)处是否取得极值，有下面的结论：

(1) 当$AC-B^2>0$时$z=f(x, y)$具有极值，且当$A<0$时有极大值，当$A>0$时有极小值；

(2) 当$AC-B^2<0$时$z=f(x, y)$没有极值；

(3) 当$AC-B^2=0$时$z=f(x, y)$可能有极值，也可能没有极值.

证明从略.

由定理1、2可以看出，具有二阶连续偏导数的函数$z=f(x, y)$的极值，一般可按如下步骤求出：

第一步，求出函数$z=f(x, y)$的一阶、二阶偏导数；

第二步，解方程组

$$f_x(x, y)=0,\ f_y(x, y)=0,$$

求出函数$z=f(x, y)$的所有驻点；

第三步，对于每一个驻点(x_0, y_0)，求出其对应的二阶偏导数的值A，B和C；

第四步，定出$AC-B^2$的符号，按定理2的结论判定$f(x_0, y_0)$是否是极值，如果是，是极大值还是极小值.

例4　求函数$f(x, y)=x^3-y^3+3x^2+3y^2-9x$的极值.

解　$f_x(x, y)=3x^2+6x-9$，$f_y(x, y)=-3y^2+6y$；

$$f_{xx}(x, y)=6x+6,\ f_{xy}(x, y)=0,\ f_{yy}(x, y)=-6y+6,$$

解方程组

$$\begin{cases} f_x(x, y)=3x^2+6x-9=0, \\ f_y(x, y)=-3y^2+6y=0, \end{cases}$$

得驻点为(1, 0)，(1, 2)，(−3, 0)，(−3, 2).

在点(1, 0)处，$AC-B^2=12\times6>0$，又$A>0$，所以函数在(1, 0)处有极小值$f(1, 0)=-5$；

在点(1, 2)处，$AC-B^2=12\times(-6)<0$，所以$f(1, 2)$不是极值；

在点$(-3,0)$处，$AC-B^2=-12\times6<0$，所以$f(-3,0)$不是极值；

在点$(-3,2)$处，$AC-B^2=-12\times(-6)>0$，又$A<0$，所以函数在$(-3,2)$处有极大值$f(-3,2)=31$.

如同一元函数的极值，如果函数在讨论的区域内具有偏导数，那么由定理1可知，函数取极值的点一定是驻点；另外，函数的偏导数不存在的点，也可能是极值点.

例如，函数$z=-\sqrt{x^2+y^2}$在点$(0,0)$处偏导数不存在，但显然在点$(0,0)$处取得极大值．因此，在考虑函数的极值问题时，除了考虑函数的驻点外，如果有偏导数不存在的点，那么对这些点也应当考虑.

我们已经知道，在有界闭区域D上连续的函数$f(x,y)$，在D上一定能取得最大值和最小值．这种使函数取得最大值或最小值的点既可能在D的内部，也可能在D的边界上．我们假定，函数在D上连续、在D内可微分且只有有限个驻点，这时如果函数在D的内部取得最大值(最小值)，那么这个最大值(最小值)也是函数的极大值(极小值).

因此，在有界闭区域D上连续的函数$f(x,y)$求其最大值和最小值的一般方法是：求出函数$f(x,y)$在D内的所有可能极值点处的函数值及在D的边界上的最大值和最小值，比较它们的大小，其中最大的就是最大值，最小的就是最小值.

在实际问题中，如果根据问题的性质，知道函数$f(x,y)$的最大值(最小值)一定在D的内部取得，而函数在D内只有一个驻点，那么可以肯定该点处的函数值就是函数$f(x,y)$在D上的最大值(最小值).

例5 求函数$z=x^2y(5-x-y)$在闭区域

$$D=\{(x,y)\mid x\geqslant0,\ y\geqslant0,\ x+y\leqslant4\}$$

上的最大值与最小值.

解 因为

$$z_x=10xy-3x^2y-2xy^2=xy(10-3x-2y),$$
$$z_y=5x^2-x^3-2x^2y=x^2(5-x-2y).$$

令$z_x=0$，$z_y=0$，解得函数在D内部的唯一驻点$\left(\dfrac{5}{2},\dfrac{5}{4}\right)$，该点的函数值为$z=\dfrac{625}{64}$.

下面考虑函数在区域D的边界上的情况．在边界$x=0$和$y=0$上，函数值$z=0$；在$x+y=4$上，函数$z=x^2y(5-x-y)$变成一元函数

$$z=x^2(4-x),\quad 0\leqslant x\leqslant4.$$

由

$$\frac{\mathrm{d}z}{\mathrm{d}x}=x(8-3x),$$

可知函数 $z=x^2(4-x)$ 在 $(0,\ 4)$ 内有驻点 $x=\dfrac{8}{3}$，此时函数的值为 $z=\dfrac{256}{27}$，而在区间的端点 $x=0$ 和 $x=4$ 处 $z=0$. 所以题设的二元函数在区域 D 上的最大值为 $z=\dfrac{625}{64}$，最小值为 $z=0$.

例 6　有一宽为 24cm 的长方形铁板，把它两边折起来做成一断面为等腰梯形的水槽．问采用怎样的折法才能使断面的面积最大?

解　设折起来的边长为 $x$cm，倾角为 α，那么梯形断面的下底长为 $24-2x$，上底长为 $24-2x+2x\cos\alpha$，高为 $x\sin\alpha$，所以断面面积为

$$A=\frac{1}{2}(24-2x+2x\cos\alpha+24-2x)\cdot x\sin\alpha,$$

即

$$A=24x\sin\alpha-2x^2\sin\alpha+x^2\sin\alpha\cos\alpha\ \left(0<x<12,\ 0<\alpha\leqslant\frac{\pi}{2}\right).$$

下面我们来求使得这个函数取得最大值的点 $(x,\ \alpha)$.

令

$$\begin{cases}A_x=24\sin\alpha-4x\sin\alpha+2x\sin\alpha\cos\alpha=0,\\ A_\alpha=24x\cos\alpha-2x^2\cos\alpha+x^2(\cos^2\alpha-\sin^2\alpha)=0,\end{cases}$$

由于 $\sin\alpha\neq0$，$x\neq0$，上述方程组可化为

$$\begin{cases}12-2x+x\cos\alpha=0,\\ 24\cos\alpha-2x\cos\alpha+x(\cos^2\alpha-\sin^2\alpha)=0,\end{cases}$$

解上述方程组，得 $\alpha=\dfrac{\pi}{3}$，$x=8$cm.

根据题意可知断面面积的最大值一定存在，并且在

$$D: 0<x<12,\ 0<\alpha\leqslant\frac{\pi}{2}$$

内取得，而 $\alpha=\dfrac{\pi}{2}$ 时的函数值比 $\alpha=\dfrac{\pi}{3}$、$x=8$cm 时的函数值小．又函数在 D 内只有一个驻点，因此可以断定，当 $x=8$cm、$\alpha=\dfrac{\pi}{3}$ 时，能使断面的面积最大．

二、条件极值

在上述极值问题中，除了给出函数的定义域外，对函数本身并无其他的限制．这一类极值问题称为**无条件极值**．然而在许多实际问题中，除了给出函数的定义域外，往往还需要对函数附加其他的限制条件．这一类极值问题则称为**条件极值**．

例 7　某工厂生产两种型号的精密机床，其产量分别为 x、y(台)，总成本函数

为 $C(x, y)=x^2+2y^2-xy$（单位：万元）．根据市场调查，这两种机床的需求量共 8 台．问应如何安排生产，才能使总成本最小？

分析　因为总成本函数中的自变量（即两种机床的生产量 x, y）受到市场需求的限制：$x+y=8$. 故该问题可描述为：在约束条件 $x+y=8$ 的限制下求函数 $C(x, y)=x^2+2y^2-xy$ 的极小值．即求函数 $C(x, y)$ 在条件 $x+y=8$ 约束下的极值．

由条件 $x+y=8$，解出 $y=8-x$，代入 $C(x, y)$，则条件极值问题可化为关于一元函数

$$C(x, y)=x^2+2(8-x)^2-x(8-x)=4x^2-40x+128$$

的无条件极值．

但在很多情形下，将条件极值化为无条件极值是很困难的．下面介绍一种求条件极值的常用方法．

拉格朗日乘数法：用拉格朗日乘数法求函数 $z=f(x, y)$ 在约束条件 $\varphi(x, y)=0$ 下极值的步骤为：

（1）构造辅助函数

$$F(x, y)=f(x, y)+\lambda\varphi(x, y), \tag{7.22}$$

其中，λ 称为拉格朗日乘数．

（2）求出方程组

$$\begin{cases} F_x=f_x(x, y)+\lambda\varphi_x(x, y)=0, \\ F_y=f_y(x, y)+\lambda\varphi_y(x, y)=0, \\ \varphi(x, y)=0 \end{cases} \tag{7.23}$$

的解 (x_0, y_0, λ_0)，则 (x_0, y_0) 即为可能的极值点．

例 8　求表面积为 a^2 而体积为最大的长方体的体积.

解　设长方体三条棱的长分别为 x, y, z，则问题就是在条件 $2(xy+yz+zx)=a^2$ 下求函数 $V=xyz$ 的最大值．

构造辅助函数　$F(x, y, z)=xyz+\lambda(2xy+2yz+2zx-a^2)$，

解方程组

$$\begin{cases} F_x(x, y, z)=yz+2\lambda(y+z)=0, \\ F_y(x, y, z)=xz+2\lambda(x+z)=0, \\ F_z(x, y, z)=xy+2\lambda(y+x)=0, \\ 2xy+2yz+2xz=a^2, \end{cases}$$

得 $x=y=z=\dfrac{\sqrt{6}}{6}a$，这是唯一可能的极值点．因为由问题本身可知最大值一定存在，所以最大值就在这个可能的极值点处取得. 此时 $V=\dfrac{\sqrt{6}}{36}a^3$.

例 9　用拉格朗日乘数法求解例 7，即求函数

$$C(x, y)=x^2+2y^2-xy$$

在条件 $x+y=8$ 下的极值．

解 构造函数 $F(x, y)=x^2+2y^2-xy+\lambda(x+y-8)$．解方程组

$$\begin{cases}F_x=2x-y+\lambda=0,\\F_y=4y-x+\lambda=0,\\x+y-8=0,\end{cases}$$

得 $\lambda=-7$，$x=5$，$y=3$，故点(5，3)是函数 $C(x, y)$ 的可能极值点．

因为只有唯一的一个驻点，且问题的最小值是存在的，所以此驻点(5，3)也是函数 $C(x, y)$ 的最小值点．最小值为

$$C(5, 3)=5^2+2\times 3^2-5\times 3=28(\text{万元}).$$

三、偏导数在经济中的应用

例 10 设 Q_1，Q_2 分别为商品 X_1，X_2 的需求量，X_1，X_2 的需求函数分别为

$$Q_1=8-p_1+2p_2,\ Q_2=10+2p_1-5p_2,$$

总成本函数 $C_T=3Q_1+2Q_2$，若 p_1，p_2 分别为商品 X_1，X_2 的价格．试问价格 p_1，p_2 取何值时可使总利润最大?

解 根据经济理论，总利润 = 总收入 − 总成本；由题意，总收入函数为

$$\begin{aligned}R_T&=p_1Q_1+p_2Q_2\\&=p_1(8-p_1+2p_2)+p_2(10+2p_1-5p_2),\end{aligned}$$

总利润函数为

$$\begin{aligned}L_T&=R_T-C_T\\&=(p_1-3)(8-p_1+2p_2)+(p_2-2)(10+2p_1-5p_2).\end{aligned}$$

解方程组

$$\begin{cases}\dfrac{\partial L_T}{\partial p_1}=8-p_1+2p_2+(-1)(p_1-3)+2(p_2-2)\\\qquad=7-2p_1+4p_2=0,\\\dfrac{\partial L_T}{\partial p_2}=2(p_1-3)+(10+2p_1-5p_2)+(-5)(p_2-2)\\\qquad=14+4p_1-10p_2=0,\end{cases}$$

得驻点 $(p_1, p_2)=\left(\dfrac{63}{2}, 14\right)$．又因为

$$A=\frac{\partial^2 L_T}{\partial p_1^2}=-2,\ B=\frac{\partial^2 L_T}{\partial p_1\partial p_2}=4,\ C=\frac{\partial^2 L_T}{\partial p_2^2}=-10,$$

故 $B^2-AC=-4<0$，所以该问题唯一的驻点 $(p_1, p_2)=\left(\dfrac{63}{2}, 14\right)$ 是极大值点，同

时也是最大值点．最大利润为

$$L_T=\left(\frac{63}{2}-3\right)\left(8-\frac{63}{2}+2\times14\right)+(14-2)\left(10+2\times\frac{63}{2}-5\times14\right)$$
$$=164.25$$

例 11　某厂生产甲、乙两种产品，产量分别为 x，y（千只），其利润函数为 $z=-x^2-4y^2+8x+24y-15$. 如果现有原料 15000kg（不要求用完），生产两种产品每千只都要消耗原料 2000kg.

（1）求使利润最大时的产量 x，y 和最大利润；

（2）如果原料降至 12000kg，求利润最大时的产量和最大利润．

解　首先考虑无条件极值问题．解方程组

$$\begin{cases}z_x=-2x+8=0,\\ z_y=-8y+24=0,\end{cases}$$

得驻点(4，3)，此时

$$4\times2000+3\times2000=14000<15000,$$

即原料在使用限额内．又

$$z_{xx}=-2<0,\ z_{yy}=-8,\ z_{xy}=0,\ z_{xy}^2-z_{xx}z_{yy}<0$$

所以(4，3)为极大值点，也是最大值点．故甲、乙两种产品分别为4 千只和3 千只时利润最大，最大利润为 $z(4,3)=37$ 单位．

（2）当原料为 12000kg 时，若按(1)的方式生产，原料已不足，故应考虑在约束条件 $2x+2y=12$ 下，求 $z(x,y)$ 的最大值．应用拉格朗日乘数法，设

$$F(x,y)=-x^2-4y^2+8x+24y-15+\lambda(6-x-y),$$

解方程组

$$\begin{cases}F_x=-2x+8-\lambda=0,\\ F_y=-8y+24-\lambda=0,\\ \quad 6-x-y=0,\end{cases}$$

得驻点 $x=3.2$，$y=2.8$. 此时

$$z(3.2,2.8)=36.2,\ z(6,0)=-3,\ z(0,6)=-15.$$

所以，在原料为 12000kg 时，甲、乙两种产品各生产 3.2 千只和 2.8 千只时利润最大，且最大值为 36.2 单位．

习题 7.5

1. 求函数 $f(x,y)=x^4+y^4-x^2-2xy-y^2$ 的极值．
2. 求函数 $f(x,y)=(6x-x^2)(4y-y^2)$ 的极值．
3. 求函数 $f(x,y)=e^{2x}(x+y^2+2y)$ 的极值．
4. 求函数 $z=xy$ 在附加条件 $x+y=1$ 下的极大值．
5. 求函数 $f(x,y)=x^2y(4-x-y)$ 在直线 $x+y=6$，x 轴和 y 轴所围成区域 D 上的最大值．

6. 从斜边长为 l 的一切直角三角形中，求有最大周长的直角三角形．

7. 在平面 xOy 上求一点，使它到 $x=0$，$y=0$ 及 $x+2y-16=0$ 三直线的距离平方之和为最小．

8. 将周长为 $2p$ 的矩形绕它的一边旋转而构成一个圆柱体，问矩形的边长各为多少时，才可使圆柱体的体积为最大？

实验六　多元函数微分法的 MATLAB 实现

一、偏导数与全微分的 MATLAB 实现

求多元函数的偏导数、高阶偏导数使用的命令和一元函数求导使用的命令相同，仍然用 diff，只是在命令中的参数设置时注意是对哪一个变量求导即可．以二元函数 $f(x,\ y)$ 为例，求 $\frac{\partial^{m+n}f}{\partial x^m \partial y^n}$ 的命令为

diff(diff(f,x,m),y,n) 或 diff(diff(f,y,n),x,m).

例 1　已知二元函数 $f(x,y)=\sin(xy)+\cos^2(x^3+y^2)$.

（1）求一阶偏导数 $\frac{\partial f}{\partial x}$，$\frac{\partial f}{\partial y}$ 和全微分；

（2）求高阶偏导数 $\frac{\partial^2 f}{\partial x^2}$，$\frac{\partial^2 f}{\partial x \partial y}$ 与 $\frac{\partial^3 f}{\partial x \partial y \partial x}$；

（3）求 f 在 $x=\frac{\pi}{3}$，$y=\frac{\pi}{4}$ 处的一阶偏导数、全微分．

解　（1）求 $\frac{\partial f}{\partial x}$：

```
>> syms x y dx dy df
f = sin(x * y) + (cos(x^3 + y^2))^2;
fx = diff(f,x)↙
fx =
cos(x * y) * y - 6 * cos(x^3 + y^2) * sin(x^3 + y^2) * x^2
```

求 $\frac{\partial f}{\partial y}$：

```
>> fy = diff(f,y) ↙
fy =
cos(x * y) * x - 4 * cos(x^3 + y^2) * sin(x^3 + y^2) * y
```

求全微分：

```
>> df = fx * dx + fy * dy ↙
df =
```

(cos(x * y) * y - 6 * cos(x^3 + y^2) * sin(x^3 + y^2) * x^2) * dx + (cos(x * y) * x - 4 * cos(x^3 + y^2) * sin(x^3 + y^2) * y) * dy

(2) 求$\frac{\partial^2 f}{\partial x^2}$:

```
>> f2x2 = diff(fx,x)↙
f2x2 =
-sin(x*y)*y^2+18*sin(x^3+y^2)^2*x^4-18*cos(x^3+y^2)^2*x^4-12
*cos(x^3+y^2)*sin(x^3+y^2)*x
```

或

```
>> f2x2 = diff(f,x,2)↙
f2x2 =
-sin(x*y)*y^2+18*sin(x^3+y^2)^2*x^4-18*cos(x^3+y^2)^2*x^4-12
*cos(x^3+y^2)*sin(x^3+y^2)*x
```

求$\frac{\partial^2 f}{\partial x \partial y}$:

```
>> f2xy = diff(fx,y)↙
f2xy =
-sin(x*y)*x*y+cos(x*y)+12*sin(x^3+y^2)^2*y*x^2-12*cos(x^3
+y^2)^2*y*x^2
```

求$\frac{\partial^3 f}{\partial x \partial y \partial x}$:

```
>> f3xyx = diff(f2xy,x)↙
f3xyx =
-cos(x*y)*y^2*x-2*sin(x*y)*y+144*sin(x^3+y^2)*y*x^4*cos(x^
3+y^2)+24*sin(x^3+y^2)^2*y*x-24*cos(x^3+y^2)^2*y*x
```

(3) 利用(1)的结果计算:

```
>> syms dx dy df
x = pi/3;
y = pi/4;
fx = cos(x*y)*y-6*cos(x^3+y^2)*sin(x^3+y^2)*x^2↙
fx =
   1.7817
>> fy = cos(x*y)*x-4*cos(x^3+y^2)*sin(x^3+y^2)*y↙
fy =
   1.3081
>>
```

```
df = (cos(x * y) * y - 6 * cos(x^3 + y^2) * sin(x^3 + y^2) * x^2) * dx + (cos(x *
y) * x
  -4 * cos(x^3 + y^2) * sin(x^3 + y^2) * y) * dy ↙
df =
8024175589689765/4503599627370496 * dx + 5891088962688053/4503599627370496 * dy
```

二、多变量函数极值的 MATLAB 实现

我们通过下面两个例子来介绍用 MATLAB 求多元函数极值的一般步骤．

例 2　求函数 $z = x^4 - 8xy + 2y^2 - 3$ 的极值点．

解　首先用 diff 命令求 z 关于 x，y 的偏导数：

```
>> syms x y
   z = x^4 - 8 * x * y + 2 * y^2 - 3;
   diff(z, x) ↙
ans =
4 * x^3 - 8 * y
diff(z, y) ↙
ans =
 -8 * x + 4 * y
```

即 $\frac{\partial z}{\partial x} = 4x^3 - 8y$，$\frac{\partial z}{\partial y} = -8x + 4y$.

再通过解方程组 $\begin{cases} \frac{\partial z}{\partial x} = 0, \\ \frac{\partial z}{\partial y} = 0 \end{cases}$ 可求得各驻点的坐标．

实验三中介绍过求一般方程组的符号解用 solve 命令，当方程组不存在符号解时，solve 将给出数值解．命令如下：

```
>> [x,y] = solve('4 * x^3 - 8 * y = 0', '-8 * x + 4 * y = 0', 'x', 'y') ↙
x =
   0
   2
  -2
y =
   0
   4
  -4
```

结果有三个驻点，分别是 $P(0, 0)$，$Q(2, 4)$，$R(-2, -4)$. 下面再求二阶

偏导数：

```
>> syms x y
z = x^4 - 8 * x * y + 2 * y^2 - 3;
A = diff(z,x,2) ↙
A =
12 * x^2
>> B = diff(diff(z,x),y)↙
B =
-8
>> C = diff(z,y,2)↙
C =
4
```

由判别法可知 $Q(2,4)$和 $R(-2,-4)$都是函数的极小值点，而点 $P(0,0)$不是极值点.

例 3　求函数 $z=xy$ 在条件 $x+y=1$ 下的极值点.

解　构造拉格朗日函数

$$L(x,y)=xy+\lambda(x+y-1),$$

先求 L 关于 x,y,λ(程序中用 k 替代 λ)的一阶偏导数：

```
>> syms x y k
  L = x * y + k * (x + y - 1);
  diff(L,x) ↙
ans =
  y + k
>> diff(L,y)↙
ans =
x + k
>> diff(L,k)↙
ans =
x + y - 1
```

得$\frac{\partial L}{\partial x}=y+\lambda$，$\frac{\partial L}{\partial y}=x+\lambda$，$\frac{\partial L}{\partial \lambda}=x+y-1$.

再解方程求驻点：

```
>> [x, y, k] = solve('y + k = 0', 'x + k = 0', 'x + y - 1 = 0', 'x', 'y', 'k')↙
x =
1/2
y =
```

```
1/2
k =
-1/2
```

得 $x=\frac{1}{2}$，$y=\frac{1}{2}$，$\lambda=-\frac{1}{2}$，经过判断，此点为函数的极大值点，该唯一的极值点也是函数的最大值点．

三、应用举例

日常生活中，我们常常碰到如何分配定量的钱来购买两种物品的问题．由于钱数固定，如果购买其中一种物品较多，势必要少买（甚至不能再买）另一种物品，这样就不可能很令人满意．如何花费给定量的钱，才能达到最满意的效果呢？

例 4　购物分配方案

经济学家常借助“效用函数”来解决购物分配问题．所谓效用函数，就是描述人们同时购买两种产品各 x 单位、y 单位时满意程度的量，常见的形式有 $U(x, y)=x+y$，$U(x, y)=\ln x+\ln y$ 等．而当效用函数达到最大值时，人们购物分配的方案最佳．

小孙有 200 元钱，他决定用来购买两种练习册：数学练习册和英语练习册，数学练习册每本 8 元，英语练习册每本 10 元，假设效用函数为 $U(x, y)=\ln x+\ln y$，他该如何分配这 200 元钱，才能达到最满意的效果呢？

解　我们可以把问题转化为一个条件极值问题，即求 $U(x, y)=\ln x+\ln y$ 在约束条件 $8x+10y=200$ 下的极大值点，应用拉格朗日乘数法，定义拉格朗日函数为

$$L(x,y,\lambda)=\ln x+\ln y+\lambda(8x+10y-200),$$

由 $\begin{cases} L_x=\dfrac{1}{x}+8\lambda=0, \\ L_y=\dfrac{1}{y}+10\lambda=0, \\ L_\lambda=8x+10y-200=0 \end{cases}$ 可求出驻点．

MATLAB 实现：

```
>> syms x y k
L = log(x) + log(y) + k * (8 * x + 10 * y - 200);
diff(L,x)↙
ans =
1/x + 8 * k
>> diff(L,y) ↙
ans =
1/y + 10 * k
```

```
>> diff(L,k) ↙
ans =
8 * x + 10 * y - 200
>> [x,y,k] = solve('1/x + 8 * k = 0','1/y + 10 * k = 0','8 * x + 10 * y - 200 = 0',
'x','y','k') ↙
x =
25/2
y =
10
k =
-1/100
```

经验证唯一的驻点(12.5，10)为最大值点．根据实际含义，取 $x=12$，$y=10$，即购买12本数学练习册和10本英语练习册时，小孙最满意．

实验题 6

1. $z=x^4+y^4-4x^2y^2$，求$\frac{\partial z}{\partial x}$，$\frac{\partial z}{\partial y}$，$\frac{\partial^2 z}{\partial x\partial y}$和 dz.

2. 求 $z=x^4+y^4-4xy+1$ 的极值．

3. 求函数 $f(x,\ y)=x^2+2y^2$ 在圆周 $x^2+y^2=1$ 上的最大值和最小值．

4. 一个小乡村里的唯一商店有两个牌子的冻果汁，当地牌子的进价每听30美分，外地牌子的进价每听40美分．店主估计，如果当地牌子的每听卖 x 美分，外地牌子的每听卖 y 美分，则每天可卖出 $70-5x+4y$ 听当地牌子的果汁，$80+6x-7y$ 听外地牌子的果汁．问：店主每天以什么价格卖两个牌子的果汁可取得最大收益？

总习题七

1. 在“充分”、“必要”和“充分必要”三者中选择一个正确的填入下列空格内：

(1) $f(x,\ y)$在点$(x,\ y)$可微分是$f(x,\ y)$在该点连续的______条件，$f(x,\ y)$在点$(x,\ y)$连续是$f(x,\ y)$在该点可微分的______条件．

(2) $z=f(x,\ y)$在点$(x,\ y)$的偏导数$\frac{\partial z}{\partial x}$及$\frac{\partial z}{\partial y}$存在是$z=f(x,\ y)$在该点可微的______条件，$z=f(x,\ y)$在点$(x,\ y)$可微分是函数在该点的偏导数$\frac{\partial z}{\partial x}$及$\frac{\partial z}{\partial y}$存在的______条件．

(3) $z=f(x,\ y)$的偏导数$\frac{\partial z}{\partial x}$及$\frac{\partial z}{\partial y}$在点$(x,\ y)$存在且连续是$z=f(x,\ y)$在该点可微分的______条件．

(4) 函数$z=f(x,\ y)$的两个二阶混合偏导数$\frac{\partial^2 z}{\partial x\partial y}$及$\frac{\partial^2 z}{\partial y\partial x}$在区域$D$内连续是这两个二阶混合偏导数在$D$内相等的____条件．

2. 求函数 $z=\ln(x-y)+\dfrac{\sqrt{y}}{\sqrt{a^2-x^2-y^2}}$ 的定义域.

3. 求下列极限:

(1) $\lim\limits_{(x,y)\to(1,0)}\dfrac{\ln(x+e^y)}{\sqrt{x^2+y^2}}$;　　(2) $\lim\limits_{(x,y)\to(0,0)}\dfrac{e^x+e^y}{\cos x+\sin y}$.

4, 证明极限 $\lim\limits_{(x,y)\to(0,0)}\dfrac{xy^2}{x^2+y^4}$ 不存在.

5. 设 $z=(x^2+y^2)e^{-\arctan\frac{y}{x}}$，求 dz，$\dfrac{\partial^2 z}{\partial x\partial y}$.

6. 设 $f(x,y)=\begin{cases}\dfrac{x^2y}{x^2+y^2}, & x^2+y^2\neq 0,\\ 0, & x^2+y^2=0,\end{cases}$ 求 $f_x(x,y)$，$f_y(x,y)$.

7. 设 $f(x,y)=\begin{cases}\dfrac{x^2y^2}{(x^2+y^2)^{3/2}}, & x^2+y^2\neq 0,\\ 0, & x^2+y^2=0,\end{cases}$ 证明 $f(x,y)$ 在点 $(0,0)$ 处连续且偏导数存在，但不可微分.

8. 设 $u=x^y$，而 $x=\varphi(t)$，$y=\psi(t)$ 都是可微函数，求 $\dfrac{du}{dt}$.

9. (1) 求 $z=1-x^2-y^2$ 的极值;

(2) 求 $z=1-x^2-y^2$ 在条件 $y=2$ 下的极值.

10. 某工厂要用钢板制作一个容积为 $100m^3$ 的有盖长方体容器，若不计钢板的厚度，怎样制作材料最省?

第八章　二 重 积 分

一元函数定积分是某种确定形式的和的极限. 本章将把这种和的极限的概念推广到定义在平面区域上的二元函数，得到二重积分的概念，并讨论二重积分的性质、计算方法及其简单的应用.

第一节　二重积分的概念及性质

一、二重积分的概念

1. 曲顶柱体的体积

设有一立体，其底是 xOy 面上的有界闭区域 D，侧面是以 D 的边界曲线为准线，母线平行于 z 轴的柱面，它的顶是由非负连续的函数 $z=f(x, y)$ 所表示的曲面. 这种立体称为曲顶柱体，曲面 $z=f(x, y)$ 称为曲顶柱体的曲顶(图 8-1).

下面我们来求曲顶柱体的体积.

我们知道，平顶柱体的体积可用以下公式:

$$体积 = 高 \times 底面积$$

来计算. 但对于曲顶柱体，其高度 $f(x, y)$ 是随着点 (x, y) 的变动而变化的，所以不能直接用上式计算它的体积. 我们仿照引入一元函数定积分概念时求曲边梯形的面积的方法来研究这个问题.

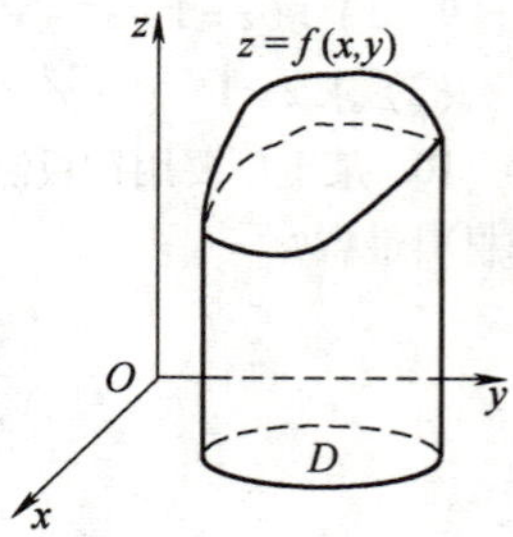

图　8-1

将区域 D 任意分割成 n 个小区域:

$$\Delta\sigma_1, \Delta\sigma_2, \cdots, \Delta\sigma_n,$$

并用 $\Delta\sigma_i(i=1,2,\cdots,n)$ 表示第 i 个小区域的面积. 分别以这些小区域的边界曲线为准线作母线平行于 z 轴的柱面，这样就把整个曲顶柱体分割成了 n 个小的曲顶柱体.

在每一个小区域 $\Delta\sigma_i$ 内任意取一点 (ξ_i, η_i)，当 $\Delta\sigma_i$ 的直径(其内任意两点之间的距离的最大者)很小时，它所对应的小曲顶柱体的体积，就可用以 $\Delta\sigma_i$ 为底、$f(\xi_i, \eta_i)$ 为高的平顶柱体(图 8-2)的体积来近似代替，即

$$\Delta V_i \approx f(\xi_i, \eta_i)\Delta\sigma_i \quad (i=1,2,\cdots,n).$$

于是整个曲顶柱体的体积便可近似地表示为

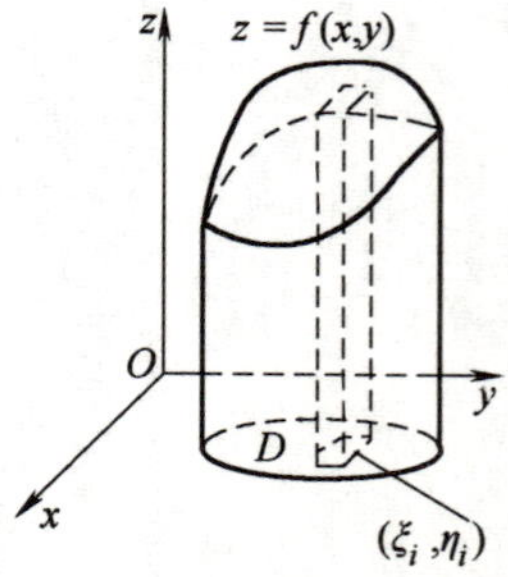

图　8-2

$$V \approx \sum_{i=1}^{n} f(\xi_i, \eta_i) \Delta\sigma_i.$$

需要指出的是，上述做法中对区域 D 的分法以及在小区域 $\Delta\sigma_i$ 上点 (ξ_i, η_i) 的取法是完全任意的.

用 λ 表示 n 个小区域的直径中的最大者，当 λ 趋于零时，上述的和式的极限，就是曲顶柱体的体积，即

$$V = \lim_{\lambda \to 0} \sum_{i=1}^{n} f(\xi_i, \eta_i) \Delta\sigma_i.$$

2. 平面薄片的质量

设有一平面薄片，不计其厚度，占有 xOy 面上的有界闭区域 D，在点 (x, y) 处的面密度为 $\mu(x, y)$，设 $\mu(x, y) > 0$ 且在 D 上连续. 计算该薄片的质量 m.

如果薄片是均匀的，即面密度是常数，那么薄片的质量为

质量 = 面密度 × 面积.

此时薄片的面密度 $\mu(x, y)$ 为变量，不能直接用上式计算它的质量，我们用上面处理曲顶柱体体积问题的方法来解决本问题.

把薄片任意分成许多小块，由于小块所占的小区域 $\Delta\sigma_i$ 的直径很小，这些小块可近似地看做均匀薄片（图 8-3）. 在 $\Delta\sigma_i$ 上任取一点 (ξ_i, η_i)，则第 i 个小块的质量可近似地表示为

$$\Delta m_i \approx \mu(\xi_i, \eta_i) \Delta\sigma_i \quad (i = 1, 2, \cdots, n),$$

通过求和、取极限，便得该薄片的质量

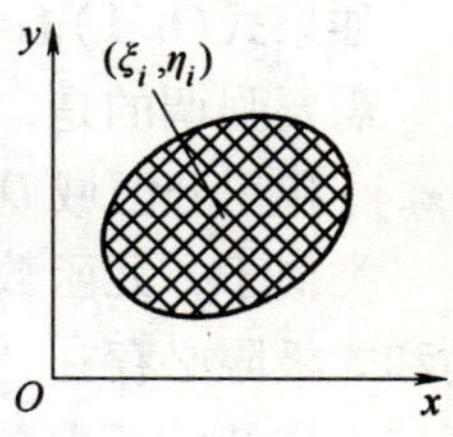

图　8-3

$$m = \lim_{\lambda \to 0} \sum_{i=1}^{n} \mu(\xi_i, \eta_i) \Delta\sigma_i.$$

上面两个问题中，所求量都归结为同一形式的和的极限. 这种同一形式的和的极限，广泛应用于物理、力学、几何和工程技术中，很多几何量和物理量都可以归结为这一形式的和的极限，因此我们有必要全面地研究这种和式的极限问题，并抽象出下列二重积分的定义.

3. 二重积分的定义

定义　设函数 $f(x, y)$ 在有界闭区域 D 上有定义，将闭区域 D 任意分成 n 个小区域：

$$\Delta\sigma_1, \Delta\sigma_2, \cdots, \Delta\sigma_n,$$

其中 $\Delta\sigma_i$ 表示第 i 个小区域，也表示它的面积，在每个小区域 $\Delta\sigma_i$ 上任取一点 (ξ_i, η_i)，作乘积

$$f(\xi_i, \eta_i) \Delta\sigma_i (i = 1, 2, \cdots, n),$$

并作和式

$$\sum_{i=1}^{n} f(\xi_i, \eta_i) \Delta\sigma_i.$$

如果 n 个小区域的直径中的最大者 λ 趋于零时，上述和式的极限总存在，则称此极限为**函数 $f(x, y)$ 在区域 D 上的二重积分**，记作

$$\iint_D f(x,y)\,\mathrm{d}\sigma,$$

即

$$\iint_D f(x,y)\,\mathrm{d}\sigma = \lim_{\lambda\to 0}\sum_{i=1}^{n} f(\xi_i,\eta_i)\Delta\sigma_i \tag{8.1}$$

其中 $f(x,y)$ 叫做**被积函数**，$f(x,y)\,\mathrm{d}\sigma$ 叫做**被积表达式**，$\mathrm{d}\sigma$ 叫做**面积元素**，x 和 y 称为**积分变量**，D 叫做**积分区域**，$\sum\limits_{i=1}^{n} f(\xi_i,\eta_i)\Delta\sigma_i$ 叫做**积分和**.

例如，曲顶柱体的体积就是函数 $f(x,y)$ 在底 D 上的二重积分，即

$$V = \iint_D f(x,y)\,\mathrm{d}\sigma.$$

平面薄片的质量是它的面密度 $\mu(x,y)$ 在薄片所占闭区域 D 上的二重积分，即

$$m = \iint_D \mu(x,y)\,\mathrm{d}\sigma.$$

如果式(8.1)右端的和式的极限存在，我们也称函数 $f(x,y)$ 在 D 上可积.

需要强调的是，根据定义，二重积分是一个确定的数值，它依赖于被积函数 $f(x,y)$ 和积分区域 D，而与对积分区域 D 的分法以及点 (ξ_i,η_i) 的取法无关.

类似于一元函数定积分，若函数 $f(x,y)$ 在闭区域 D 上连续，那么式(8.1)右端的和式极限必存在，即函数 $f(x,y)$ 在 D 上的二重积分必定存在，也就是说有界闭区域上连续的函数在该区域上必可积.

二、二重积分的性质

二重积分与定积分有着类似的性质，以下假定函数在对应区域上连续，其性质叙述如下.

性质 1 被积函数中的常数因子可以提到积分号的外面，即

$$\iint_D kf(x,y)\,\mathrm{d}\sigma = k\iint_D f(x,y)\,\mathrm{d}\sigma\ (k\text{ 为常数}).$$

性质 2 有限个函数的和(或差)的二重积分等于二重积分的和(或差). 例如，

$$\iint_D [f(x,y) \pm g(x,y)]\,\mathrm{d}\sigma = \iint_D f(x,y)\,\mathrm{d}\sigma \pm \iint_D g(x,y)\,\mathrm{d}\sigma.$$

性质 3 如果积分区域 D 被有限条曲线分成有限个部分闭区域，那么在 D 上的二重积分等于在各部分闭区域上的二重积分之和.

例如，D 分成两个闭区域 D_1 和 D_2，即 $D=D_1+D_2$，则

$$\iint_D f(x,y)\,\mathrm{d}\sigma = \iint_{D_1} f(x,y)\,\mathrm{d}\sigma + \iint_{D_2} f(x,y)\,\mathrm{d}\sigma.$$

这个性质表示二重积分对于积分区域具有可加性.

性质4 如果在区域 D 上，有 $f(x,y)\geqslant g(x,y)$，则

$$\iint_D f(x,y)\,\mathrm{d}\sigma \geqslant \iint_D g(x,y)\,\mathrm{d}\sigma.$$

特别地，由于 $-|f(x,y)|\leqslant f(x,y)\leqslant |f(x,y)|$，所以有不等式

$$\iint_D |f(x,y)|\,\mathrm{d}\sigma \geqslant \left|\iint_D f(x,y)\,\mathrm{d}\sigma\right|.$$

如果 $f(x,y)\geqslant 0$，则显然有 $\iint\limits_D f(x,y)\,\mathrm{d}\sigma \geqslant 0$.

性质5 设 M 和 m 分别是函数 $f(x,y)$ 在有界闭区域 D 上的最大值和最小值，则有二重积分的估值不等式

$$m\sigma \leqslant \iint_D f(x,y)\,\mathrm{d}\sigma \leqslant M\sigma,$$

其中 σ 是 D 的面积.

事实上，因为 $m\leqslant f(x,y)\leqslant M$，利用性质1和性质4，有

$$\iint_D m\,\mathrm{d}\sigma \leqslant \iint_D f(x,y)\,\mathrm{d}\sigma \leqslant \iint_D M\,\mathrm{d}\sigma,$$

即

$$m\iint_D \mathrm{d}\sigma \leqslant \iint_D f(x,y)\,\mathrm{d}\sigma \leqslant M\iint_D \mathrm{d}\sigma,$$

所以有上述估值不等式成立.

性质6(二重积分的中值定理) 设函数 $f(x,y)$ 在有界闭区域 D 上连续，则在 D 内至少存在一点 (ξ,η)，使得

$$\iint_D f(x,y)\,\mathrm{d}\sigma = f(\xi,\eta)\cdot\sigma$$

成立，其中 σ 是 D 的面积.

证 把性质5中的不等式各除以 σ，则有

$$m\leqslant \frac{1}{\sigma}\iint_D f(x,y)\,\mathrm{d}\sigma \leqslant M,$$

这个式子说明，$\dfrac{1}{\sigma}\iint\limits_D f(x,y)\,\mathrm{d}\sigma$ 是一个介于函数 $f(x,y)$ 的最大值 M 和最小值 m 之间的一个确定数值，根据闭区域上连续函数的性质，在 D 上至少存在一点 (ξ,η)，使得

$$\frac{1}{\sigma}\iint_D f(x,y)\,\mathrm{d}\sigma = f(\xi,\eta)$$

成立，两边同乘以 σ，即得所需证明的公式.

例 利用二重积分的性质估计积分 $I=\iint\limits_D xy(x+y)\,\mathrm{d}\sigma$ 的值，其中 D 是矩形闭区域：$0\leqslant x\leqslant 1$，$0\leqslant y\leqslant 1$.

解　先求出函数 $f(x,y)=xy(x+y)$ 在区域 D 上的最大值和最小值，然后利用性质 5 估计积分值.

在区域 $0\leqslant x\leqslant 1$，$0\leqslant y\leqslant 1$ 上，有

$$0\leqslant xy\leqslant 1,\ 0\leqslant x+y\leqslant 2,$$

故在 D 上，有

$$0\leqslant xy(x+y)\leqslant 2.$$

又 D 的面积 $\sigma=1\times 1=1$，从而由二重积分的估值不等式，得

$$0\leqslant I=\iint_D xy(x+y)\,\mathrm{d}\sigma\leqslant 2.$$

三、二重积分的几何意义

由曲顶柱体体积问题的讨论以及二重积分的定义不难看出：

如果 $f(x,y)\geqslant 0$，二重积分 $\iint\limits_D f(x,y)\,\mathrm{d}\sigma$ 就是以 $z=f(x,y)$ 为曲顶、以 D 为底面的曲顶柱体的体积.

特别地，当 $f(x,y)=1$ 时，平顶柱体的体积为

$$V=\iint_D 1\cdot\mathrm{d}\sigma=\iint_D \mathrm{d}\sigma.$$

它在数值上等于积分区域 D 的面积，由此可得计算平面区域 D 的面积公式：

$$\sigma=\iint_D \mathrm{d}\sigma.$$

如果 $f(x,y)<0$，曲顶柱体在 xOy 面的下方，此时二重积分 $\iint\limits_D f(x,y)\,\mathrm{d}\sigma$ 是负的，但是它的绝对值仍然等于对应的曲顶柱体的体积. 如果 $f(x,y)$ 在区域 D 的部分区域上是正的，部分区域上是负的，那么我们可以把 xOy 面上方的曲顶柱体的体积取为正，xOy 面下方的曲顶柱体的体积取为负，这样，二重积分 $\iint\limits_D f(x,y)\,\mathrm{d}\sigma$ 就等于这些部分区域上的曲顶柱体体积的代数和.

习题 8.1

1. 根据二重积分的性质，比较下列积分的大小：

(1) $\iint\limits_D (x+y)^2\mathrm{d}\sigma$ 和 $\iint\limits_D (x+y)^3\mathrm{d}\sigma$，其中积分区域 D 是由圆周 $(x-2)^2+(y-1)^2=2$ 所围成；

(2) $\iint\limits_D \ln(x+y)\,\mathrm{d}\sigma$ 和 $\iint\limits_D [\ln(x+y)]^2\mathrm{d}\sigma$，其中积分区域 D 是三顶点坐标分别为 $(1,0)$，$(1,1)$，$(2,0)$ 的三角形闭区域；

(3) $\iint\limits_D \ln(x+y)\,\mathrm{d}\sigma$ 和 $\iint\limits_D [\ln(x+y)]^2\mathrm{d}\sigma$，其中积分区域 D 是矩形闭区域：$3\leqslant x\leqslant 5$，$0\leqslant y\leqslant 1$.

2. 不求二重积分的值，根据二重积分的性质估计下列积分的值：

(1) $I=\iint\limits_D \sin^2 x\sin^2 y\mathrm{d}\sigma$，其中积分区域 D 是矩形闭区域：$0\leqslant x\leqslant\pi$，$0\leqslant y\leqslant\pi$；

(2) $I=\iint\limits_D (x+y+1)\mathrm{d}\sigma$，其中积分区域 D 是矩形闭区域：$0\leqslant x\leqslant 1$，$0\leqslant y\leqslant 2$；

(3) $I=\iint\limits_D (x^2+4y^2+9)\mathrm{d}\sigma$，其中积分区域 D 是圆形闭区域：$x^2+y^2\leqslant 4$.

3. 设 $I_1=\iint\limits_{D_1}(x^2+y^2)^3\mathrm{d}\sigma$，其中

$$D_1=\{(x,y)\mid -1\leqslant x\leqslant 1,\ -2\leqslant y\leqslant 2\},$$

又 $I_2=\iint\limits_{D_2}(x^2+y^2)^3\mathrm{d}\sigma$，且

$$D_2=\{(x,y)\mid 0\leqslant x\leqslant 1, 0\leqslant y\leqslant 2\}.$$

试利用二重积分的几何意义说明 I_1 和 I_2 之间的关系.

第二节　二重积分的计算法

虽然二重积分的定义本身给出了它的计算方法，但是这种计算往往极其复杂，不易实现，本节我们将介绍利用直角坐标和极坐标来计算二重积分的方法.

一、直角坐标系下二重积分的计算

由二重积分的定义知，若函数 $f(x,y)$ 在区域 D 上的二重积分存在，其积分值与对区域 D 的分法以及点 (ξ_i,η_i) 的取法无关. 因此在直角坐标系下，我们可以用平行于坐标轴的直线族来划分 D，划分成的小区域中除去靠区域 D 边界的不规则外，其余的小区域都是矩形闭区域，设矩形闭区域 $\Delta\sigma_i$ 的边长分别为 Δx_j 和 Δy_k，则其面积为

$$\Delta\sigma_i=\Delta x_j\cdot\Delta y_k,$$

记作 $\mathrm{d}\sigma=\mathrm{d}x\cdot\mathrm{d}y$，从而二重积分可以写成

$$\iint\limits_D f(x,y)\mathrm{d}\sigma=\iint\limits_D f(x,y)\mathrm{d}x\mathrm{d}y,$$

其中 $\mathrm{d}x\mathrm{d}y$ 也称作直角坐标系中的面积元素.

为讨论方便，我们假定 $f(x,y)\geqslant 0$.

设积分区域 D 可以用不等式

$$\varphi_1(x)\leqslant y\leqslant\varphi_2(x), a\leqslant x\leqslant b$$

表示(图 8-4)，其中函数 $\varphi_1(x)$，$\varphi_2(x)$ 在 $[a,b]$ 上连续，这种区域称为 X-型区域.

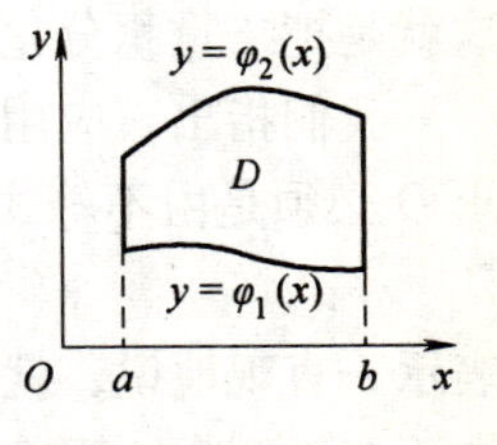

图　8-4

由二重积分的几何意义，以 D 为底、$f(x,y)$ 为曲顶的柱体(图 8-5)的体积为

$$V=\iint_D f(x,y)\,dxdy.$$

在$[a,b]$上任意取定一点x，作垂直于x轴的平面，这平面在曲顶柱体上的截面是一个以区间$[\varphi_1(x),\varphi_2(x)]$为底、关于$y$的一元函数$z=f(x,y)$为曲边的曲边梯形(图 8-5 中阴影部分)，其面积记为$A(x)$，则

$$A(x)=\int_{\varphi_1(x)}^{\varphi_2(x)} f(x,y)\,dy,$$

应用计算“平行截面面积为已知的立体的体积”的方法，可得曲顶柱体的体积为

$$V=\int_a^b A(x)\,dx=\int_a^b\left[\int_{\varphi_1(x)}^{\varphi_2(x)} f(x,y)\,dy\right]dx,$$

从而

$$\iint_D f(x,y)\,dxdy=\int_a^b\left[\int_{\varphi_1(x)}^{\varphi_2(x)} f(x,y)\,dy\right]dx. \quad (8.2)$$

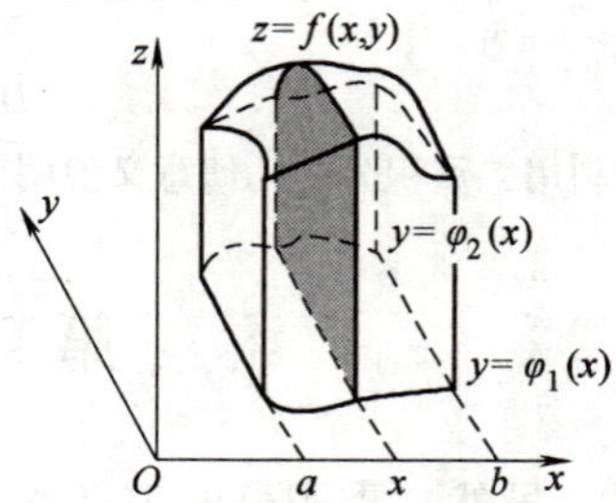

图 8-5

这样就把二重积分化为了先对y后对x的二次积分．也就是说，先把x看为常数，$f(x,y)$作为y的一元函数，在区间$[\varphi_1(x),\varphi_2(x)]$上对$y$求定积分，然后再把所得的关于$x$的函数在$[a,b]$上求定积分就是所要求的二重积分的值．

公式(8.2)也常写成

$$\iint_D f(x,y)\,dxdy=\int_a^b dx\int_{\varphi_1(x)}^{\varphi_2(x)} f(x,y)\,dy, \quad (8.3)$$

这就是把二重积分化为先对y后对x的二次积分的公式．

类似地，如果积分区域D可以用不等式

$$\psi_1(y)\leqslant x\leqslant\psi_2(y),c\leqslant y\leqslant d$$

表示(图 8-6)，其中函数$\psi_1(y)$，$\psi_2(y)$在$[c,d]$上连续，这种区域称为 Y-型区域，则有

$$\iint_D f(x,y)\,dxdy=\int_c^d\left[\int_{\psi_1(y)}^{\psi_2(y)} f(x,y)\,dx\right]dy, \quad (8.4)$$

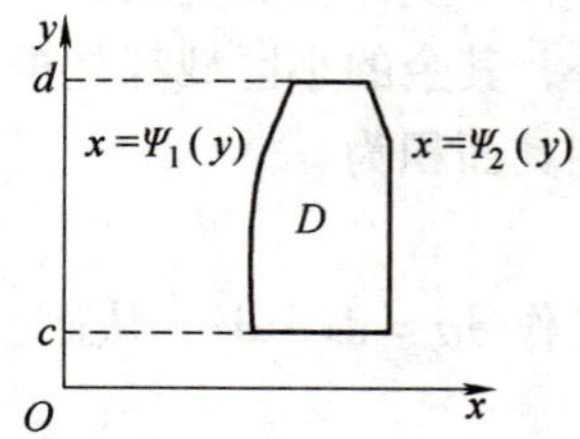

图 8-6

也可以写成

$$\iint_D f(x,y)\,dxdy=\int_c^d dy\int_{\psi_1(y)}^{\psi_2(y)} f(x,y)\,dx, \quad (8.5)$$

这就是把二重积分化为先对x后对y的二次积分的公式．

我们指出，应用公式(8.3)(或公式(8.2))，即积分区域D为 X-型区域时，要求D必须是由不等式

$$\varphi_1(x)\leqslant y\leqslant\varphi_2(x),a\leqslant x\leqslant b$$

表示．直观地说，就是要求穿过D的内部且平行于y轴的直线与D的边界线的交点不多于两个；同理，应用公式(8.5)(或公式(8.4))，即积分区域D为 Y-型区域

时，要求 D 必须是由不等式

$$\psi_1(y)\leqslant x\leqslant\psi_2(y),c\leqslant y\leqslant d$$

表示，就是要求穿过 D 的内部且平行于 x 轴的直线与 D 的边界线的交点不多于两个．如果积分区域 D 不属于上述两种类型(图 8-7)，那么就必须用平行于 x 轴或 y 轴的直线把 D 划分为若干个小区域，使得每一个小区域是上述两种类型之一，利用公式(8.3)或公式(8.5)，求出每一个小区域上的二重积分，根据第一节性质 3，在 D 上的二重积分就是各个小区域上二重积分之和．

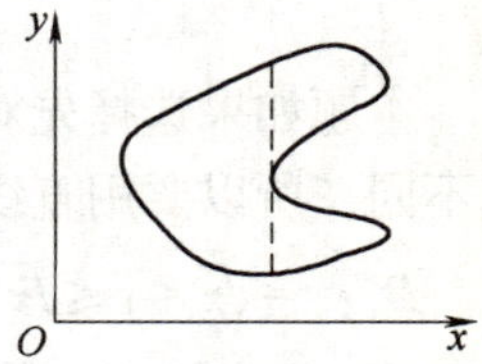

图 8-7

将二重积分化为二次积分的关键是确定相应的积分限，第二次积分的上下限是常数，第一次积分的上下限是第二次积分的积分变量的函数，积分限是由积分区域 D 来确定的．求二重积分时，应先作出 D 的草图，如果 D 如图 8-4 所示，就在区间$[a,b]$上任意取一点 x，过 x 作平行于 y 轴的直线，沿 y 轴的方向与 D 的边界线的穿入点和穿出点的纵坐标 $\varphi_1(x)$ 和 $\varphi_2(x)$，就是把 x 看做常量的第一次积分的上、下限，第二次对 x 积分，积分区间为$[a,b]$；如果 D 如图 8-6 所示，也有相应的做法．

在上述讨论中，我们假定 $f(x,y)\geqslant0$，实际上，公式(8.2)～公式(8.5)的成立，并不受这个条件的限制．

例 1 计算 $\iint\limits_D y\sqrt{x}\mathrm{d}x\mathrm{d}y$，其中 D 是由 x 轴、y 轴和圆 $x^2+y^2=1$ 所围成的在第一象限内的闭区域．

解 画出 D 的图形(图 8-8)，选择先对 y 后对 x 的积分次序．D 上 x 的变化范围为$[0,1]$，在$[0,1]$上任意取定一个 x 值，作平行于 y 轴的直线穿过区域 D，不难看出，纵坐标 y 从 $y=0$(穿入点)变到 $y=\sqrt{1-x^2}$(穿出点)，因此 D 可用不等式

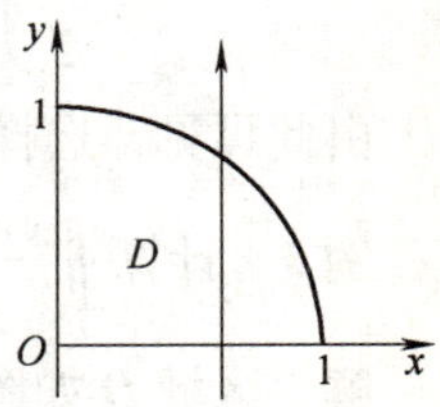

图 8-8

$$0\leqslant y\leqslant\sqrt{1-x^2},\ 0\leqslant x\leqslant1$$

表示，由公式(8.3)，得

$$\begin{aligned}\iint\limits_D y\sqrt{x}\mathrm{d}x\mathrm{d}y&=\int_0^1\sqrt{x}\mathrm{d}x\int_0^{\sqrt{1-x^2}}y\mathrm{d}y\\&=\int_0^1\sqrt{x}\left(\frac{1}{2}y^2\right)\Bigg|_0^{\sqrt{1-x^2}}\mathrm{d}x=\frac{1}{2}\int_0^1\sqrt{x}(1-x^2)\mathrm{d}x\\&=\frac{1}{2}\left(\frac{2}{3}x^{\frac{3}{2}}-\frac{2}{7}x^{\frac{7}{2}}\right)\Bigg|_0^1=\frac{4}{21}.\end{aligned}$$

例 2 计算 $\iint\limits_D xy\mathrm{d}x\mathrm{d}y$，其中 D 是由抛物线 $x=y^2$ 和直线 $y=x-2$ 所围成的闭区

域.

解　区域 D 如图 8-9a 所示，将 D 用不等式

$$y^2 \leqslant x \leqslant y+2,\quad -1 \leqslant y \leqslant 2$$

表示，由公式(8.5)，得

$$\iint_D xy\mathrm{d}x\mathrm{d}y = \int_{-1}^{2}\mathrm{d}y\int_{y^2}^{y+2}xy\mathrm{d}x = \int_{-1}^{2}y\left(\frac{1}{2}x^2\right)\Big|_{y^2}^{y+2}\mathrm{d}y$$

$$= \frac{1}{2}\int_{-1}^{2}y[(y+2)^2-y^4]\mathrm{d}y = \frac{45}{8}.$$

本题如果选择先对 y 后对 x 的积分次序(图 8-9b)，注意到 D 的下边界线表达式不同，所以要用直线 $x=1$ 把 D 分成左右两部分 D_1，D_2，其中

D_1：$-\sqrt{x} \leqslant y \leqslant \sqrt{x}$，$0 \leqslant x \leqslant 1$；

D_2：$x-2 \leqslant y \leqslant \sqrt{x}$，$1 \leqslant x \leqslant 4$.

根据二重积分的性质 3，得

$$\iint_D xy\mathrm{d}x\mathrm{d}y = \iint_{D_1} xy\mathrm{d}x\mathrm{d}y + \iint_{D_2} xy\mathrm{d}x\mathrm{d}y$$

$$= \int_0^1\mathrm{d}x\int_{-\sqrt{x}}^{\sqrt{x}}xy\mathrm{d}y + \int_1^4\mathrm{d}x\int_{x-2}^{\sqrt{x}}xy\mathrm{d}y$$

$$= \frac{1}{2}\int_0^1(xy^2)\Big|_{-\sqrt{x}}^{\sqrt{x}}\mathrm{d}x + \frac{1}{2}\int_1^4(xy^2)\Big|_{x-2}^{\sqrt{x}}\mathrm{d}x$$

$$= \frac{1}{2}\int_1^4[x^2-x(x-2)^2]\mathrm{d}x = \frac{45}{8}.$$

由此可见，选择后一种解法计算要麻烦得多.

例 3　计算 $\iint\limits_D \frac{\cos y}{y}\mathrm{d}x\mathrm{d}y$，其中 D 是由直线 $y=x$ 及抛物线 $x=y^2$ 所围成的区域.

解　区域 D 如图 8-10 所示，将 D 用不等式

$$y^2 \leqslant x \leqslant y,\quad 0 \leqslant y \leqslant 1$$

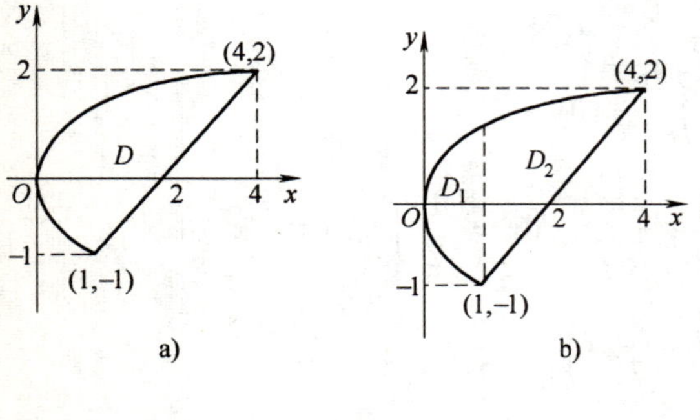

图　8-9

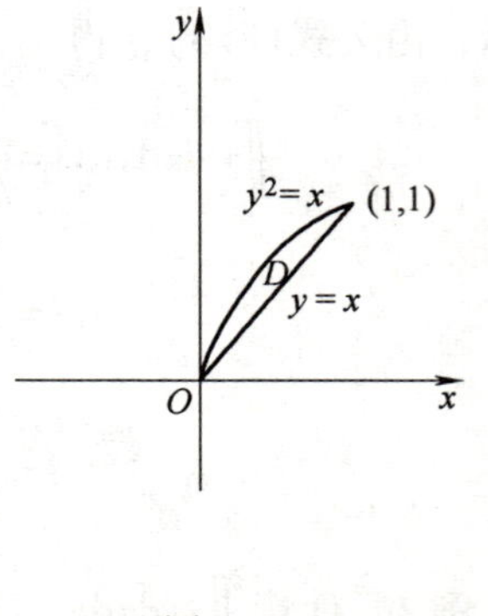

图　8-10

表示，由公式(8.5)，得

$$\begin{aligned}\iint_D \frac{\cos y}{y}\mathrm{d}x\mathrm{d}y &= \int_0^1 \frac{\cos y}{y}\mathrm{d}y\int_{y^2}^{y}\mathrm{d}x \\ &= \int_0^1 (\cos y - y\cos y)\,\mathrm{d}y \\ &= (\sin y - y\sin y - \cos y)\Big|_0^1 = 1-\cos 1.\end{aligned}$$

本题如果选择先对 y 后对 x 的积分次序，显然无法积出.

由上述的几个例子可以看出，把二重积分化为二次积分计算时，既要选择恰当的积分次序，还应顾及到被积函数的特点.

例 4　交换积分次序：

$$\int_0^{\frac{1}{4}}\mathrm{d}y\int_y^{\sqrt{y}}f(x,y)\,\mathrm{d}x + \int_{\frac{1}{4}}^{\frac{1}{2}}\mathrm{d}y\int_y^{\frac{1}{2}}f(x,y)\,\mathrm{d}x.$$

解　如图 8-11 所示，积分区域 $D=D_1+D_2$，其中，

$$D_1:\begin{cases} y\leqslant x\leqslant\sqrt{y}, \\ 0\leqslant y\leqslant\dfrac{1}{4}, \end{cases}\quad D_2:\begin{cases} y\leqslant x\leqslant\dfrac{1}{2}, \\ \dfrac{1}{4}\leqslant y\leqslant\dfrac{1}{2}; \end{cases}$$

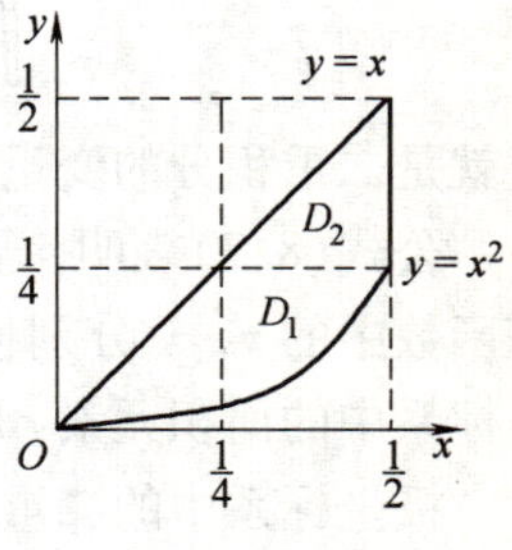

图　8-11

于是　$D: x^2\leqslant y\leqslant x, 0\leqslant x\leqslant\dfrac{1}{2}$. 故

$$\int_0^{\frac{1}{4}}\mathrm{d}y\int_y^{\sqrt{y}}f(x,y)\,\mathrm{d}x + \int_{\frac{1}{4}}^{\frac{1}{2}}\mathrm{d}y\int_y^{\frac{1}{2}}f(x,y)\,\mathrm{d}x = \int_0^{\frac{1}{2}}\mathrm{d}x\int_{x^2}^{x}f(x,y)\,\mathrm{d}y.$$

二、极坐标系下二重积分的计算

有些二重积分，用直角坐标计算往往很困难. 例如，$\iint\limits_D \mathrm{e}^{-(x^2+y^2)}\mathrm{d}\sigma$，积分区域为圆域 $x^2+y^2\leqslant 1$，用直角坐标是无法计算的. 如果积分区域 D 的边界曲线用极坐标表示比较方便，并且被积函数用极坐标变量 r，θ 表达又比较简单，我们就可以考虑用极坐标来计算二重积分.

假设从极点 O 出发所引的射线穿过区域 D 的内部时与 D 的边界线的交点不多于两个. 我们用以极点为中心的一族同心圆 $r=$ 常数和从极点出发的一族射线 $\theta=$ 常数，把区域 D 划分为 n 个小区域 $\Delta\sigma_i$ $(i=1,2,\cdots,n)$（图 8-12），除去包含边界点的一些不规则的小区域外，其余的小区域都是由分割线所围

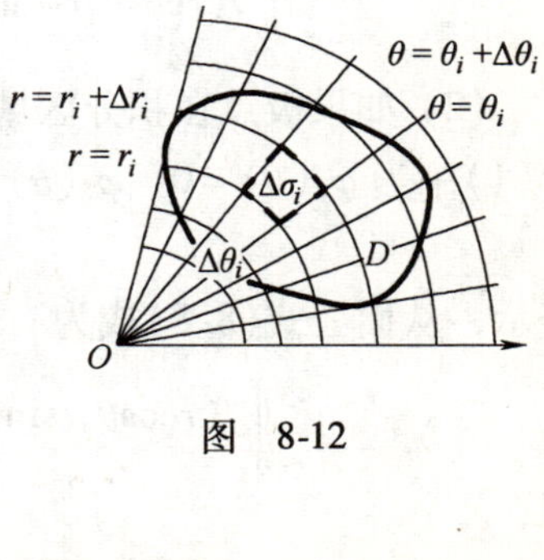

图　8-12

成，这些小区域的形状近似于矩形．设 $\Delta\sigma_i$ 是由圆 $r=r_i$ 和 $r=r_i+\Delta r_i$ 以及射线 $\theta=\theta_i$ 和 $\theta=\theta_i+\Delta\theta_i$ 所围成，它的面积可以近似地用边长为 Δr_i 和 $r_i\cdot\Delta\theta_i$ 的小矩形的面积来代替，即

$$\Delta\sigma_i\approx r_i\cdot\Delta r_i\cdot\Delta\theta_i,$$

于是得到极坐标系下的面积元素：

$$d\sigma=r dr d\theta.$$

再根据直角坐标和极坐标之间的关系：$x=r\cos\theta$，$y=r\sin\theta$，有

$$f(x,y)=f(r\cos\theta,r\sin\theta).$$

这样就得到极坐标形式的二重积分

$$\iint_D f(x,y)\,d\sigma=\iint_D f(r\cos\theta,r\sin\theta)\,r dr d\theta, \tag{8.6}$$

或写成

$$\iint_D f(x,y)\,dxdy=\iint_D f(r\cos\theta,r\sin\theta)\,r dr d\theta. \tag{8.7}$$

这就是二重积分的变量从直角坐标变换为极坐标的变换公式．

公式(8.7)表明，要把二重积分中的变量从直角坐标变换为极坐标，只需把被积函数中的 x，y 分别换成 $r\cos\theta$，$r\sin\theta$，把直角坐标系中的面积元素 $dxdy$ 换成极坐标系中的面积元素 $rdrd\theta$ 即可．

极坐标系中的二重积分，同样可以化为二次积分来计算．

在极坐标系中，区域 D 的边界曲线的方程用 $r=r(\theta)$ 来表示，所以极坐标系中二重积分化为二次积分时，选用先对 r 后对 θ 的积分次序．

下面我们分几种情况来讨论．

(1) 如果极点在积分区域 D 的外部，D 可以用不等式

$$\varphi_1(\theta)\leqslant r\leqslant\varphi_2(\theta),\ \alpha\leqslant\theta\leqslant\beta$$

表示，其中函数 $\varphi_1(\theta)$，$\varphi_2(\theta)$ 在区间 $[\alpha,\beta]$ 上连续(图 8-13a)．在区间 $[\alpha,\beta]$ 上任意取定一个 θ，相应地就有从极点出发穿过 D 的一条射线，它在 D 内部分的极径 r 从 $\varphi_1(\theta)$(穿入点)变到 $\varphi_2(\theta)$(穿出点)，而 θ 的变化范围为从 α 变到 β，于是极坐标系中的二重积分化为二次积分的公式为

$$\iint_D f(r\cos\theta,r\sin\theta)\,r dr d\theta=\int_\alpha^\beta d\theta\int_{\varphi_1(\theta)}^{\varphi_2(\theta)}f(r\cos\theta,r\sin\theta)\,r dr. \tag{8.8}$$

(2) 如果极点在积分区域 D 的边界上，如图 8-13b 所示，则可以把它看成是情形(1)中当 $\varphi_1(\theta)=0$，$\varphi_2(\theta)=\varphi(\theta)$ 时的特例，此时积分区域 D 用不等式

$$0\leqslant r\leqslant\varphi(\theta),\ \alpha\leqslant\theta\leqslant\beta$$

表示，从而公式(8.8)成为

$$\iint_D f(r\cos\theta,r\sin\theta)\,r dr d\theta=\int_\alpha^\beta d\theta\int_0^{\varphi(\theta)}f(r\cos\theta,r\sin\theta)\,r dr. \tag{8.9}$$

(3) 如果极点在积分区域 D 的内部，如图 8-13c 所示，则可以把它看成是情形(2)中当 $\alpha=0$，$\beta=2\pi$ 时的特例，此时积分区域 D 用不等式

$$0\leqslant r\leqslant\varphi(\theta),\ 0\leqslant\theta\leqslant 2\pi$$

表示，从而公式(8.9)成为

$$\iint_D f(r\cos\theta,r\sin\theta)r\mathrm{d}r\mathrm{d}\theta=\int_0^{2\pi}\mathrm{d}\theta\int_0^{\varphi(\theta)}f(r\cos\theta,r\sin\theta)r\mathrm{d}r.\tag{8.10}$$

由二重积分的定义，区域 D 的面积可以表示成 $\sigma=\iint_D\mathrm{d}\sigma$. 由于在极坐标系中，面积元素

$$\mathrm{d}\sigma=r\mathrm{d}r\mathrm{d}\theta,$$

所以在极坐标系中区域 D 的面积可以表示成

$$\sigma=\iint_D r\mathrm{d}r\mathrm{d}\theta.$$

如果区域 D 如图 8-13a 所示，则由公式(8.8)可得 D 的面积公式为

$$\sigma=\iint_D r\mathrm{d}r\mathrm{d}\theta=\int_\alpha^\beta\mathrm{d}\theta\int_{\varphi_1(\theta)}^{\varphi_2(\theta)}r\mathrm{d}r=\frac{1}{2}\int_\alpha^\beta[\varphi_2^2(\theta)-\varphi_1^2(\theta)]\mathrm{d}\theta.$$

特别地，如果区域 D 如图 8-13b 所示，那么它的面积公式就变为

$$\sigma=\frac{1}{2}\int_\alpha^\beta\varphi^2(\theta)\mathrm{d}\theta.$$

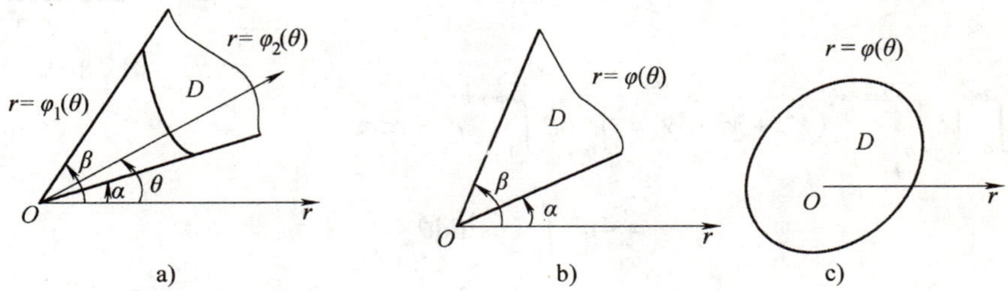

a)　　b)　　c)

图　8-13

例 5　计算 $\iint_D\sqrt{x^2+y^2}\mathrm{d}\sigma$，其中 D 是圆域：$x^2+y^2\leqslant 2x$.

解　如图 8-14 所示，在极坐标系中，闭区域 D 可表示成

$$0\leqslant r\leqslant 2\cos\theta,\quad -\frac{\pi}{2}\leqslant\theta\leqslant\frac{\pi}{2},$$

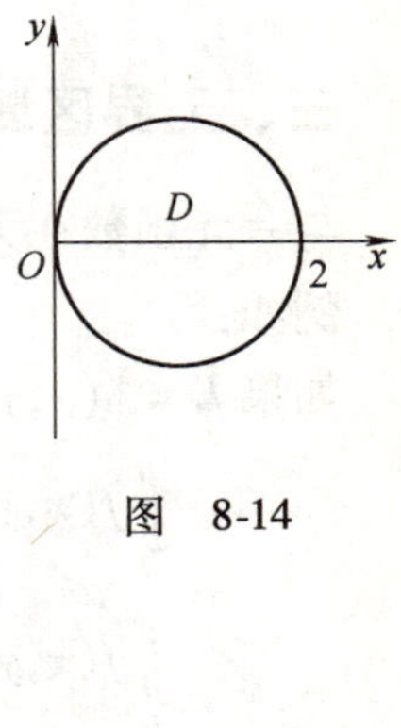

图　8-14

由公式(8.9)，得

$$\begin{aligned}\iint_D\sqrt{x^2+y^2}\mathrm{d}\sigma&=\int_{-\frac{\pi}{2}}^{\frac{\pi}{2}}\mathrm{d}\theta\int_0^{2\cos\theta}r\cdot r\mathrm{d}r\\&=\int_{-\frac{\pi}{2}}^{\frac{\pi}{2}}\left[\frac{1}{3}r^3\right]_0^{2\cos\theta}\mathrm{d}\theta=\frac{8}{3}\int_{-\frac{\pi}{2}}^{\frac{\pi}{2}}\cos^3\theta\mathrm{d}\theta\end{aligned}$$

$$= \frac{8}{3}\left[\sin\theta - \frac{\sin^3\theta}{3}\right]_{-\frac{\pi}{2}}^{\frac{\pi}{2}} = \frac{32}{9}.$$

例 6　计算 $\iint\limits_D e^{-x^2-y^2}d\sigma$，其中 D 是以原点为中心、半径为 R 的圆域.

解　在极坐标系中，闭区域 D 可表示成

$$0 \leqslant r \leqslant R,\ 0 \leqslant \theta \leqslant 2\pi,$$

由公式(8.10)，得

$$\iint\limits_D e^{-x^2-y^2}d\sigma = \int_0^{2\pi}d\theta\int_0^R e^{-r^2}\cdot r dr = \int_0^{2\pi}\left[-\frac{1}{2}e^{-r^2}\right]_0^R d\theta$$

$$= \frac{1}{2}(1-e^{-R^2})\int_0^{2\pi}d\theta = \pi(1-e^{-R^2}).$$

本题如果直接用直角坐标计算，由于 e^{-x^2} 的原函数不能用初等函数来表示而使计算无法进行.

例 7　把积分 $\int_0^{2a}dx\int_0^{\sqrt{2ax-x^2}}(x^2+y^2)dy$ 转化为极坐标形式，并计算积分值.

解　如图 8-15 所示，在极坐标系中，闭区域 D 可表示成

$$0 \leqslant r \leqslant 2a\cos\theta,\ 0 \leqslant \theta \leqslant \frac{\pi}{2},$$

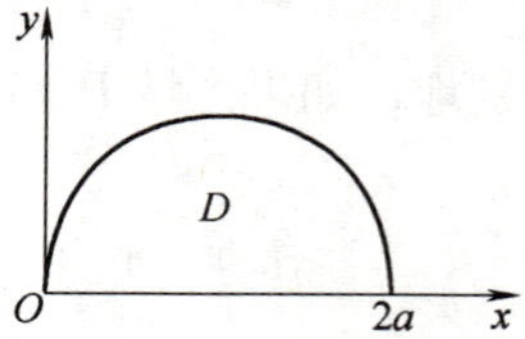

图　8-15

所以

$$\int_0^{2a}dx\int_0^{\sqrt{2ax-x^2}}(x^2+y^2)dy = \int_0^{\frac{\pi}{2}}d\theta\int_0^{2a\cos\theta}r^2\cdot r dr$$

$$= 4a^4\int_0^{\frac{\pi}{2}}\cos^4\theta d\theta$$

$$= 4a^4 \times \frac{3\times 1}{4\times 2} \times \frac{\pi}{2} = \frac{3}{4}\pi a^4.$$

三、无界区域上的二重积分计算

与一元函数在无限区间上的广义积分类似，可以引进无界区域上的广义二重积分. 例如：

如果 $D = \{(x,y) \mid a \leqslant x \leqslant b, c \leqslant y < +\infty\}$，则

$$\iint\limits_D f(x,y)d\sigma = \lim_{N\to+\infty}\int_a^b dx\int_c^N f(x,y)dy = \int_a^b dx\int_c^{+\infty}f(x,y)dy,$$

或

$$\iint\limits_D f(x,y)d\sigma = \lim_{N\to+\infty}\int_c^N dy\int_a^b f(x,y)dx = \int_c^{+\infty}dy\int_a^b f(x,y)dx.$$

如果 $D = \{(x,y) \mid a \leqslant x < +\infty, c \leqslant y < +\infty\}$，则

$$\iint_D f(x,y)\,\mathrm{d}\sigma = \lim_{\substack{M\to+\infty\\N\to+\infty}}\int_a^M \mathrm{d}x\int_c^N f(x,y)\,\mathrm{d}y = \int_a^{+\infty}\mathrm{d}x\int_c^{+\infty} f(x,y)\,\mathrm{d}y,$$

或

$$\iint_D f(x,y)\,\mathrm{d}\sigma = \lim_{\substack{M\to+\infty\\N\to+\infty}}\int_c^N \mathrm{d}y\int_a^M f(x,y)\,\mathrm{d}x = \int_c^{+\infty}\mathrm{d}y\int_a^{+\infty} f(x,y)\,\mathrm{d}x.$$

如果 $D=\{(x,y)\mid -\infty<x<+\infty,-\infty<y<+\infty\}$，则

$$\iint_D f(x,y)\,\mathrm{d}\sigma = \lim_{\substack{M\to+\infty\\N\to+\infty}}\int_{-M}^M \mathrm{d}x\int_{-N}^N f(x,y)\,\mathrm{d}y = \int_{-\infty}^{+\infty}\mathrm{d}x\int_{-\infty}^{+\infty} f(x,y)\,\mathrm{d}y,$$

或

$$\iint_D f(x,y)\,\mathrm{d}\sigma = \lim_{\substack{M\to+\infty\\N\to+\infty}}\int_{-N}^N \mathrm{d}y\int_{-M}^M f(x,y)\,\mathrm{d}x = \int_{-\infty}^{+\infty}\mathrm{d}y\int_{-\infty}^{+\infty} f(x,y)\,\mathrm{d}x.$$

这种情形下，也可在极坐标系下计算：

$$\iint_D f(x,y)\,\mathrm{d}\sigma = \lim_{R\to+\infty}\int_0^{2\pi}\mathrm{d}\theta\int_0^R f(r\cos\theta,r\sin\theta)\,r\mathrm{d}r$$

$$=\int_0^{2\pi}\mathrm{d}\theta\int_0^{+\infty} f(r\cos\theta,r\sin\theta)\,r\mathrm{d}r.$$

下面我们举例说明它的计算方法.

例 8　设 $D=\{(x,y)\mid 0\leqslant x<+\infty,0\leqslant y<+\infty\}$，计算积分

$$\iint_D \frac{1}{(1+x^2)(1+y^2)}\mathrm{d}x\mathrm{d}y.$$

解　$$\iint_D \frac{1}{(1+x^2)(1+y^2)}\mathrm{d}x\mathrm{d}y = \int_0^{+\infty}\frac{1}{1+x^2}\mathrm{d}x\cdot\int_0^{+\infty}\frac{1}{1+y^2}\mathrm{d}y$$

$$=\arctan x\Big|_0^{+\infty}\cdot\arctan y\Big|_0^{+\infty}=\frac{\pi^2}{4}.$$

例 9　计算二重积分 $\iint\limits_D x\mathrm{e}^{-y^2}\mathrm{d}x\mathrm{d}y$，其中 D 是由曲线 $y=4x^2$，$y=9x^2$ 在第一象限所夹的区域.

解　如图 8-16 所示，区域 D 可表示为

$$D=\left\{(x,y)\,\middle|\,\frac{\sqrt{y}}{3}\leqslant x\leqslant\frac{\sqrt{y}}{2},0\leqslant y<+\infty\right\}.$$

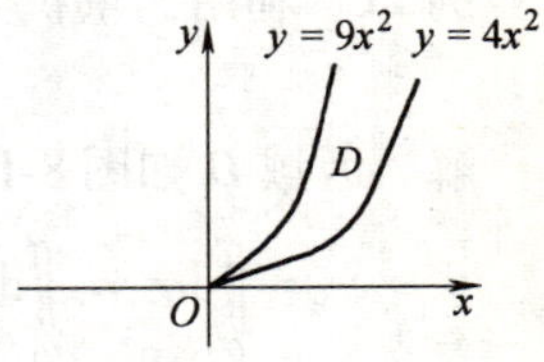

图　8-16

所求积分为

$$\iint_D x\mathrm{e}^{-y^2}\mathrm{d}x\mathrm{d}y = \int_0^{+\infty}\mathrm{e}^{-y^2}\mathrm{d}y\int_{\frac{\sqrt{y}}{3}}^{\frac{\sqrt{y}}{2}}x\mathrm{d}x$$

$$=\frac{1}{2}\int_0^{+\infty}\left(\frac{y}{4}-\frac{y}{9}\right)\mathrm{e}^{-y^2}\mathrm{d}y$$

$$=\frac{5}{72}\int_0^{+\infty}y\mathrm{e}^{-y^2}\mathrm{d}y=-\frac{5}{144}\mathrm{e}^{-y^2}\Big|_0^{+\infty}=\frac{5}{144}.$$

例 10　计算二重积分 $\iint\limits_D e^{-x^2-y^2}dxdy$ ，其中 D 是整个平面．

解　利用极坐标计算．

$$D=\{(r,\theta)\mid 0\leqslant\theta\leqslant 2\pi,0\leqslant r<+\infty\}$$

所求积分为

$$\begin{aligned}\iint\limits_D e^{-x^2-y^2}dxdy &= \int_0^{2\pi}d\theta\int_0^{+\infty}e^{-r^2}rdr\\ &=-2\pi\cdot\frac{1}{2}e^{-r^2}\Big|_0^{+\infty}\\ &=\pi.\end{aligned}$$

需说明的是，此时由于

$$\begin{aligned}\iint\limits_D e^{-x^2-y^2}dxdy &= \int_{-\infty}^{+\infty}dx\int_{-\infty}^{+\infty}e^{-x^2-y^2}dy\\ &=\int_{-\infty}^{+\infty}e^{-x^2}dx\cdot\int_{-\infty}^{+\infty}e^{-y^2}dy\\ &=\left(\int_{-\infty}^{+\infty}e^{-x^2}dx\right)^2\\ &=\left(2\int_0^{+\infty}e^{-x^2}dx\right)^2=\pi.\end{aligned}$$

由此可得

$$\int_0^{+\infty}e^{-x^2}dx=\frac{\sqrt{\pi}}{2}.$$

这个广义积分称为泊松(Poisson)积分，在概率论与数理统计中经常用到．

四、二重积分的几何应用

1. 平面区域的面积

例 11　利用二重积分计算由直线 $y=2x$，$x=2y$ 及 $x+y=3$ 所围平面区域的面积．

解　区域 D 如图 8-17 所示，故

$$\begin{aligned}S&=\iint\limits_D d\sigma=\iint\limits_{D_1}d\sigma+\iint\limits_{D_2}d\sigma\\ &=\int_0^1dx\int_{\frac{x}{2}}^{2x}dy+\int_1^2dx\int_{\frac{x}{2}}^{3-x}dy\\ &=\int_0^1\left(2x-\frac{x}{2}\right)dx+\int_1^2\left(3-x-\frac{x}{2}\right)dx=\frac{3}{2}.\end{aligned}$$

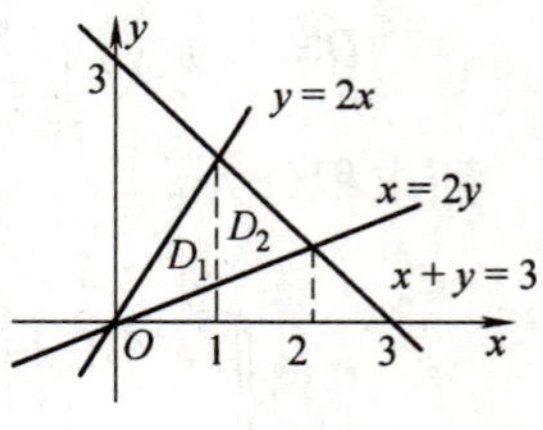

图　8-17

2. 立体的体积

由二重积分的几何意义不难看出，我们可以利用二重积分求一些由曲面围成的立体的体积，下面举例说明．

例 12 求由曲面 $z=x^2+y^2,y=x^2,y=1,z=0$ 所围立体的体积.

解 如图 8-18 所示，立体的底部为区域 D: $\begin{cases}-1\leqslant x\leqslant 1,\\ x^2\leqslant y\leqslant 1,\end{cases}$ 顶是曲面 $z=x^2+y^2$，于是所求立体的体积为

$$\begin{aligned}V&=\iint_D(x^2+y^2)\mathrm{d}x\mathrm{d}y\\&=\int_{-1}^{1}\mathrm{d}x\int_{x^2}^{1}(x^2+y^2)\mathrm{d}y\\&=\int_{-1}^{1}\left(x^2y+\frac{1}{3}y^3\right)\Big|_{x^2}^{1}\mathrm{d}x\\&=\int_{-1}^{1}\left(x^2+\frac{1}{3}-x^4-\frac{1}{3}x^6\right)\mathrm{d}x=\frac{88}{105}.\end{aligned}$$

例 13 求底圆半径相等的两个直交圆柱面所围成的立体的体积.

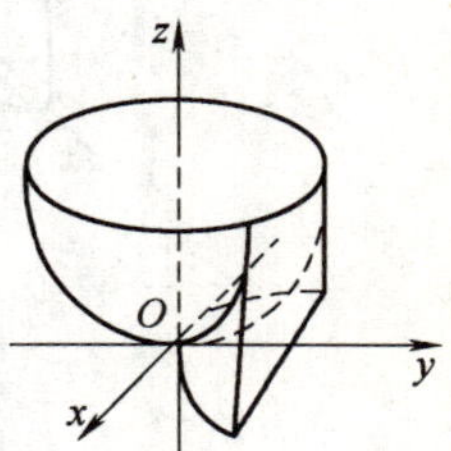

图 8-18

解 设圆柱面的底圆半径为 R，它们的方程分别为

$$x^2+y^2=R^2 \text{ 和 } x^2+z^2=R^2.$$

根据对称性，所求体积是图 8-19a 中所画出的第一卦限部分体积的 8 倍. 把立体在第一卦限的部分看做一个曲顶柱体，它的曲顶是柱面 $z=\sqrt{R^2-x^2}$，它的底如图 8-19b 所示，即

$$0\leqslant y\leqslant\sqrt{R^2-x^2},\ 0\leqslant x\leqslant R.$$

所以所求立体的体积为

$$\begin{aligned}V&=8\iint_D\sqrt{R^2-x^2}\mathrm{d}\sigma=8\int_0^R\mathrm{d}x\int_0^{\sqrt{R^2-x^2}}\sqrt{R^2-x^2}\mathrm{d}y\\&=8\int_0^R(R^2-x^2)\mathrm{d}x=\frac{16}{3}R^3.\end{aligned}$$

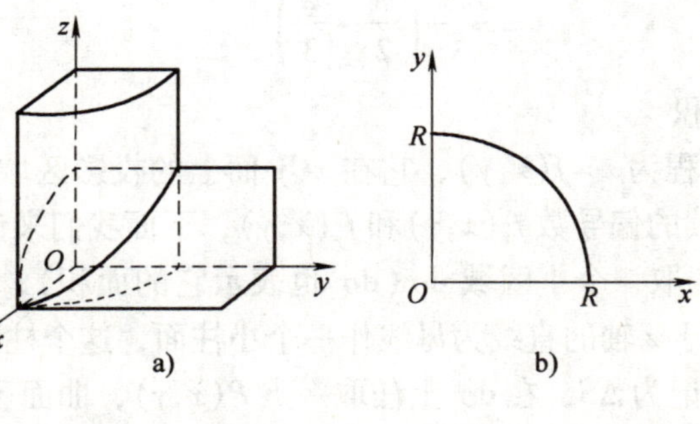

a) b)

图 8-19

例 14 求球体 $x^2+y^2+z^2\leqslant 4a^2$ 与圆柱体 $x^2+y^2\leqslant 2ax$ ($a>0$)的公共部分所成立体的体积.

解 如图 8-20 所示.

由对称性,立体的体积等于图 8-20a 所画出的在第 Ⅰ 卦限内部分的立体体积的 4 倍. 闭区域 D(图 8-20b)可表示成

$$0\leqslant r\leqslant 2a\cos\theta,\ 0\leqslant\theta\leqslant\frac{\pi}{2}.$$

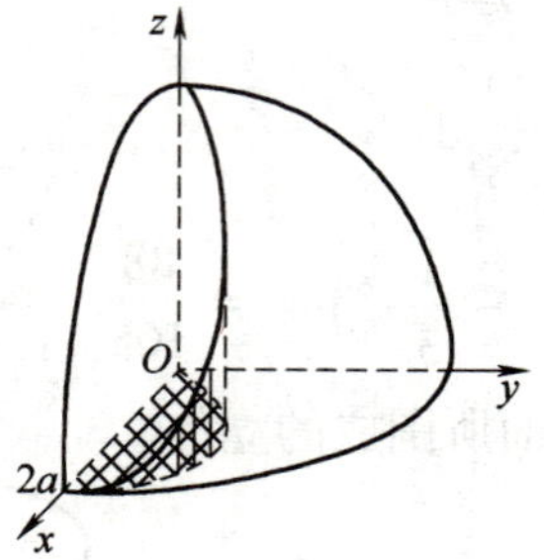

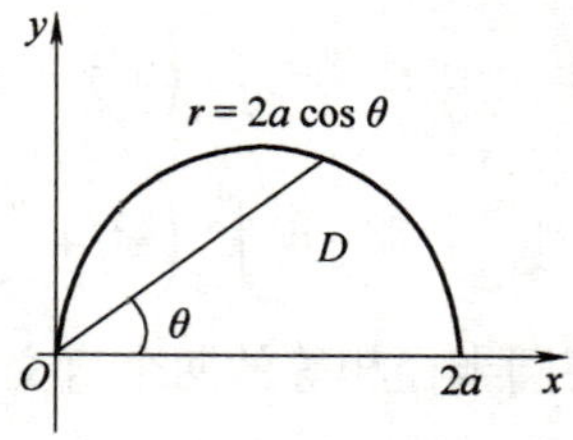

图 8-20

于是所求立体的体积为

$$\begin{aligned} V &= 4\iint_D \sqrt{4a^2-x^2-y^2}\,\mathrm{d}x\mathrm{d}y \\ &= 4\iint_D \sqrt{4a^2-r^2}\,r\mathrm{d}r \\ &= 4\int_0^{\frac{\pi}{2}}\mathrm{d}\theta\int_0^{2a\cos\theta}\sqrt{4a^2-r^2}\,r\mathrm{d}r \\ &= \frac{32}{3}a^3\int_0^{\frac{\pi}{2}}(1-\sin^3\theta)\mathrm{d}\theta \\ &= \frac{32a^3}{3}\left(\frac{\pi}{2}-\frac{2}{3}\right). \end{aligned}$$

3*. 曲面的面积

设曲面 Σ 的方程为 $z=f(x,y)$,它在 xOy 面上的投影区域记为 D_{xy},函数 $f(x,y)$ 在 D_{xy} 上具有连续的偏导数 $f_x(x,y)$ 和 $f_y(x,y)$,下面我们来计算曲面 Σ 的面积 S.

在区域 D_{xy} 上任取一个小区域 $\mathrm{d}\sigma$($\mathrm{d}\sigma$ 也表示它的面积),以 $\mathrm{d}\sigma$ 为底,以它的边界为准线,平行于 z 轴的直线为母线作一个小柱面,这个柱面就在曲面 Σ 上截出一小片曲面,面积记为 ΔS,在 $\mathrm{d}\sigma$ 上任取一点 $P(x,y)$,曲面 Σ 上对应有一点 $M(x,y,f(x,y))$,过点 M 作曲面 Σ 的切平面,它也被小柱面截出一小片平面,面积记为 $\mathrm{d}S$,由于 $\mathrm{d}\sigma$ 的直径很小,因此我们可以用切平面上的这片小平面的面积近似代替

曲面上的那片小曲面的面积，即 $dS \approx \Delta S$(图 8-21). 假设点 M 处曲面的法线(指向朝上)与 z 轴的夹角为 γ，我们可以证明

$$dS = \frac{d\sigma}{\cos\gamma},$$

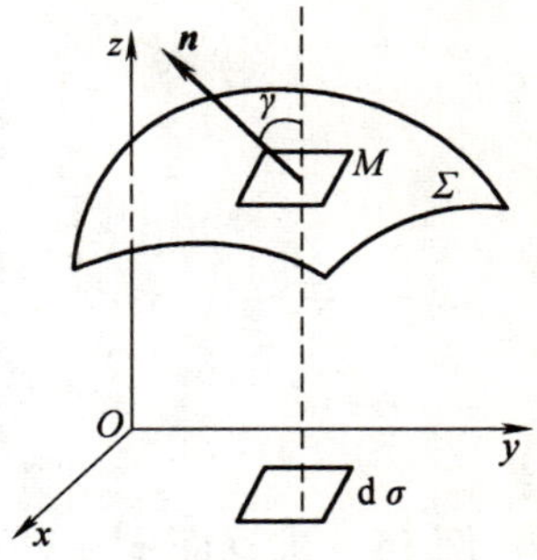

图 8-21

又因为 $\cos\gamma = \dfrac{1}{\sqrt{1+f_x^2(x,y)+f_y^2(x,y)}}$，因此

$$dS = \sqrt{1+f_x^2(x,y)+f_y^2(x,y)}\,d\sigma,$$

这就是曲面 Σ 的面积元素，以它为被积表达式在区域 D_{xy} 上积分，就得到曲面 Σ 的面积为

$$S = \iint_{D_{xy}} \sqrt{1+f_x^2(x,y)+f_y^2(x,y)}\,d\sigma, \quad (8.11)$$

或写成

$$S = \iint_{D_{xy}} \sqrt{1+\left(\frac{\partial z}{\partial x}\right)^2+\left(\frac{\partial z}{\partial y}\right)^2}\,d\sigma. \quad (8.12)$$

这就是曲面 Σ 面积的计算公式.

类似地，如果曲面的方程为 $x=g(y,z)$ 或 $y=h(x,z)$，把它们分别投影到 yOz 面或 xOz 面上，得曲面的面积公式为

$$S = \iint_{D_{yz}} \sqrt{1+\left(\frac{\partial x}{\partial y}\right)^2+\left(\frac{\partial x}{\partial z}\right)^2}\,d\sigma \quad (8.13)$$

或

$$S = \iint_{D_{xz}} \sqrt{1+\left(\frac{\partial y}{\partial x}\right)^2+\left(\frac{\partial y}{\partial z}\right)^2}\,d\sigma, \quad (8.14)$$

其中，D_{yz} 和 D_{xz} 分别是曲面在 yOz 面和 xOz 面上的投影区域.

例 15 求底圆半径相等的两个直交圆柱面 $x^2+y^2=R^2$ 和 $x^2+z^2=R^2$ 所围成的立体的表面积.

解 如图 8-22 所示，根据图形的对称性，所求表面积是曲面 S_1 面积的 16 倍，这部分曲面的方程为

$$z=\sqrt{R^2-x^2}.$$

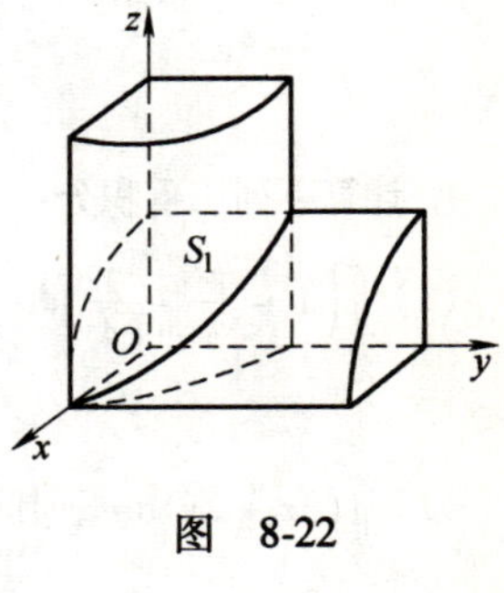

图 8-22

它在 xOy 面上的投影区域 D 可用不等式

$$x^2+y^2 \leqslant R^2, \ x \geqslant 0, \ y \geqslant 0$$

表示，即

$$0 \leqslant y \leqslant \sqrt{R^2-x^2}, \ 0 \leqslant x \leqslant R,$$

又

$$\frac{\partial z}{\partial x} = -\frac{x}{\sqrt{R^2-x^2}}, \quad \frac{\partial z}{\partial y}=0,$$

所以由公式 (8.12)，所求表面积为

$$S = 16S_1 = 16\iint_D \sqrt{1 + \left(\frac{\partial z}{\partial x}\right)^2 + \left(\frac{\partial z}{\partial y}\right)^2}\,\mathrm{d}x\mathrm{d}y$$

$$= 16\iint_D \sqrt{1 + \left(-\frac{x}{\sqrt{R^2 - x^2}}\right)^2}\,\mathrm{d}x\mathrm{d}y$$

$$= 16\int_0^R \frac{R}{\sqrt{R^2 - x^2}}\mathrm{d}x\int_0^{\sqrt{R^2-x^2}}\mathrm{d}y$$

$$= 16\int_0^R R\mathrm{d}x = 16R^2.$$

例 16　求球面 $x^2 + y^2 + z^2 = a^2$ 含在圆柱面 $x^2 + y^2 = ax$ 内部的那部分面积.

解　位于柱面内的部分球面有两块，其面积是相同的.

由曲面方程 $z = \sqrt{a^2 - x^2 - y^2}$，得

$$\frac{\partial z}{\partial x} = -\frac{x}{\sqrt{a^2 - x^2 - y^2}},\frac{\partial z}{\partial y} = -\frac{y}{\sqrt{a^2 - x^2 - y^2}},$$

于是所求表面积为

$$S = 2\iint_{x^2+y^2\leqslant ax} \sqrt{1 + \left(\frac{\partial z}{\partial x}\right)^2 + \left(\frac{\partial z}{\partial y}\right)^2}\,\mathrm{d}x\mathrm{d}y$$

$$= 2\iint_{x^2+y^2\leqslant ax} \frac{a}{\sqrt{a^2 - x^2 - y^2}}\mathrm{d}x\mathrm{d}y$$

$$= 4a\int_0^{\frac{\pi}{2}}\mathrm{d}\theta\int_0^{a\cos\theta}\frac{1}{\sqrt{a^2 - r^2}}r\mathrm{d}r$$

$$= 4a\int_0^{\frac{\pi}{2}}(a - a\sin\theta)\mathrm{d}\theta$$

$$= 2a^2(\pi - 2).$$

习题 8.2

1. 计算下列二重积分：

(1) $\iint\limits_D\left(1 - \frac{x}{3} - \frac{y}{4}\right)\mathrm{d}\sigma$，其中 D 为矩形区域：

$$D = \{(x,y)\mid -2\leqslant y\leqslant 2, -1\leqslant x\leqslant 1\};$$

(2) $\iint\limits_D(3x + 2y)\mathrm{d}\sigma$，其中 D 是由两坐标轴及直线 $x + y = 2$ 所围成的闭区域；

(3) $\iint\limits_D x^2y^2\mathrm{d}\sigma$，其中积分区域 D 由抛物线 $x = y^2$ 和 $y = x^2$ 所围成；

(4) $\iint\limits_D(x^2 + y^2 - x)\mathrm{d}\sigma$，其中积分区域 D 由直线 $y = 2$，$y = x$，$y = 2x$ 所围成；

(5) $\iint\limits_D xy^2 d\sigma$，其中积分区域 D 为半圆形闭区域：$x^2+y^2\leqslant 4$，$x\geqslant 0$；

(6) $\iint\limits_D (2y-x)d\sigma$，其中 D 由抛物线 $y=x^2$ 和直线 $y=x+2$ 所围成.

2. 改变下列二次积分的积分次序：

(1) $\int_0^2 dy\int_{y^2}^{2y} f(x,y)dx$；　(2) $\int_1^2 dx\int_{2-x}^{\sqrt{2x-x^2}} f(x,y)dy$；

(3) $\int_1^e dx\int_0^{\ln x} f(x,y)dy$；　(4) $\int_0^{\pi} dx\int_{-\sin\frac{x}{2}}^{\sin x} f(x,y)dy$.

3. 将 $I=\iint\limits_D f(x,y)dxdy$ 按两种不同的顺序化为二次积分：

(1) D 是由直线 $y=x$ 与抛物线 $y^2=4x$ 所围成的平面闭区域；

(2) D 是由直线 $y=x$，$x=2$ 及 $y=\dfrac{1}{x}$ $(x>0)$ 所围成的平面闭区域.

4. 把二重积分 $\iint\limits_D f(x,y)\,d\sigma$ 化为极坐标形式，其中积分区域 D 是：

(1) $D=\{(x,y)\mid x^2+y^2\leqslant a^2\}$ $(a>0)$；

(2) $D=\{(x,y)\mid x^2+y^2\leqslant 2x\}$.

5. 利用极坐标计算下列二重积分：

(1) $\iint\limits_D e^{x^2+y^2}d\sigma$，其中积分区域 D 是圆形闭区域：$x^2+y^2=4$；

(2) $\iint\limits_D \ln(1+x^2+y^2)d\sigma$，其中积分区域 D 是由圆周 $x^2+y^2=1$ 以及坐标轴所围成的在第一象限内的闭区域；

(3) $\iint\limits_D \arctan\dfrac{y}{x}d\sigma$，其中积分区域 D 是由圆周 $x^2+y^2=4$，$x^2+y^2=1$ 以及直线 $y=0$ 和 $y=x$ 所围成的在第一象限内的闭区域.

6. 用适当的坐标计算下列二重积分：

(1) $\iint\limits_D \dfrac{\sin x}{x}dxdy$，其中 D 是由直线 $y=x$ 及抛物线 $y=x^2$ 所围成的区域；

(2) $\iint\limits_D \sin\sqrt{x^2+y^2}d\sigma$，其中 D 是由 $x^2+y^2\leqslant 4\pi^2$，$x^2+y^2\geqslant \pi^2$ 所围成的闭区域；

(3) $\iint\limits_D \sqrt{x^2+y^2}d\sigma$，其中 D 是圆环形闭区域：$a^2\leqslant x^2+y^2\leqslant b^2$；

(4) $\iint\limits_D (|x|+|y|)dxdy$，其中 D 为 $|x|+|y|\leqslant 1$.

7. 把下列积分化为极坐标形式，并计算积分值：

(1) $\int_0^a dx\int_0^x \sqrt{x^2+y^2}dy$；　(2) $\int_0^1 dx\int_{x^2}^x \dfrac{1}{\sqrt{x^2+y^2}}dy$；

(3) $\int_0^a dy\int_0^{\sqrt{a^2-y^2}} (x^2+y^2)dx$.

8. 化下列二次积分为极坐标形式的二次积分：

(1) $\int_0^1 dx \int_0^1 f(x,y)dy$；　　(2) $\int_0^2 dx \int_x^{\sqrt{3}x} f(\sqrt{x^2+y^2})dy$；

(3) $\int_0^1 dx \int_{1-x}^{\sqrt{1-x^2}} f(x,y)dy$；　　(4) $\int_0^1 dx \int_0^{x^2} f(x,y)dy$.

9. 求由平面 $x=0$，$y=0$，$x+y=1$ 所围成的柱体被平面 $z=0$ 以及抛物面 $x^2+y^2=6-z$ 截得的立体的体积.

10. 计算以 xOy 面上的圆周 $x^2+y^2=ax$ 围成的闭区域为底，而以曲面 $z=x^2+y^2$ 为顶的曲顶柱体的体积.

11. 计算下列广义二次积分：

(1) $\iint\limits_D e^{-x-y}dxdy$，其中 $D=\{(x,y)\mid 0\leqslant y<2x, x\geqslant 0\}$；

(2) $\int_{-\infty}^{+\infty}\int_{-\infty}^{+\infty} e^{-(x^2+y^2)}\cos(x^2+y^2)\,dxdy$；

12*. 求锥面 $z=\sqrt{x^2+y^2}$ 被柱面 $z^2=2x$ 所割下部分的面积.

13*. 求球面 $x^2+y^2+z^2=a^2$（$a>0$）被平面 $z=\frac{a}{2}$，$z=\frac{a}{4}$ 所夹部分的面积.

实验七　二重积分的 MATLAB 实现

一、利用 MATLAB 计算二重积分

由于二重积分可以化成二次积分来进行计算，因此只要确定出积分区域，就可以反复使用 int 命令来计算二重积分.

例 1　计算二重积分 $I=\iint\limits_D x^2 e^{-y^2}dxdy$，其中 D 是由直线 $x=0, y=1, y=x$ 所围成的区域.

解　该积分可以写成

$$I=\int_0^1 dy\int_0^y x^2 e^{-y^2}dx$$

或

$$I=\int_0^1 dx\int_x^1 x^2 e^{-y^2}dy.$$

按第一种形式用 MATLAB 求解如下：

```
syms x y ↙
I1 = int(x^2 * exp( -y^2),x,0,y)↙
I1 =
1/3 * exp( -y^2) * y^3
I = int(I1,y,0,1) ↙
I =
-1/3 * exp( -1) +1/6
```

即 $I=-\frac{1}{3e}+\frac{1}{6}$.

如果采用第二种形式,手工无法计算,而用 MATLAB 却照样可以算出结果,求解如下:

```
syms x y ↙
I1 = int(x^2 * exp( - y^2), y, x, 1) ↙
I1 =
1/2 * erf(1) * x^2 * pi^(1/2) - 1/2 * erf(x) * x^2 * pi^(1/2)
I = int(I1, x, 0, 1) ↙
I =
1/6 - 1/3 * exp( - 1)
```

二、二重积分的数值求解

使用 MATLAB 提供的 dblquad 函数就可以直接求出二重积分的数值解,该函数的调用格式为

I = dblquad(fun, a, b, c, d).

该函数求 $f(x,y)$ 在 $[a,b]\times[c,d]$ 区域上的二重积分,其用法与函数 quad 完全相同.

例如,求 $\iint\limits_D\left[-\frac{x^2}{2}\sin(x^2+y)\right]\mathrm{d}\sigma$,$D=[-2,2]\times[-1,1]$ 的近似解如下:

```
I = dblquad('exp( - x.^2/2).* sin(x.^2 + y)', -2, 2, -1, 1) ↙
I =
1.5745
```

三、应用举例

例 2 火山喷发后高度的变化.

一火山的形状可以用曲面 $z=h\mathrm{e}^{\frac{-\sqrt{x^2+y^2}}{4h}}(z>0)$ 来表示,其中 h 为火山的高度. 在一次喷发后,有体积为 V 的熔岩黏附在山上,使它具有和原来一样的形状. 求火山高度变化的百分比.

解 以 V_0 表示火山喷发前的体积,V_1 表示喷发后的体积,h_1 表示喷发后火山的高度. 于是 $V=V_1-V_0$,要求的是 $\frac{h_1-h}{h}$.

先计算火山喷发前的体积 $V_0=\iint\limits_D h\mathrm{e}^{-\frac{\sqrt{x^2+y^2}}{4h}}\mathrm{d}x\mathrm{d}y$. 由于火山的底很大,把它看成一个无限大的圆,用极坐标来计算,有

$$V_0=\int_0^{2\pi}\mathrm{d}\theta\int_0^{+\infty}h\mathrm{e}^{-\frac{r}{4h}}\cdot r\mathrm{d}r$$

$$= 2\pi h(-4h)\left[re^{-\frac{r}{4h}}\Big|_0^{+\infty} - \int_0^{+\infty} e^{-\frac{r}{4h}}dr\right]$$

$$= 8\pi h^2(-4h)e^{-\frac{r}{4h}}\Big|_0^{+\infty} = 32\pi h^3.$$

MATLAB 实现:

```
V1 = int('h * exp( - r/(4 * h)) * r','r',0, + inf)
V1 =
limit( -4 * h^2 * (exp( -1/4 * r/h) * r + 4 * h * exp( -1/4 * r/h) -4 * h),r =
Inf)
```

于是 $V_1 = 32\pi h_1^3, V = 32\pi(h_1^3 - h^3), h_1 = \left(h^3 + \frac{V}{32\pi}\right)^{\frac{1}{3}}, \frac{h_1 - h}{h} = \frac{1}{h}\left(\frac{V}{32\pi} + h^3\right)^{\frac{1}{3}} - 1.$

实验题 7

1. 求二重积分 $\iint\limits_D xy\mathrm{d}x\mathrm{d}y$，其中 D 是由抛物线 $y^2 = x$ 及直线 $y = x - 2$ 所围成的闭区域.

2. 用不同的方法计算 $\iint\limits_D e^{-\frac{x^2}{2}}\sin(x^2 + y)\mathrm{d}x\mathrm{d}y$，$D = [-2,2]\times[-1,1]$，并比较结果.

3. 某城市 2008 年的人口密度近似为

$$P(x,y) = \frac{20}{\sqrt{x^2 + y^2 + 96}},$$

其中(x,y)表示图 8-23 所示某坐标点(单位:km);试求距市中心 2km 区域内的人口数(单位:万人).

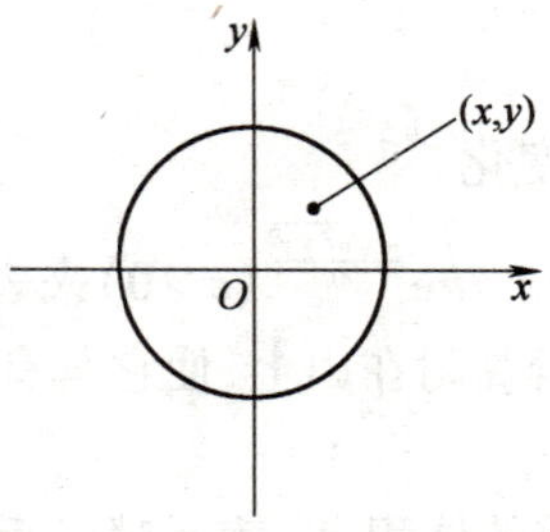

图　8-23

注:坐标原点为市中心。

总习题八

1. 选择以下各题中给出的四个结论中正确的一个:

(1) 设有平面闭区域

$$D=\{(x,y)\mid -a\leqslant x\leqslant a,x\leqslant y\leqslant a\},$$
$$D_1=\{(x,y)\mid 0\leqslant x\leqslant a,x\leqslant y\leqslant a\},$$

则 $\iint\limits_D (xy+\cos x\sin y)\mathrm{d}x\mathrm{d}y=($　　$)$.

(A) $2\iint\limits_{D_1}\cos x\sin y\mathrm{d}x\mathrm{d}y$　　(B) $2\iint\limits_{D_1}xy\mathrm{d}x\mathrm{d}y$

(C) $4\iint\limits_{D_1}(xy+\cos x\sin y)\mathrm{d}x\mathrm{d}y$　　(D) 0

(2) 设$f(x)$为连续函数,$F(t)=\int_1^t\mathrm{d}y\int_y^t f(x)\mathrm{d}x$,则$F'(2)=($　　$)$.

(A) $2f(2)$　(B) $f(2)$　(C) $-f(2)$　(D) 0

(3) 若$I_1=\iint\limits_{D_1}(1+x)\mathrm{d}\sigma$,其中$D_1$是$|x|\leqslant1,|y|\leqslant1$,$I_2=\iint\limits_{D_2}xy\mathrm{d}\sigma$,其中$D_2$是$x^2+y^2\leqslant1$,则$I_1$与$I_2$的值为(　　).

(A) $I_1<0,I_2=0$　　(B) $I_1>0,I_2=0$

(C) $I_1=0,I_2>0$　　(D) $I_1>0,I_2<0$

(4) 将$I=\int_1^e\mathrm{d}x\int_0^{\ln x}f(x,y)\mathrm{d}y$交换积分次序的结果是(　　).

(A) $I=\int_1^e\mathrm{d}y\int_0^{\ln x}f(x,y)\mathrm{d}x$　　(B) $I=\int_{e^y}^e\mathrm{d}y\int_0^1 f(x,y)\mathrm{d}x$

(C) $I=\int_0^{\ln x}\mathrm{d}y\int_1^e f(x,y)\mathrm{d}x$　　(D) $I=\int_0^1\mathrm{d}y\int_{e^y}^e f(x,y)\mathrm{d}x$

2. 填空:

(1) 设平面区域D为$0\leqslant x\leqslant y,0\leqslant y\leqslant1$,则$\iint\limits_D\mathrm{d}x\mathrm{d}y=$______;

(2) 设D是由$x+y=1,x-y=1,x=0$所围成的三角形闭区域,则$\iint\limits_D\sin^3y\mathrm{d}\sigma=$______.

3. 计算下列二重积分:

(1) $\iint\limits_D(1+x)\sin y\mathrm{d}\sigma$,其中$D$是顶点分别为$(0,0),(1,0),(1,2)$和$(0,1)$的梯形闭区域;

(2) $\iint\limits_D(x^2-y^2)\mathrm{d}\sigma$,其中$D$是闭区域:$0\leqslant y\leqslant\sin x,0\leqslant x\leqslant\pi$;

(3) $\iint\limits_D\sqrt{R^2-x^2-y^2}\mathrm{d}\sigma$,其中$D$是闭区域:$x^2+y^2\leqslant Rx$;

(4) $\iint\limits_D(y^2+3x-6y+9)\mathrm{d}\sigma$,其中$D$是闭区域:$x^2+y^2\leqslant R^2$.

4. 交换下列二次积分的次序:

(1) $\int_0^4\mathrm{d}y\int_{-\sqrt{4-y}}^{\frac{1}{2}(y-4)}f(x,y)\mathrm{d}x$;

(2) $\int_0^1\mathrm{d}y\int_0^{2y}f(x,y)\mathrm{d}x+\int_1^3\mathrm{d}y\int_0^{3-y}f(x,y)\mathrm{d}x$;

(3) $\int_0^1\mathrm{d}x\int_{\sqrt{x}}^{1+\sqrt{1-x^2}}f(x,y)\mathrm{d}y$.

5. 证明：

(1) $\int_0^a \mathrm{d}y \int_0^y \mathrm{e}^{m(a-x)} f(x)\,\mathrm{d}x = \int_0^a (a-x)\mathrm{e}^{m(a-x)} f(x)\,\mathrm{d}x$；

(2) $\int_a^b \mathrm{d}x \int_a^x f(y)\,\mathrm{d}y = \int_a^b f(x)(b-x)\,\mathrm{d}x$.

6. 设 $f(x,y)$ 在闭区域 $D=\{(x,y)\mid x^2+y^2\leqslant y, x\geqslant 0\}$ 上连续，且 $f(x,y)=\sqrt{1-x^2-y^2}-\frac{8}{\pi}\iint\limits_D f(x,y)\,\mathrm{d}x\mathrm{d}y$，求 $f(x,y)$.

7*. 求由曲线 $(x^2+y^2)^2=2a^2(x^2-y^2)$ 所围平面图形的面积.

第九章　无 穷 级 数

无穷级数是微积分的重要组成部分，是逼近理论中的重要内容之一．它是表示函数、研究函数性质以及进行数值计算的一种非常有用的数学工具．本章我们主要讨论常数项级数的概念、性质和收敛级数的判别方法以及幂级数的概念、运算性质、幂级数展开等有关问题．本章最后我们结合实验课，上机演示，通过图像使函数的逼近能够变得更加具体、形象．

第一节　常数项级数的概念和性质

一、常数项级数的概念

在初等数学中，我们学习了数列的概念，并给出了求数列前 n 项和的公式．本节我们来讨论把无穷数列的项相加具有什么含义，无穷项相加有没有和．为回答这些问题，先给出无穷级数的概念．

一般地，由给定数列 u_1，u_2，…，u_n，…构成的表达式：

$$u_1+u_2+u_3+\cdots+u_n+\cdots$$

叫做(常数项)**无穷级数**，简称**级数**，记为 $\sum\limits_{n=1}^{\infty}u_n$，即

$$\sum_{n=1}^{\infty}u_n=u_1+u_2+u_3+\cdots+u_n+\cdots,$$

其中第 n 项 u_n 叫做级数的**一般项**(或通项)．把级数的前 n 项相加，记为

$$s_n=\sum_{i=1}^{n}u_i=u_1+u_2+u_3+\cdots+u_n,$$

称 s_n 为级数 $\sum\limits_{n=1}^{\infty}u_n$ 的**部分和**．

如果级数 $\sum\limits_{n=1}^{\infty}u_n$ 的部分和数列 $\{s_n\}$ 有极限 s，即 $\lim\limits_{n\to\infty}s_n=s$，则称无穷级数 $\sum\limits_{n=1}^{\infty}u_n$ 收敛，极限 s 叫做这级数的**和**，并写成

$$s=\sum_{n=1}^{\infty}u_n=u_1+u_2+u_3+\cdots+u_n+\cdots.$$

如果部分和数列 $\{s_n\}$ 没有极限，则称无穷级数 $\sum\limits_{n=1}^{\infty}u_n$ **发散**．

当级数 $\sum_{n=1}^{\infty} u_n$ 收敛时，其部分和 s_n 是级数 $\sum_{n=1}^{\infty} u_n$ 的和 s 的近似值，它们之间的差值

$$r_n = s - s_n = u_{n+1} + u_{n+2} + \cdots$$

叫做级数 $\sum_{n=1}^{\infty} u_n$ 的余项.

例 1　判断级数

$$\frac{1}{1 \cdot 2} + \frac{1}{2 \cdot 3} + \cdots + \frac{1}{n(n+1)} + \cdots$$

的收敛性.

解　级数前 n 项的和为

$$\begin{aligned} s_n &= \frac{1}{1 \cdot 2} + \frac{1}{2 \cdot 3} + \cdots + \frac{1}{n(n+1)} \\ &= \left(1 - \frac{1}{2}\right) + \left(\frac{1}{2} - \frac{1}{3}\right) + \cdots + \left(\frac{1}{n} - \frac{1}{n+1}\right) = 1 - \frac{1}{n+1}, \end{aligned}$$

因为

$$\lim_{n\to\infty} s_n = \lim_{n\to\infty}\left(1 - \frac{1}{n+1}\right) = 1,$$

所以这个级数收敛，且其和为 1.

例 2　讨论等比级数(几何级数)

$$\sum_{n=0}^{\infty} aq^n = a + aq + aq^2 + \cdots + aq^n + \cdots$$

的敛散性，其中 $a \neq 0$，q 叫做级数的**公比**.

解　如果 $q \neq 1$，则部分和

$$s_n = a + aq + aq^2 + \cdots + aq^{n-1} = \frac{a - aq^n}{1-q} = \frac{a}{1-q} - \frac{aq^n}{1-q}.$$

当 $|q| < 1$ 时，因为 $\lim\limits_{n\to\infty} s_n = \dfrac{a}{1-q}$，此时级数 $\sum_{n=0}^{\infty} aq^n$ 收敛，其和为 $\dfrac{a}{1-q}$；

当 $|q| > 1$ 时，因为 $\lim\limits_{n\to\infty} s_n = \infty$，此时级数 $\sum_{n=0}^{\infty} aq^n$ 发散；

如果 $|q| = 1$，则当 $q = 1$ 时，

$$\lim_{n\to\infty} s_n = \lim_{n\to\infty} na = \infty,$$

此级数 $\sum_{n=0}^{\infty} aq^n$ 发散；

当 $q = -1$ 时，级数

$$\sum_{n=0}^{\infty} aq^n = a - a + a - a + \cdots,$$

因为s_n随着n为奇数或偶数而等于a或0，所以s_n的极限不存在，此时级数$\sum_{n=0}^{\infty} aq^n$也发散.

综上所述，如果$|q|<1$，则级数$\sum_{n=0}^{\infty} aq^n$收敛，其和为$\frac{a}{1-q}$；如果$|q|\geqslant 1$，则级数$\sum_{n=0}^{\infty} aq^n$发散.

二、收敛级数的性质

性质1 如果级数$\sum_{n=1}^{\infty} u_n$收敛于和s，则它的各项同乘以一个常数k所得的级数$\sum_{n=1}^{\infty} ku_n$也收敛，且其和为ks.

证 设$\sum_{n=1}^{\infty} u_n$与$\sum_{n=1}^{\infty} ku_n$的部分和分别为s_n与σ_n，则

$$\sigma_n = ku_1 + ku_2 + \cdots + ku_n = ks_n,$$

于是

$$\lim_{n\to\infty}\sigma_n = \lim_{n\to\infty} ks_n = ks.$$

这表明级数$\sum_{n=1}^{\infty} ku_n$收敛，且其和为ks.

注 $k\neq 0$时，级数$\sum_{n=1}^{\infty} u_n$与$\sum_{n=1}^{\infty} ku_n$的敛散性一致.

性质2 如果级数$\sum_{n=1}^{\infty} u_n$、$\sum_{n=1}^{\infty} v_n$分别收敛于和s、σ，则级数$\sum_{n=1}^{\infty}(u_n \pm v_n)$也收敛，且其和为$s\pm\sigma$.

证 如果$\sum_{n=1}^{\infty} u_n$、$\sum_{n=1}^{\infty} v_n$、$\sum_{n=1}^{\infty}(u_n \pm v_n)$的部分和分别为$s_n$、$\sigma_n$、$\tau_n$，则

$$\begin{aligned}\tau_n &= (u_1 \pm v_1) + (u_2 \pm v_2) + \cdots + (u_n \pm v_n)\\ &= (u_1 + u_2 + \cdots + u_n) \pm (v_1 + v_2 + \cdots + v_n),\end{aligned}$$

于是

$$\begin{aligned}\lim_{n\to\infty}\tau_n &= \lim_{n\to\infty}[(u_1 \pm v_1) + (u_2 \pm v_2) + \cdots + (u_n \pm v_n)]\\ &= \lim_{n\to\infty}[(u_1 + u_2 + \cdots + u_n) \pm (v_1 + v_2 + \cdots + v_n)]\\ &= \lim_{n\to\infty}(s_n \pm \sigma_n) = s \pm \sigma.\end{aligned}$$

因此，级数$\sum_{n=1}^{\infty}(u_n \pm v_n)$也收敛，且其和为$s\pm\sigma$.

例3 讨论级数$\sum_{n=1}^{\infty}\left[\frac{1}{2^n} + \frac{1}{n(n+1)}\right]$的收敛性.

解　因为几何级数 $\sum_{n=1}^{\infty}\frac{1}{2^n}$收敛，且

$$\sum_{n=1}^{\infty}\frac{1}{2^n}=\frac{\frac{1}{2}}{1-\frac{1}{2}}=1.$$

又由例 1 知，级数 $\sum_{n=1}^{\infty}\frac{1}{n(n+1)}=1$. 所以

$$\sum_{n=1}^{\infty}\left[\frac{1}{2^n}+\frac{1}{n(n+1)}\right]=2.$$

因此，级数 $\sum_{n=1}^{\infty}\left[\frac{1}{2^n}+\frac{1}{n(n+1)}\right]$收敛，其和为 2.

性质 3　在级数中去掉、加上或改变有限项，级数的敛散性不变.

因为 $\sum_{n=1}^{\infty}u_n=\lim\limits_{n\to\infty}s_n$，所以在级数中去掉、加上或改变有限项与极限$\lim\limits_{n\to\infty}s_n$ 的存在与否无关，因而级数的敛散性不变.

性质 4　如果级数 $\sum_{n=1}^{\infty}u_n$ 收敛，则对这级数的项任意加括号后所成的级数仍收敛，且其和不变.

需要指出的是，如果加括号后所成的级数收敛，去掉括号后的级数不一定收敛.

例如，级数$(1-1)+(1-1)+\cdots+(1-1)+\cdots$，收敛于零，但级数$1-1+1-1+\cdots$，却是发散的.

推论　如果加括号后所成的级数发散，则原来级数也发散.

性质 5(级数收敛的必要条件)　如果 $\sum_{n=1}^{\infty}u_n$ 收敛，则它的一般项 u_n 趋于零，即

$$\lim_{n\to 0}u_n=0$$

证　设级数 $\sum_{n=1}^{\infty}u_n$ 的部分和为 s_n，且$\lim\limits_{n\to\infty}s_n=s$，则

$$\lim_{n\to 0}u_n=\lim_{n\to\infty}(s_n-s_{n-1})=\lim_{n\to\infty}s_n-\lim_{n\to\infty}s_{n-1}=s-s=0.$$

特别注意，级数的一般项趋于零并不是级数收敛的充分条件.

例如，
$$\sum_{n=1}^{\infty}\frac{n}{n+1}=\frac{1}{2}+\frac{2}{3}+\frac{3}{4}+\cdots+\frac{n}{n+1}+\cdots,$$

因为$\lim\limits_{n\to 0}u_n=\lim\limits_{n\to 0}\frac{n}{n+1}=1\neq 0$，故此级数发散.

例 4　证明调和级数 $\sum_{n=1}^{\infty}\frac{1}{n}=1+\frac{1}{2}+\frac{1}{3}+\cdots+\frac{1}{n}+\cdots$是发散的.

证　假若级数 $\sum_{n=1}^{\infty}\frac{1}{n}$收敛且其和为 s，s_n 是它的部分和.

显然有$\lim\limits_{n\to\infty}s_n=s$ 及$\lim\limits_{n\to\infty}s_{2n}=s$. 于是$\lim\limits_{n\to\infty}(s_{2n}-s_n)=0$，而

$$s_{2n}-s_n=\frac{1}{n+1}+\frac{1}{n+2}+\cdots+\frac{1}{2n}>\frac{1}{2n}+\frac{1}{2n}+\cdots+\frac{1}{2n}=\frac{1}{2},$$

故$\lim\limits_{n\to\infty}(s_{2n}-s_n)\neq 0$，矛盾. 于是级数 $\sum_{n=1}^{\infty}\frac{1}{n}$发散.

习题 9.1

1. 写出下列级数的前五项：

(1) $\sum_{n=1}^{\infty}\frac{n}{1+n^2}$；　(2) $\sum_{n=1}^{\infty}\frac{1\cdot 3\cdot\cdots\cdot(2n-1)}{2\cdot 4\cdot\cdots\cdot 2n}$；　(3) $\sum_{n=1}^{\infty}\frac{1+n!}{n^n}$.

2. 写出下列级数的一般项：

(1) $\frac{1}{2}+\frac{1}{4}+\frac{1}{6}+\frac{1}{8}+\cdots$；

(2) $\frac{2}{1}-\frac{3}{2}+\frac{4}{3}-\frac{5}{4}+\frac{6}{5}-\cdots$；

(3) $\frac{x}{2}-\frac{x^2}{4}+\frac{x^3}{8}-\frac{x^4}{16}+\cdots$.

3. 根据级数收敛与发散的定义判定下列级数的收敛性：

(1) $\frac{1}{2\cdot 3}+\frac{1}{3\cdot 4}+\frac{1}{4\cdot 5}+\cdots+\frac{1}{(n+1)(n+2)}+\cdots$；

(2) $\sum_{n=1}^{\infty}(\sqrt{n}-\sqrt{n+1})\quad(n=1,2,\cdots)$；

(3) $\sum_{n=1}^{\infty}\ln\frac{n}{n+1}\quad(n=1,2,\cdots)$.

4. 判定下列级数的收敛性：

(1) $-\frac{2}{3}+\frac{2^2}{3^2}-\frac{2^3}{3^3}+\cdots+(-1)^n\frac{2^n}{3^n}+\cdots$；

(2) $\frac{1}{3}+\frac{1}{6}+\frac{1}{9}+\cdots+\frac{1}{3n}+\cdots$；

(3) $\cos\frac{\pi}{5}+\cos\frac{2\pi}{5}+\cos\frac{3\pi}{5}+\cdots+\cos\frac{n\pi}{5}+\cdots$；

(4) $\frac{1}{5}+\frac{1}{\sqrt{5}}+\frac{1}{\sqrt[3]{5}}+\cdots+\frac{1}{\sqrt[n]{5}}+\cdots$.

第二节　正项级数敛散性的判别方法

利用级数收敛的定义及性质判别一个级数的收敛性是比较困难的，也有一定的

局限性．为了寻找更为简单有效的方法，我们先讨论各项都是正数或零的级数．

我们把各项都是正数或零的级数称为**正项级数**，即

$$\sum_{n=1}^{\infty} u_n, u_n \geqslant 0 \ (n = 1,2,\cdots).$$

正项级数很重要，许多级数的收敛问题都可以归结到正项级数的收敛问题．

由于正项级数 $\sum\limits_{n=1}^{\infty} u_n$ 的部分和数列 $\{s_n\}$ 单调增加，即

$$s_1 \leqslant s_2 \leqslant \cdots \leqslant s_n \leqslant \cdots.$$

根据数列收敛的准则，部分和数列 $\{s_n\}$ 收敛的充分必要条件是 $\{s_n\}$ 有界．因此有下面的定理．

定理 1　正项级数 $\sum\limits_{n=1}^{\infty} u_n$ 收敛的充分必要条件是：它的部分和数列 $\{s_n\}$ 有界．

由定理 1 可知，如果正项级数 $\sum\limits_{n=1}^{\infty} u_n$ 发散，则它的部分和 $s_n \to \infty$ $(n\to\infty)$，即 $\sum\limits_{n=1}^{\infty} u_n = +\infty$．

例 1　讨论 ***p* - 级数** $\sum\limits_{n=1}^{\infty} \dfrac{1}{n^p}$ 的收敛性，其中 $p>0$ 为常数．

解　当 $p=1$ 时，调和级数 $\sum\limits_{n=1}^{\infty} \dfrac{1}{n}$ 发散，其部分和数列无界．

当 $p<1$ 时，

$$s_n = 1 + \frac{1}{2^p} + \cdots + \frac{1}{n^p} > 1 + \frac{1}{2} + \cdots + \frac{1}{n},$$

上式右端是调和级数的部分和，它趋于无穷大，因此 $\{s_n\}$ 无界．所以 p - 级数发散．

当 $p>1$ 时，对于 $n \leqslant x \leqslant n+1$，有 $n^p \leqslant x^p \leqslant (n+1)^p$，所以

$$\frac{1}{(n+1)^p} \leqslant \frac{1}{x^p} \leqslant \frac{1}{n^p}.$$

$$\begin{aligned}
s_n &= 1 + \frac{1}{2^p} + \cdots + \frac{1}{n^p} \\
&\leqslant 1 + \int_1^2 \frac{1}{x^p}\mathrm{d}x + \int_2^3 \frac{1}{x^p}\mathrm{d}x + \cdots + \int_{n-1}^{n} \frac{1}{x^p}\mathrm{d}x \\
&= 1 + \int_1^n \frac{1}{x^p}\mathrm{d}x = 1 + \frac{1}{p-1}\left(1 - \frac{1}{n^{p-1}}\right) \\
&< 1 + \frac{1}{p-1} = \frac{p}{p-1},
\end{aligned}$$

即$\{s_n\}$有界，故p-级数$\sum\limits_{n=1}^{\infty}\frac{1}{n^p}$收敛．

综上所述，当$p>1$时，p-级数收敛；当$p\leqslant 1$时，p-级数发散．

p-级数在判断正项级数的收敛性方面有着重要的应用，它的结论必须牢记．

利用定理1，可以推出常用正项级数的比较审敛法．

定理2(比较审敛法) 设$\sum\limits_{n=1}^{\infty}u_n$和$\sum\limits_{n=1}^{\infty}v_n$是正项级数，且

$$u_n\leqslant v_n \quad (n=1,\ 2,\ \cdots).$$

(1) 若级数$\sum\limits_{n=1}^{\infty}v_n$收敛，则级数$\sum\limits_{n=1}^{\infty}u_n$收敛；

(2) 若级数$\sum\limits_{n=1}^{\infty}u_n$发散，则级数$\sum\limits_{n=1}^{\infty}v_n$发散．

证 (1) 设级数$\sum\limits_{n=1}^{\infty}v_n$收敛于和$\sigma$，则级数$\sum\limits_{n=1}^{\infty}u_n$的部分和$s_n=u_1+u_2+u_3+\cdots+u_n\leqslant v_1+v_2+v_3+\cdots+v_n\leqslant\sigma \quad (n=1,\ 2,\ \cdots)$，即部分和数列$\{s_n\}$单增且有界，由定理1知，级数$\sum\limits_{n=1}^{\infty}u_n$收敛．

(2) 假设级数$\sum\limits_{n=1}^{\infty}v_n$收敛，由上述证明的结论(1)，级数$\sum\limits_{n=1}^{\infty}u_n$也收敛，与已知矛盾．此定理得证．

结合本章第一节中收敛级数的性质1和性质3，我们还可得到

推论 设$\sum\limits_{n=1}^{\infty}u_n$和$\sum\limits_{n=1}^{\infty}v_n$都是正项级数，且存在自然数$N$，当$n\geqslant N$时有$u_n\leqslant kv_n(k>0)$成立．如果级数$\sum\limits_{n=1}^{\infty}v_n$收敛，则级数$\sum\limits_{n=1}^{\infty}u_n$收敛；如果级数$\sum\limits_{n=1}^{\infty}u_n$发散，则级数$\sum\limits_{n=1}^{\infty}v_n$发散．

例2 判定级数$\sum\limits_{n=1}^{\infty}\frac{1}{(n+1)(n+2)}$的敛散性．

解 因为$\frac{1}{(n+1)(n+2)}<\frac{1}{n^2}$，而$p$-级数$\sum\limits_{n=1}^{\infty}\frac{1}{n^2}$，$p=2>1$是收敛的，所以级数也是收敛的．

例3 判定级数$\sum\limits_{n=1}^{\infty}\frac{1}{2n+3}$的敛散性．

解 因为$\frac{1}{2n+3}>\frac{1}{2(n+2)}$，而调和级数$\sum\limits_{n=1}^{\infty}\frac{1}{n}$发散，由收敛级数的性质1和性质3知级数$\sum\limits_{n=1}^{\infty}\frac{1}{2(n+2)}$发散．由比较审敛法知所给级数发散．

例 4 判定级数 $\sum\limits_{n=1}^{\infty}\dfrac{3}{2^n+5}$的敛散性.

解 因为$\dfrac{3}{2^n+5}<3\cdot\dfrac{1}{2^n}$，而等比级数 $\sum\limits_{n=1}^{\infty}\left(\dfrac{1}{2}\right)^n$ 收敛，则 $\sum\limits_{n=1}^{\infty}3\left(\dfrac{1}{2}\right)^n$ 也收敛，所以级数$\sum\limits_{n=1}^{\infty}\dfrac{3}{2^n+5}$收敛.

比较审敛法是判断正项级数收敛性的一种重要方法. 利用它判别一个正项级数的收敛性时，可以寻找一个收敛性已知的级数与其比较. 至于寻找怎样的级数，需要掌握一些常见级数的收敛性(如几何级数、p-级数)，并加以灵活运用.

为了应用方便，下面我们给出比较审敛法的极限形式.

定理 3（比较审敛法的极限形式） 设 $\sum\limits_{n=1}^{\infty}u_n$ 和 $\sum\limits_{n=1}^{\infty}v_n$ 都是正项 级数，如果$\lim\limits_{n\to\infty}\dfrac{u_n}{v_n}=l(0<l<+\infty)$，则级数 $\sum\limits_{n=1}^{\infty}u_n$ 和级数 $\sum\limits_{n=1}^{\infty}v_n$ 敛散性一致.

证 由数列极限的定义，对 $\varepsilon=\dfrac{1}{2}l$，存在自然数 N，当 $n>N$ 时，有不等式

$$l-\frac{1}{2}l<\frac{u_n}{v_n}<l+\frac{1}{2}l，即\frac{1}{2}lv_n<u_n<\frac{3}{2}lv_n,$$

由比较审敛法的推论即得所要证明的结论.

注：(1) 若$\lim\limits_{n\to\infty}\dfrac{u_n}{v_n}=0$，则$\sum\limits_{n=1}^{\infty}v_n$ 收敛，$\sum\limits_{n=1}^{\infty}u_n$ 也收敛；

(2) 若$\lim\limits_{n\to\infty}\dfrac{u_n}{v_n}=+\infty$，则 $\sum\limits_{n=1}^{\infty}v_n$ 发散，$\sum\limits_{n=1}^{\infty}u_n$ 也发散.

例 5 讨论级数 $\sum\limits_{n=1}^{\infty}\dfrac{n}{\sqrt{n^3+2n+1}}$的收敛性.

解 因为 $$\lim_{n\to\infty}\frac{n}{\sqrt{n^3+2n+1}}\bigg/\frac{1}{\sqrt{n}}=\lim_{n\to\infty}\frac{\sqrt{n^3}}{\sqrt{n^3+2n+1}}=1,$$

且 p-级数$\sum\limits_{n=1}^{\infty}\dfrac{1}{\sqrt{n}}$发散，所以级数$\sum\limits_{n=1}^{\infty}\dfrac{n}{\sqrt{n^3+2n+1}}$发散.

例 6 判别级数$\sum\limits_{n=1}^{\infty}\ln\left(1+\dfrac{1}{n^2}\right)$的收敛性.

解 因为$\lim\limits_{n\to\infty}\dfrac{\ln\left(1+\dfrac{1}{n^2}\right)}{\dfrac{1}{n^2}}=1$，而级数$\sum\limits_{n=1}^{\infty}\dfrac{1}{n^2}$收敛，根据比较审敛法的极限形式，

级数 $\sum_{n=1}^{\infty}\ln\left(1+\frac{1}{n^2}\right)$ 收敛.

从以上例子可见，利用比较审敛法的极限形式判断级数的敛散性必须找到一个敛散性已知的级数，而我们所掌握的敛散性已知的级数很有限. 下面介绍两个判别法，只需要利用级数的通项自身的特点就可判断级数的收敛性.

定理4（比值审敛法，达朗贝尔(d'Alembert)判别法） 若正项级数 $\sum_{n=1}^{\infty}u_n$ 满足 $\lim_{n\to\infty}\frac{u_{n+1}}{u_n}=\rho$，则当 $\rho<1$ 时，级数收敛；当 $\rho>1$（或 $\lim_{n\to\infty}\frac{u_{n+1}}{u_n}=\infty$）时，级数发散；当 $\rho=1$ 时，级数可能收敛也可能发散.

例7 判别级数 $\sum_{n=1}^{\infty}\frac{n!}{n^n}$ 的敛散性.

解 因为

$$\lim_{n\to\infty}\frac{u_{n+1}}{u_n}=\lim_{n\to\infty}\frac{\frac{(n+1)!}{(n+1)^{n+1}}}{\frac{n!}{n^n}}=\lim_{n\to\infty}\left(\frac{n}{n+1}\right)^n$$

$$=\lim_{n\to\infty}\frac{1}{\left(1+\frac{1}{n}\right)^n}=\frac{1}{\mathrm{e}}<1,$$

由比值审敛法知，级数 $\sum_{n=1}^{\infty}\frac{n!}{n^n}$ 收敛.

例8 判别级数 $\sum_{n=1}^{\infty}n\sin\frac{\pi}{2^n}$ 的敛散性.

解 因为

$$\lim_{n\to\infty}\frac{u_{n+1}}{u_n}=\lim_{n\to\infty}\frac{(n+1)\sin\frac{\pi}{2^{n+1}}}{n\sin\frac{\pi}{2^n}}=\lim_{n\to\infty}\frac{(n+1)\cdot\frac{\pi}{2^{n+1}}}{n\cdot\frac{\pi}{2^n}}$$

$$=\lim_{n\to\infty}\frac{n+1}{2n}=\frac{1}{2}<1,$$

由比值审敛法知，级数 $\sum_{n=1}^{\infty}n\sin\frac{\pi}{2^n}$ 收敛.

例9 判别级数 $\sum_{n\to\infty}\frac{(n+1)!}{2^n}$ 的敛散性.

解 因为

$$\lim_{n\to\infty}\frac{u_{n+1}}{u_n}=\lim_{n\to\infty}\frac{(n+2)!}{2^{n+1}}\cdot\frac{2^n}{(n+1)!}=\lim_{n\to\infty}\frac{n+2}{2}=+\infty,$$

由比值审敛法知，级数 $\sum\limits_{n\to\infty}^{\infty}\frac{(n+1)!}{2^n}$ 发散.

例 10 判别级数 $\sum\limits_{n\to\infty}^{\infty}\frac{1}{n(2n+1)}$ 的敛散性.

解 因为

$$\lim_{n\to\infty}\frac{u_{n+1}}{u_n}=\lim_{n\to\infty}\frac{n(2n+1)}{(n+1)(2n+3)}=1,$$

因 $\rho=1$，比值审敛法失效. 由于 $\frac{1}{n(2n+1)}<\frac{1}{n^2}$，而级数 $\sum\limits_{n=1}^{\infty}\frac{1}{n^2}$ 收敛，由比较审敛法知，此级数收敛.

定理 5（根值审敛法，柯西(Cauchy)判别法） 设 $\sum\limits_{n=1}^{\infty}u_n$ 是正项级数，如果它的一般项 u_n 的 n 次根的极限等于 ρ，即 $\lim\limits_{n\to\infty}\sqrt[n]{u_n}=\rho$，则当 $\rho<1$ 时，级数收敛；当 $\rho>1$（或 $\lim\limits_{n\to\infty}\sqrt[n]{u_n}=+\infty$）时，级数发散；当 $\rho=1$ 时，级数可能收敛也可能发散.

例 11 证明级数 $1+\frac{1}{2^2}+\frac{1}{3^3}+\cdots+\frac{1}{n^n}+\cdots$ 是收敛的.

证 因为

$$\lim_{n\to\infty}\sqrt[n]{u_n}=\lim_{n\to\infty}\sqrt[n]{\frac{1}{n^n}}=\lim_{n\to\infty}\frac{1}{n}=0<1,$$

由根值审敛法可知所给级数收敛.

习题 9.2

1. 用比较审敛法或极限形式的比较审敛法判定下列级数的敛散性：

(1) $\frac{1}{3}+\frac{1}{5}+\frac{1}{7}+\cdots+\frac{1}{2n+1}+\cdots$； (2) $\sum\limits_{n=1}^{\infty}\frac{1}{\sqrt{n+n^2}}$；

(3) $\sum\limits_{n=1}^{\infty}\frac{\sin\frac{1}{2^n}}{2^n}$； (4) $\sum\limits_{n=1}^{\infty}\left(1-\cos\frac{1}{n}\right)$；

(5) $\sum\limits_{n=1}^{\infty}\frac{n+1}{2n^2+1}$； (6) $\sum\limits_{n=1}^{\infty}\ln\frac{n+1}{n}$；

(7) $\sin\frac{\pi}{3}+\sin\frac{\pi}{3^2}+\sin\frac{\pi}{3^3}+\cdots+\sin\frac{\pi}{3^n}+\cdots$； (8) $\sum\limits_{n=1}^{\infty}\frac{1}{1+a^n}(a>0)$.

2. 用比值审敛法判定下列级数的敛散性：

(1) $1+\frac{1}{1\cdot 2}+\frac{1}{1\cdot 2\cdot 3}+\cdots+\frac{1}{1\cdot 2\cdot 3\cdot\cdots\cdot n}+\cdots$;

(2) $\frac{1}{10}+\frac{1\cdot 2}{10^2}+\frac{1\cdot 2\cdot 3}{10^3}+\cdots+\frac{n!}{10^n}+\cdots$;

(3) $\sum_{n=1}^{\infty}\frac{n^2}{2^n}$;　　(4) $\sum_{n=1}^{\infty}\frac{3^n\cdot n!}{n^n}$;

(5) $\sum_{n=1}^{\infty}2^n\sin\frac{\pi}{3^n}$;　　(6) $\sum_{n=1}^{\infty}n\tan\frac{\pi}{2^n}$.

3. 用根值审敛法判定下列级数的敛散性：

(1) $\sum_{n=1}^{\infty}\left(\frac{n}{2n+1}\right)^n$;　　(2) $\sum_{n=1}^{\infty}\frac{1}{[\ln n]^n}$;

(3) $\frac{4}{3}+2\left(\frac{4}{3}\right)^2+3\left(\frac{4}{3}\right)^3+\cdots+n\left(\frac{4}{3}\right)^n+\cdots$.

第三节 任意项级数

一、交错级数及其敛散性的判别方法

上一节我们讨论了正项级数的收敛性，这一节我们将进一步讨论一般常数项级数，即任意项级数. 下面先来研究各项正负相间的级数，这种级数称为**交错级数**，可以写成

$$u_1-u_2+u_3-u_4+\cdots+(-1)^{n-1}u_n+\cdots$$

或

$$-u_1+u_2-u_3+u_4-\cdots+(-1)^n u_n+\cdots,$$

其中 $u_n\geqslant 0(n=1,2,3,\cdots)$. 关于交错级数收敛性的判定，我们有下面的判别法.

定理1（莱布尼兹定理） 如果交错级数 $\sum_{n=1}^{\infty}(-1)^{n-1}u_n$ 满足条件：

(1) $u_n\geqslant u_{n+1}(n=1,2,\cdots)$;

(2) $\lim\limits_{n\to\infty}u_n=0$,

则此级数收敛，且其和 $s\leqslant u_1$，余项 r_n 的绝对值 $|r_n|\leqslant u_{n+1}$.

证 设级数 $\sum_{n=1}^{\infty}(-1)^{n-1}u_n$ 前 n 项部分和为 s_n，先求 s_{2n} 的极限.

由 $s_{2n}=(u_1-u_2)+(u_3-u_4)+\cdots+(u_{2n-1}-u_{2n})$

及 $s_{2n}=u_1-(u_2-u_3)-(u_4-u_5)-\cdots-(u_{2n-2}-u_{2n-1})-u_{2n}\leqslant u_1$,

可知数列$\{s_{2n}\}$单调增加且有界($s_{2n}\leqslant u_1$)，所以数列$\{s_{2n}\}$收敛.

设$\lim\limits_{n\to\infty}s_{2n}=s$，则$s\leqslant u_1$. 又由$s_{2n+1}=s_{2n}+u_{2n+1}$，而$\lim\limits_{n\to\infty}u_{2n+1}=0$，因此

$$\lim_{n\to\infty}s_{2n+1}=\lim_{n\to\infty}(s_{2n}+u_{2n+1})=s.$$

所以$\lim\limits_{n\to\infty}s_n=s$. 从而级数是收敛的，且$s\leqslant u_1$.

因为余项$|r_n|=u_{n+1}-u_{n+2}+\cdots$也是收敛的交错级数，所以$|r_n|\leqslant u_{n+1}$.

例 1　证明级数$\sum\limits_{n=1}^{\infty}(-1)^{n+1}\dfrac{1}{n}$收敛,并估计它的和及余项.

证　这是一个交错级数.

因为(1) $u_n=\dfrac{1}{n}>\dfrac{1}{n+1}=u_{n+1}(n=1, 2, \cdots)$；

(2) $\lim\limits_{n\to\infty}u_n=\lim\limits_{n\to\infty}\dfrac{1}{n}=0$,

由莱布尼兹定理，此交错级数是收敛的，且其和$s<u_1=1$，余项

$$|r_n|\leqslant u_{n+1}=\frac{1}{n+1}.$$

例 2　判别级数$\sum\limits_{n=1}^{\infty}(-1)^n\dfrac{n}{n+1}$的敛散性.

解　因

$$\lim_{n\to\infty}u_n=\lim_{n\to\infty}\frac{n}{n+1}=1\neq 0,$$

所以$\lim\limits_{n\to\infty}(-1)^n u_n=\lim\limits_{n\to\infty}(-1)^n\dfrac{n}{n+1}\neq 0$. 因而此交错级数发散.

二、绝对收敛与条件收敛

现在我们来讨论任意项级数，设级数

$$\sum_{n=1}^{\infty}u_n=u_1+u_2+u_3+\cdots+u_n+\cdots,$$

其中u_n可以是正数、负数或零. 将其各项取绝对值后得到级数

$$\sum_{n=1}^{\infty}|u_n|=|u_1|+|u_2|+|u_3|+\cdots+|u_n|+\cdots.$$

显然这是一个正项级数. 我们规定：

若正项级数$\sum\limits_{n=1}^{\infty}|u_n|$收敛,则称级数$\sum\limits_{n=1}^{\infty}u_n$**绝对收敛**；若级数$\sum\limits_{n=1}^{\infty}|u_n|$发散,而级数$\sum\limits_{n=1}^{\infty}u_n$收敛,则称级数$\sum\limits_{n=1}^{\infty}u_n$**条件收敛**.

容易验证,级数$\sum\limits_{n=1}^{\infty}(-1)^{n-1}\dfrac{1}{2^n}$是绝对收敛的,而级数$\sum\limits_{n=1}^{\infty}(-1)^{n+1}\dfrac{1}{n}$是条件收敛

的.

关于级数的绝对收敛与原级数的收敛性有以下的关系：

定理 2　如果级数 $\sum\limits_{n=1}^{\infty} u_n$ 绝对收敛,则级数 $\sum\limits_{n=1}^{\infty} u_n$ 必定收敛.

例 3　证明级数 $\sum\limits_{n=1}^{\infty} \dfrac{\sin n\alpha}{n^2}$ 绝对收敛.

证　因为 $\left|\dfrac{\sin n\alpha}{n^2}\right| < \dfrac{1}{n^2}$, 而 $\sum\limits_{n=1}^{\infty} \dfrac{1}{n^2}$ 收敛,所以级数 $\sum\limits_{n=1}^{\infty} \left|\dfrac{\sin n\alpha}{n^2}\right|$ 收敛. 由定理 2,级数 $\sum\limits_{n=1}^{\infty} \dfrac{\sin n\alpha}{n^2}$ 绝对收敛.

例 4　判别下列级数是否收敛，若收敛，是绝对收敛还是条件收敛：

(1) $\sum\limits_{n=1}^{\infty} \dfrac{(-1)^{n-1}}{n \cdot 2^n}$;　　(2) $\sum\limits_{n=1}^{\infty} \dfrac{(-1)^{n-1}}{\sqrt{n}}$;　　(3) $\sum\limits_{n=1}^{\infty} (-1)^n \ln\left(1 + \dfrac{1}{\sqrt{n}}\right)$.

解　(1) 因 $|u_n| = \left|\dfrac{(-1)^{n-1}}{n \cdot 2^n}\right| = \dfrac{1}{n \cdot 2^n} < \dfrac{1}{2^n}$,而级数 $\sum\limits_{n=1}^{\infty} \dfrac{1}{2^n}$ 收敛,所以级数 $\sum\limits_{n=1}^{\infty} \dfrac{(-1)^{n-1}}{n \cdot 2^n}$ 绝对收敛.

(2) 因 $|u_n| = \left|\dfrac{(-1)^{n-1}}{\sqrt{n}}\right| = \dfrac{1}{\sqrt{n}}$,而级数 $\sum\limits_{n=1}^{\infty} \dfrac{1}{\sqrt{n}}$ 发散,所以级数 $\sum\limits_{n=1}^{\infty} \left|\dfrac{(-1)^{n-1}}{\sqrt{n}}\right|$ 发散. 又 $\dfrac{1}{\sqrt{n}} > \dfrac{1}{\sqrt{n+1}}$,且 $\lim\limits_{n\to\infty} \dfrac{1}{\sqrt{n}} = 0$.

由莱布尼兹定理，级数 $\sum\limits_{n=1}^{\infty} \dfrac{(-1)^{n-1}}{\sqrt{n}}$ 收敛,且条件收敛.

(3) 因 $|u_n| = \left|(-1)^n \ln\left(1 + \dfrac{1}{\sqrt{n}}\right)\right| = \ln\left(1 + \dfrac{1}{\sqrt{n}}\right)$,

又 $\lim\limits_{n\to\infty} \dfrac{\ln\left(1 + \dfrac{1}{\sqrt{n}}\right)}{\dfrac{1}{\sqrt{n}}} = \lim\limits_{n\to\infty} \dfrac{\dfrac{1}{\sqrt{n}}}{\dfrac{1}{\sqrt{n}}} = 1$，而级数 $\sum\limits_{n=1}^{\infty} \dfrac{1}{\sqrt{n}}$ 发散,所以级数 $\sum\limits_{n=1}^{\infty} \ln\left(1 + \dfrac{1}{\sqrt{n}}\right)$ 发散,又 $\lim\limits_{n\to\infty} \ln\left(1 + \dfrac{1}{\sqrt{n}}\right) = 0$,且 $u_n > u_{n+1}$.

由莱布尼兹定理可知，此级数 $\sum\limits_{n=1}^{\infty} (-1)^n \ln\left(1 + \dfrac{1}{\sqrt{n}}\right)$ 收敛,且条件收敛.

例 5　判别级数 $\sum_{n=1}^{\infty}(-1)^n\frac{3^n\cdot n!}{n^n}$ 的敛散性.

解　因为 $|u_n|=\left|(-1)^n\frac{3^n\cdot n!}{n^n}\right|=\frac{3^n\cdot n!}{n^n}$，又

$$\lim_{n\to\infty}\frac{|u_{n+1}|}{|u_n|}=\lim_{n\to\infty}\frac{3^{n+1}\cdot(n+1)!}{(n+1)^{(n+1)}}\cdot\frac{n^n}{3^n\cdot n!}$$

$$=3\lim_{n\to\infty}\left(\frac{n}{n+1}\right)^n=3\lim_{n\to\infty}\frac{1}{\left(1+\frac{1}{n}\right)^n}=\frac{3}{\mathrm{e}}>1.$$

所以级数 $\sum_{n=1}^{\infty}\frac{3^n\cdot n!}{n^n}$ 发散，且 $\lim_{n\to\infty}|u_n|\neq 0$，则 $\lim_{n\to\infty}u_n\neq 0$. 因而 $\sum_{n=1}^{\infty}(-1)^n\frac{3^n\cdot n!}{n^n}$ 发散.

注　若用比值审敛法或根值审敛法判定级数 $\sum_{n=1}^{\infty}|u_n|$ 发散，则可以断定级数 $\sum_{n=1}^{\infty}u_n$ 一定发散.

习题 9.3

1. 填空：

若级数 $\sum_{n=1}^{\infty}|u_n|$ 收敛，则级数 $\sum_{n=1}^{\infty}u_n$ ______收敛；

若级数 $\sum_{n=1}^{\infty}|u_n|$ 发散，则级数 $\sum_{n=1}^{\infty}u_n$ ______发散；

若级数 $\sum_{n=1}^{\infty}u_n$ 收敛，则级数 $\sum_{n=1}^{\infty}|u_n|$ ______收敛.

2. 判定下列级数是否收敛？如果是收敛的，是绝对收敛还是条件收敛？

(1) $1-\frac{1}{\sqrt{2}}+\frac{1}{\sqrt{3}}-\frac{1}{\sqrt{4}}+\cdots$；　　(2) $\sum_{n=1}^{\infty}\frac{(-1)^n}{\pi^n}\sin\frac{\pi}{n}$；

(3) $\sum_{n=1}^{\infty}(-1)^n\frac{3n+1}{2^n}$；　　(4) $\sum_{n=1}^{\infty}\frac{n}{2^n}\cos\frac{n\pi}{3}$；　　(5) $\sum_{n=1}^{\infty}(-1)^n\frac{\ln n}{n}$.

第四节　幂　级　数

前面几节我们所讨论的级数都是常数项级数. 如果级数的各项都是函数，则称其为**函数项级数**. 函数项级数不论在现代数学物理、各种应用科学领域以及工程技术中都有广泛的应用. 本节我们主要讨论与幂级数有关的概念、性质和运算以及将函数展开成幂级数.

一、函数项级数的概念及性质

给定一个定义在区间 I 上的函数列 $\{u_n(x)\}(n=1, 2, \cdots)$，则表达式

$$u_1(x)+u_2(x)+u_3(x)+\cdots+u_n(x)+\cdots$$

称为定义在 I 上的(函数项)无穷级数，简称**(函数项)级数**. 记为

$$\sum_{n=1}^{\infty} u_n(x) = u_1(x) + u_2(x) + \cdots + u_n(x) + \cdots.$$

对于区间 I 内的一定点 x_0，若常数项级数 $\sum_{n=1}^{\infty} u_n(x_0)$ 收敛，称点 x_0 是级数 $\sum_{n=1}^{\infty} u_n(x)$ 的**收敛点**；若常数项级数 $\sum_{n=1}^{\infty} u_n(x_0)$ 发散，称点 x_0 是级数 $\sum_{n=1}^{\infty} u_n(x)$ 的**发散点**.

函数项级数 $\sum_{n=1}^{\infty} u_n(x)$ 的所有收敛点组成的集合称为它的**收敛域**，所有发散点组成的集合称为**发散域**.

在收敛域上任意取定一个数 x，则函数项级数 $\sum_{n=1}^{\infty} u_n(x)$ 为一个收敛的常数项级数，因而有确定的和 s 与之对应，这样就得到了收敛域上的一个函数，称为级数 $\sum_{n=1}^{\infty} u_n(x)$ 的**和函数**，记作 $s(x)$. 即

$$s(x) = \sum_{n=1}^{\infty} u_n(x).$$

其定义域即是级数的收敛域.

函数项级数 $\sum_{n=1}^{\infty} u_n(x)$ 的部分和记作 $s_n(x)$，即

$$s_n(x)=u_1(x)+u_2(x)+u_3(x)+\cdots+u_n(x),$$

在收敛域上，有

$$\lim_{n\to\infty} s_n(x)=s(x) \text{ 或 } s_n(x)\to s(x)(n\to\infty).$$

级数 $\sum_{n=1}^{\infty} u_n(x)$ 的和函数 $s(x)$ 与部分和 $s_n(x)$ 的差 $s(x)-s_n(x)$ 叫做函数项级数 $\sum_{n=1}^{\infty} u_n(x)$ 的**余项**，记为 $r_n(x)$，即

$$r_n(x)=s(x)-s_n(x),$$

在收敛域上，有

$$\lim_{n\to\infty} r_n(x)=0.$$

二、幂级数及其收敛性

函数项级数中一种最简单最常用的级数就是幂级数. 形如

$$\sum_{n=0}^{\infty} a_n x^n = a_0 + a_1 x + a_2 x^2 + \cdots + a_n x^n + \cdots$$

的函数项级数称为**幂级数**. 其中常数 a_0, a_1, a_2, …, a_n, …叫做幂级数的系数.

幂级数的一般形式是

$$\sum_{n=0}^{\infty} a_n (x-x_0)^n = a_0 + a_1(x-x_0) + a_2(x-x_0)^2 + \cdots + a_n(x-x_0)^n + \cdots,$$

为了方便起见，下面我们以 $x_0=0$ 的幂级数，即

$$\sum_{n=0}^{\infty} a_n x^n = a_0 + a_1 x + a_2 x^2 + \cdots + a_n x^n + \cdots$$

为例来进行讨论. 对于 $x_0 \neq 0$ 的情形，可以通过变换 $t=x-x_0$ 用同样的方法来处理.

对于幂级数，首先关心的问题仍然是它的收敛与发散的判定. 容易看出幂级数 $\sum\limits_{n=0}^{\infty} a_n x^n$ 在 $x=0$ 处是收敛的. 下面我们进一步探讨它的收敛和发散的范围. 为此，考察下面的列子.

例如，幂级数 $\sum\limits_{n=0}^{\infty} x^n = 1 + x + x^2 + \cdots + x^n + \cdots$,可以看成是公比为 x 的几何级数. 当 $|x|<1$ 时,是收敛的；当 $|x| \geqslant 1$ 时,是发散的. 因此幂级数 $\sum\limits_{n=0}^{\infty} x^n$ 的收敛域为 $(-1,1)$，发散域为 $(-\infty,-1]$ 及 $[1,+\infty)$，且在收敛域内，其和函数为 $s(x)=1+x+x^2+x^3+\cdots+x^n+\cdots=\dfrac{1}{1-x}$.

同样，幂级数 $\sum\limits_{n=0}^{\infty}(-1)^n x^n = 1 - x + x^2 - x^3 + \cdots + (-1)^n x^n + \cdots$ 的收敛域为 $(-1,1)$,和函数为

$$s(x) = 1 - x + x^2 - x^3 + \cdots + (-1)^n x^n + \cdots = \frac{1}{1+x}.$$

由上述例子可见，幂级数的收敛域是一个区间. 事实上，这个结论对于一般的幂级数也是成立的. 我们有如下定理：

定理 1（阿贝尔(Abel)定理）如果级数 $\sum\limits_{n=0}^{\infty} a_n x^n$ 当 $x=x_0\,(x_0 \neq 0)$ 时收敛,则适合不等式 $|x|<|x_0|$ 的一切 x 使这幂级数绝对收敛;反之,如果级数 $\sum\limits_{n=0}^{\infty} a_n x^n$ 当 $x=x_0$ 时发散,则适合不等式 $|x|>|x_0|$ 的一切 x 使这幂级数发散.

证 设幂级数 $\sum\limits_{n=0}^{\infty} a_n x^n$ 的收敛点为 x_0,即级数 $\sum\limits_{n=0}^{\infty} a_n x_0^n$ 收敛. 由常数项级数收敛的

必要条件,有$\lim\limits_{n\to\infty}a_nx_0^n=0$,于是存在一个常数$M$,使得$|a_nx_0^n|\leqslant M\quad(n=1,2,\cdots)$. 因此级数$\sum\limits_{n=0}^{\infty}a_nx^n$的一般项的绝对值

$$|a_nx^n|=\left|a_nx_0^n\cdot\frac{x^n}{x_0^n}\right|=|a_nx_0^n|\cdot\left|\frac{x}{x_0}\right|^n\leqslant M\left|\frac{x}{x_0}\right|^n.$$

当$|x|<|x_0|$时，级数$\sum\limits_{n=0}^{\infty}M\left|\frac{x}{x_0}\right|^n$收敛,所以级数$\sum\limits_{n=0}^{\infty}|a_nx^n|$收敛,亦即级数$\sum\limits_{n=0}^{\infty}a_nx^n$绝对收敛.

运用反证法可证明，若幂级数当$x=x_0$时发散，而在满足$|x_1|>|x_0|$的点x_1级数收敛，则由本定理的已证结论，当$x=x_0$时级数应收敛，与所设矛盾. 定理得证.

推论　如果级数$\sum\limits_{n=0}^{\infty}a_nx^n$不是仅在点$x=0$收敛,也不是在整个数轴上都收敛,则必有一个确定的正数R存在,使得:

当$|x|<R$时，幂级数绝对收敛;

当$|x|>R$时，幂级数发散;

当$x=R$或$x=-R$时，幂级数可能收敛也可能发散.

正数R通常叫做幂级数$\sum\limits_{n=0}^{\infty}a_nx^n$的**收敛半径**. 开区间$(-R,R)$叫做幂级数$\sum\limits_{n=0}^{\infty}a_nx^n$的**收敛区间**. 结合幂级数在$x=\pm R$处的收敛性可得幂级数$\sum\limits_{n=0}^{\infty}a_nx^n$的收敛域,一般为$(-R,R)$或$[-R,R]$、$(-R,R]$、$[-R,R)$之一.

规定　若幂级数$\sum\limits_{n=0}^{\infty}a_nx^n$只在$x=0$收敛,则收敛半径$R=0$;若幂级数$\sum\limits_{n=0}^{\infty}a_nx^n$对一切$x$都收敛,则收敛半径$R=+\infty$,这时收敛域为$(-\infty,+\infty)$.

定理2　如果$\lim\limits_{n\to\infty}\left|\frac{a_{n+1}}{a_n}\right|=\rho$，其中$a_n$，$a_{n+1}$是幂级数$\sum\limits_{n=0}^{\infty}a_nx^n$的相邻两项的系数，则这幂级数的收敛半径

$$R=\begin{cases}+\infty, & \rho=0,\\ \dfrac{1}{\rho}, & \rho\neq 0,\\ 0, & \rho=+\infty.\end{cases}$$

证　因为

$$\lim_{n\to\infty}\left|\frac{a_{n+1}x^{n+1}}{a_nx^n}\right|=\lim_{n\to\infty}\left|\frac{a_{n+1}}{a_n}\right|\cdot|x|=\rho|x|,$$

（1）如果 $0<\rho<+\infty$，则当 $\rho|x|<1$ 时幂级数收敛，故 $R=\dfrac{1}{\rho}$；

（2）如果 $\rho=0$，则幂级数总是收敛的，故 $R=+\infty$；

（3）如果 $\rho=+\infty$，则只当 $x=0$ 时幂级数收敛，故 $R=0$.

例 1 求幂级数 $\sum\limits_{n=0}^{\infty}\dfrac{1}{2n+1}x^n$ 的收敛半径.

解 因为

$$\rho=\lim_{n\to\infty}\left|\frac{a_{n+1}}{a_n}\right|=\lim_{n\to\infty}\frac{\dfrac{1}{2n+3}}{\dfrac{1}{2n+1}}=\lim_{n\to\infty}\frac{2n+1}{2n+3}=1,$$

所以 $R=1$.

例 2 求幂级数

$$\sum_{n=0}^{\infty}\frac{1}{(n+1)!}x^n=1+\frac{1}{2!}x+\frac{1}{3!}x^2+\cdots+\frac{1}{(n+1)!}x^n+\cdots$$

的收敛半径.

解 因为

$$\rho=\lim_{n\to\infty}\left|\frac{a_{n+1}}{a_n}\right|=\lim_{n\to\infty}\frac{\dfrac{1}{(n+2)!}}{\dfrac{1}{(n+1)!}}=\lim_{n\to\infty}\frac{(n+1)!}{(n+2)!}=\lim_{n\to\infty}\frac{1}{n+2}=0,$$

所以收敛半径为 $R=+\infty$.

例 3 求幂级数 $\sum\limits_{n=0}^{\infty}(n+1)!x^n$ 的收敛半径.

解 因为

$$\rho=\lim_{n\to\infty}\left|\frac{a_{n+1}}{a_n}\right|=\lim_{n\to\infty}\frac{(n+2)!}{(n+1)!}=+\infty,$$

所以收敛半径为 $R=0$，即级数仅在 $x=0$ 处收敛.

例 4 求幂级数 $\sum\limits_{n=0}^{\infty}\dfrac{(2n)!}{(n-1)!\cdot n!}x^{2n+1}$ 的收敛半径.

解 因级数缺少偶次幂的项，故定理 2 不能直接应用. 把 x 看做常数，根据比较审敛法来求收敛半径. 幂级数的一般项为

$$u_n(x)=\frac{(2n)!}{(n-1)!\cdot n!}x^{2n+1},$$

所以

$$\lim_{n\to\infty}\left|\frac{u_{n+1}(x)}{u_n(x)}\right|=\lim_{n\to\infty}\frac{[2(n+1)]!}{n!\cdot(n+1)!}\cdot\frac{(n-1)!\cdot n!}{(2n)!}|x|^2$$
$$=\lim_{n\to\infty}\frac{(2n+2)(2n+1)}{n(n+1)}|x|^2=4|x|^2.$$

当$4|x|^2<1$，即$|x|<\frac{1}{2}$时，级数收敛；

当$4|x|^2>1$，即$|x|>\frac{1}{2}$时，级数发散，所以收敛半径为$R=\frac{1}{2}$.

例5 求幂级数$\sum_{n=1}^{\infty}\frac{x^n}{n^2+1}=\frac{x}{2}+\frac{x^2}{5}+\frac{x^3}{10}+\cdots+\frac{x^n}{n^2+1}+\cdots$的收敛半径与收敛域.

解 因为

$$\rho=\lim_{n\to\infty}\left|\frac{a_{n+1}}{a_n}\right|=\lim_{n\to\infty}\frac{\frac{1}{(n+1)^2+1}}{\frac{1}{n^2+1}}=\lim_{n\to\infty}\frac{n^2+1}{(n+1)^2+1}=1,$$

所以收敛半径为$R=\frac{1}{\rho}=1$.

当$x=1$时，幂级数为$\sum_{n=1}^{\infty}\frac{1}{n^2+1}$,因$\frac{1}{n^2+1}<\frac{1}{n^2}$,所以级数收敛；

当$x=-1$时,幂级数$\sum_{n=1}^{\infty}\frac{(-1)^n}{n^2+1}$绝对收敛. 因此,收敛域为$[-1,1]$.

例6 求幂级数$\sum_{n=2}^{\infty}\frac{(-1)^n(x-1)^n}{\ln n}$的收敛域.

解 令$t=x-1$，原级数变为$\sum_{n=2}^{\infty}\frac{(-1)^n t^n}{\ln n}$. 因为

$$\rho=\lim_{n\to\infty}\left|\frac{a_{n+1}}{a_n}\right|=\lim_{n\to\infty}\frac{\ln n}{\ln(n+1)}=1,$$

所以收敛半径$R=1$.

当$t=1$时,级数为$\sum_{n=2}^{\infty}\frac{(-1)^n}{\ln n}$,由莱布尼兹定理,级数收敛；

当$t=-1$时,级数为$\sum_{n=2}^{\infty}\frac{1}{\ln n}$,因$\frac{1}{\ln n}>\frac{1}{n}$,此级数发散.

因此,级数$\sum_{n=2}^{\infty}\frac{(-1)^n t^n}{\ln n}$的收敛域为$-1<t\leqslant 1$. 亦即$-1<x-1\leqslant 1$, 所以原

级数的收敛域为(0, 2].

三、幂级数的运算及和函数的求法

设幂级数 $\sum\limits_{n=0}^{\infty} a_n x^n$ 及 $\sum\limits_{n=0}^{\infty} b_n x^n$ 分别在区间$(-R,R)$ 及$(-R',R')$ 内收敛,则在$(-R,R)$ 与$(-R',R')$ 的公共区间内有:

(1) $\sum\limits_{n=0}^{\infty} a_n x^n + \sum\limits_{n=0}^{\infty} b_n x^n = \sum\limits_{n=0}^{\infty} (a_n + b_n) x^n$;

(2) $\sum\limits_{n=0}^{\infty} a_n x^n - \sum\limits_{n=0}^{\infty} b_n x^n = \sum\limits_{n=0}^{\infty} (a_n - b_n) x^n$.

幂级数的和函数有下列的性质:

性质 1 幂级数 $\sum\limits_{n=0}^{\infty} a_n x^n$ 的和函数 $s(x)$ 在其收敛域 I 上连续.

性质 2 幂级数 $\sum\limits_{n=0}^{\infty} a_n x^n$ 的和函数 $s(x)$ 在其收敛域 I 上可积,且有下列逐项积分公式

$$\int_0^x s(x)\mathrm{d}x = \int_0^x \left(\sum_{n=0}^{\infty} a_n x^n\right)\mathrm{d}x = \sum_{n=0}^{\infty}\int_0^x a_n x^n \mathrm{d}x = \sum_{n=0}^{\infty}\frac{a_n}{n+1}x^{n+1}\ (x \in I),$$

逐项积分后所得到的幂级数和原级数有相同的收敛半径.

性质 3 幂级数 $\sum\limits_{n=0}^{\infty} a_n x^n$ 的和函数 $s(x)$ 在其收敛区间$(-R,R)$ 内可导,且有下列逐项求导公式

$$s'(x) = \left(\sum_{n=0}^{\infty} a_n x^n\right)' = \sum_{n=0}^{\infty} (a_n x^n)' = \sum_{n=1}^{\infty} n a_n x^{n-1}\ (|x| < R),$$

逐项求导后所得到的幂级数和原级数有相同的收敛半径.

例 7 求幂级数 $\sum\limits_{n=0}^{\infty} \dfrac{1}{n+1} x^n$ 的和函数,并求级数 $\sum\limits_{n=0}^{\infty} \dfrac{(-1)^n}{n+1}$ 的和.

解 幂级数的收敛域为$[-1, 1)$.

设和函数为 $s(x)$, 即 $s(x) = \sum\limits_{n=0}^{\infty} \dfrac{1}{n+1} x^n, x \in [-1,1)$.

显然 $s(0) = 1$. 对 $xs(x) = \sum\limits_{n=0}^{\infty} \dfrac{1}{n+1} x^{n+1}$ 的两边求导得

$$[xs(x)]' = \sum_{n=0}^{\infty}\left(\frac{1}{n+1}x^{n+1}\right)' = \sum_{n=0}^{\infty} x^n = \frac{1}{1-x}.$$

再对上式从 0 到 x 积分, 得

$$\int_0^x [xs(x)]'\mathrm{d}x = xs(x) - 0s(0) = xs(x) = \int_0^x \frac{1}{1-x}\mathrm{d}x = -\ln(1-x).$$

于是，当 $x\neq0$ 时，有 $s(x)=-\frac{1}{x}\ln(1-x)$. 从而

$$s(x)=\begin{cases}-\frac{1}{x}\ln(1-x), & 0<x<1 \text{ 或 } -1\leqslant x<0,\\ 1, & x=0.\end{cases}$$

令 $x=-1$，$s(-1)=\sum_{n=0}^{\infty}\frac{(-1)^n}{n+1}$,所以

$$\sum_{n=0}^{\infty}\frac{(-1)^n}{n+1}=\ln2.$$

例 8 求幂级数 $\sum_{n=0}^{\infty}(n+1)x^n$ 的和函数.

解 幂级数的收敛域为 $(-1, 1)$.

设和函数为 $s(x)$，即 $s(x)=\sum_{n=0}^{\infty}(n+1)x^n$，$x\in(-1, 1)$. 对 $s(x)=\sum_{n=0}^{\infty}(n+1)x^n$ 的两边积分得

$$\int_0^x s(x)\mathrm{d}x=\int_0^x\left[\sum_{n=0}^{\infty}(n+1)x^n\right]\mathrm{d}x$$

$$=\sum_{n=0}^{\infty}\int_0^x(n+1)x^n\mathrm{d}x=\sum_{n=0}^{\infty}x^{n+1}=\frac{x}{1-x},$$

即

$$\int_0^x s(x)\mathrm{d}x=\frac{x}{1-x}.$$

再对 $\int_0^x s(x)\mathrm{d}x=\frac{x}{1-x}$ 两边求导得

$$s(x)=\left(\frac{x}{1-x}\right)'=\frac{1}{(1-x)^2}.$$

所以幂级数 $\sum_{n=0}^{\infty}(n+1)x^n$ 的和函数为

$$s(x)=\frac{1}{(1-x)^2}, x\in(-1,1).$$

四、函数的幂级数展开

通过上述的讨论我们知道，收敛的幂级数在其收敛域内可以求出它的和函数，而实际问题中，大多遇到相反的问题，即给定一个函数 $f(x)$ 能否在某个定义区间内“展开成幂级数”. 也就是说，是否能找到这样一个幂级数，它在某区间内收敛，且其和恰好就是给定的函数 $f(x)$. 如果这样的幂级数存在，我们就说，函数 $f(x)$ 在该区间内能展开成幂级数，或简单地说函数 $f(x)$ 能展开成幂级数，而该级数在

收敛区间内就表达了函数 $f(x)$.

1. 泰勒级数

由泰勒公式知，如果函数 $f(x)$ 在点 x_0 的某邻域内具有 $n+1$ 阶导数，则在该邻域内 $f(x)$ 可表示为

$$f(x)=f(x_0)+f'(x_0)(x-x_0)+\frac{f''(x_0)}{2!}(x-x_0)^2+\cdots+\frac{f^{(n)}(x_0)}{n!}(x-x_0)^n+R_n(x),$$

其中
$$R_n(x)=\frac{f^{(n+1)}(\xi)}{(n+1)!}(x-x_0)^{n+1}$$

(ξ 介于 x 与 x_0 之间).

猜想如果 $f(x)$ 在点 x_0 的某邻域内具有任意阶导数，那么 $f(x)$ 的泰勒公式展开项可无限增加. 由此给出定义：

如果 $f(x)$ 在 x_0 的某邻域内具有任意阶导数，则幂级数

$$f(x_0)+f'(x_0)(x-x_0)+\frac{f''(x_0)}{2!}(x-x_0)^2+\cdots+\frac{f^{(n)}(x_0)}{n!}(x-x_0)^n+\cdots$$

称为函数 $f(x)$ 的**泰勒级数**.

显然，当 $x=x_0$ 时，函数 $f(x)$ 的泰勒级数收敛于 $f(x)$.

需要解决的问题：除了 $x=x_0$ 外，$f(x)$ 的泰勒级数是否收敛？如果收敛，它是否一定收敛于 $f(x)$？为此给出如下定理：

定理 3　设函数 $f(x)$ 在点 x_0 的某一邻域 $U(x_0)$ 内具有各阶导数，则 $f(x)$ 在该邻域内能展开成泰勒级数的充分必要条件是 $f(x)$ 的泰勒公式中的余项 $R_n(x)$ 当 $n\to 0$ 时的极限为零，即

$$\lim_{n\to\infty}R_n(x)=0\quad x\in U(x_0).$$

证　必要性：设 $f(x)$ 在 $U(x_0)$ 内能展开为泰勒级数，即

$$f(x)=f(x_0)+f'(x_0)(x-x_0)+\frac{f''(x_0)}{2!}(x-x_0)^2+\cdots+\frac{f^{(n)}(x_0)}{n!}(x-x_0)^n+\cdots.$$

设

$$s_{n+1}(x)=f(x_0)+f'(x_0)(x-x_0)+\frac{f''(x_0)}{2!}(x-x_0)^2+\cdots+$$

$$\frac{f^{(n)}(x_0)}{n!}(x-x_0)^n,$$

则在 $U(x_0)$ 内，$s_{n+1}(x)\to f(x)$ $(n\to\infty)$. 而 $f(x)=s_{n+1}(x)+R_n(x)$，于是

$$R_n(x)=f(x)-s_{n+1}(x)\to 0(n\to\infty).$$

充分性：设 $R_n(x)\to 0(n\to\infty)$ 对一切 $x\in U(x_0)$ 成立.

因为 $f(x)$ 的 n 阶泰勒公式可写成

$$f(x)=s_{n+1}(x)+R_n(x),$$

于是

$$s_{n+1}(x)=f(x)-R_n(x)\to f(x)\ (n\to\infty).$$

即 $f(x)$ 的泰勒级数在 $U(x_0)$ 内收敛，并且收敛于 $f(x)$.

在泰勒级数中取 $x_0=0$，得

$$f(0)+f'(0)x+\frac{f''(0)}{2!}x^2+\cdots+\frac{f^{(n)}(0)}{n!}x^n+\cdots.$$

此级数称为 $f(x)$ 的麦克劳林级数.

如果 $f(x)$ 能展开成 x 的幂级数，那么这种展开式是唯一的，它与 $f(x)$ 的麦克劳林级数一致.

这是因为，如果 $f(x)$ 在点 $x_0=0$ 的某邻域 $(-R, R)$ 内能展开成 x 的幂级数，即

$$f(x)=a_0+a_1x+a_2x^2+\cdots+a_nx^n+\cdots,$$

那么根据幂级数在收敛区间内可以逐项求导，有

$$f'(x)=a_1+2a_2x+3a_3x^2+\cdots+na_nx^{n-1}+\cdots;$$

$$f''(x)=2!\ a_2+3\cdot 2a_3x+\cdots+n(n-1)a_nx^{n-2}+\cdots;$$

$$f'''(x)=3!\ a_3+\cdots+n(n-1)(n-2)a_nx^{n-3}+\cdots;$$

$$\vdots$$

$$f^{(n)}(x)=n!\ a_n+(n+1)n(n-1)\cdots 2a_{n+1}x+\cdots.$$

于是得

$$a_0=f(0),\ a_1=f'(0),\ a_2=\frac{1}{2!}f''(0),\ \cdots,\ a_n=\frac{1}{n!}f^{(n)}(0),\ \cdots.$$

2. 函数展开成幂级数

由上述定理 3 函数可展开成 x 的幂级数，其步骤如下(直接展开法)：

第一步，求出 $f(x)$ 的各阶导数：

$$f'(x),\ f''(x),\ f'''(x),\ \cdots,\ f^{(n)}(x),\ \cdots;$$

第二步，求函数及其各阶导数在 $x=0$ 处的值：

$$f'(0),\ f''(0),\ f'''(0),\ \cdots,\ f^{(n)}(0),\ \cdots;$$

第三步，写出幂级数

$$f(0)+f'(0)x+\frac{f''(0)}{2!}x^2+\cdots+\frac{f^{(n)}(0)}{n!}x^n+\cdots,$$

并求出收敛半径 R；

第四步，考察在区间 $(-R, R)$ 内时是否 $R_n(x) \to 0 (n\to\infty)$，即

$$\lim_{n\to\infty} R_n(x) = \lim_{n\to\infty} \frac{f^{(n+1)}(\xi)}{(n+1)!} x^{n+1}$$

是否为零. 如果 $R_n(x) \to 0 (n\to\infty)$，则 $f(x)$ 在 $(-R, R)$ 内有展开式

$$f(x) = f(0) + f'(0)x + \frac{f''(0)}{2!}x^2 + \cdots + \frac{f^{(n)}(0)}{n!}x^n + \cdots, \quad -R<x<R.$$

例 9　将函数 $f(x) = \mathrm{e}^x$ 展开成 x 的幂级数.

解　所给函数的各阶导数为

$$f^{(n)}(x) = \mathrm{e}^x \quad (n=1, 2, \cdots),$$

因此 $f^{(n)}(0) = 1 (n=1, 2, \cdots)$. 于是得级数

$$1 + x + \frac{1}{2!}x^2 + \cdots + \frac{1}{n!}x^n + \cdots,$$

它的收敛半径 $R = +\infty$.

对于任何有限的数 x，ξ（ξ 介于 0 与 x 之间），有

$$|R_n(x)| = \left| \frac{\mathrm{e}^{\xi}}{(n+1)!} x^{n+1} \right| < \mathrm{e}^{|x|} \cdot \frac{|x|^{n+1}}{(n+1)!},$$

而 $\lim\limits_{n\to\infty} \dfrac{|x|^{n+1}}{(n+1)!} = 0$，所以 $\lim\limits_{n\to\infty} |R_n(x)| = 0$，从而有展开式

$$\mathrm{e}^x = \sum_{n=0}^{\infty} \frac{x^n}{n!} = 1 + x + \frac{1}{2!}x^2 + \cdots + \frac{1}{n!}x^n + \cdots (-\infty < x < +\infty).$$

同理，可将函数 $f(x) = \sin x$ 展开成 x 的幂级数：

$$\begin{aligned} \sin x &= \sum_{n=0}^{\infty} (-1)^n \frac{x^{2n+1}}{(2n+1)!} \\ &= x - \frac{x^3}{3!} + \frac{x^5}{5!} - \cdots + (-1)^n \frac{x^{2n+1}}{(2n+1)!} + \cdots (-\infty < x < +\infty). \end{aligned}$$

同样地，函数 $f(x) = (1+x)^m$ 展开成 x 的幂级数为

$$(1+x)^m = 1 + mx + \frac{m(m-1)}{2!}x^2 + \cdots + \frac{m(m-1)\cdots(m-n+1)}{n!}x^n + \cdots (-1<x<1).$$

利用直接展开法将函数展开成幂级数往往比较繁琐复杂，所以我们经常用间接展开法来将函数展开成幂级数.

3. 间接展开法

例 10　将函数 $f(x) = \dfrac{1}{1+x^2}$ 展开成 x 的幂级数.

解　因为

$$\frac{1}{1-x}=\sum_{n=0}^{\infty}x^n=1+x+x^2+\cdots+x^n+\cdots\quad(-1<x<1),$$

把 x 换成 $-x^2$，得

$$\frac{1}{1+x^2}=\sum_{n=0}^{\infty}(-1)^n x^{2n}=1-x^2+x^4-\cdots+(-1)^n x^{2n}+\cdots\quad(-1<x<1).$$

例 11 将函数 $\arctan x$ 展开成 x 的幂级数.

解 因为

$$(\arctan x)'=\frac{1}{1+x^2}$$
$$=1-x^2+x^4-\cdots+(-1)^n x^{2n}+\cdots\quad(-1<x<1),$$

将上式从 0 到 x 逐项积分，得

$$\arctan x=x-\frac{x^3}{3}+\frac{x^5}{5}-\cdots+(-1)^n\frac{x^{2n+1}}{2n+1}+\cdots\quad(-1<x<1).$$

因为 $\arctan x$ 在 $x=\pm1$ 处连续，且当 $x=-1$ 时，级数 $\sum\limits_{n=0}^{\infty}(-1)^{n+1}\frac{1}{2n+1}$ 收敛；

当 $x=1$ 时,级数 $\sum\limits_{n=0}^{\infty}(-1)^n\frac{1}{2n+1}$ 也收敛,

所以

$$\arctan x=x-\frac{x^3}{3}+\frac{x^5}{5}-\cdots+(-1)^n\frac{x^{2n+1}}{2n+1}+\cdots\quad(-1\leqslant x\leqslant1).$$

例 12 将函数 $f(x)=\ln(1+x)$ 展开成 x 的幂级数.

解 因为 $f'(x)=\frac{1}{1+x}$,而 $\frac{1}{1+x}=\sum\limits_{n=0}^{\infty}(-1)^n x^n\quad(-1<x<1)$,即

$$\frac{1}{1+x}=1-x+x^2-x^3+\cdots+(-1)^n x^n+\cdots\quad(-1<x<1);$$

所以将上式从 0 到 x 逐项积分，得

$$\ln(1+x)=x-\frac{x^2}{2}+\frac{x^3}{3}-\frac{x^4}{4}+\cdots+(-1)^n\frac{x^{n+1}}{n+1}+\cdots\quad(-1<x<1).$$

当 $x=1$ 时，级数 $\sum\limits_{n=0}^{\infty}(-1)^n\frac{1}{n+1}$ 收敛,且 $\ln(1+x)$ 在 $x=1$ 处连续. 当 $x=-1$ 时,函数 $f(x)=\ln(1+x)$ 无定义.

所以 $$\ln(1+x)=\sum_{n=0}^{\infty}(-1)^n\frac{x^{n+1}}{n+1}\quad(-1<x\leqslant1).$$

例 13 将函数 $f(x)=\frac{1}{x^2-3x+2}$ 展开成 x 的幂级数.

解 因为

$$f(x)=\frac{1}{x^2-3x+2}=\frac{1}{(x-1)(x-2)}=\frac{1}{1-x}-\frac{1}{2-x}=\frac{1}{1-x}-\frac{1}{2\left(1-\frac{x}{2}\right)};$$

又 $\frac{1}{1-x}=\sum_{n=0}^{\infty}x^n(-1<x<1)$,则

$$\frac{1}{2\left(1-\frac{x}{2}\right)}=\sum_{n=0}^{\infty}\frac{x^n}{2^{n+1}}(-2<x<2);$$

所以

$$f(x)=\frac{1}{x^2-3x+2}=\sum_{n=0}^{\infty}x^n-\sum_{n=0}^{\infty}\frac{x^n}{2^{n+1}}=\sum_{n=0}^{\infty}\frac{2^{n+1}-1}{2^{n+1}}x^n\quad(-1<x<1).$$

习题 9.4

1. 求下列幂级数的收敛半径及收敛域:

(1) $-x+\frac{x^2}{2}-\frac{x^3}{3}+\cdots+(-1)^n\frac{x^n}{n}+\cdots$;

(2) $\frac{x-3}{1\cdot 3}+\frac{(x-3)^2}{2\cdot 3^2}+\frac{(x-3)^3}{3\cdot 3^3}+\cdots+\frac{(x-3)^n}{n\cdot 3^n}+\cdots$;

(3) $2x+\frac{2^2}{4}x^2+\frac{2^3}{9}x^3+\cdots+\frac{2^n}{n^2}x^n+\cdots$;

(4) $\sum_{n=1}^{\infty}(-1)^n\frac{x^{2n-1}}{2n-1}$; (5) $\sum_{n=1}^{\infty}\frac{2n+1}{2^n}x^{2n}$.

2. 利用逐项求导或逐项积分，求下列级数的和函数:

(1) $\sum_{n=1}^{\infty}nx^{n-1}$; (2) $\sum_{n=1}^{\infty}(-1)^{n-1}\frac{x^{2n-1}}{2n-1}$;

(3) $\sum_{n=1}^{\infty}\frac{x^{2n}}{2n-1}$,并求级数$\sum_{n=1}^{\infty}\frac{1}{(2n-1)\cdot 2^n}$的和.

3. 将下列函数展开成 x 的幂级数:

(1) $(1+x)\ln(1+x)$; (2) x^2e^{-x};

(3) $\frac{1}{(1+x)^2}$; (4) $\arctan x$.

4. 将函数 $f(x)=\sin x$ 在 $x=\frac{\pi}{4}$ 处展开成幂级数.

5. 将函数 $f(x)=\ln x$ 展开成 $(x-2)$ 的幂级数.

6. 将函数 $f(x)=\frac{1}{x^2+4x+3}$ 展开成 $(x-1)$ 的幂级数.

实验八 无穷级数的 MATLAB 实现

一、级数求和的 MATLAB 实现

级数求和的命令为 symsum，其调用格式为

symsum(s, t, a, b),

该命令对表达式 s 中的符号变量 t 求从 a 到 b 的级数和(t 缺省时，设定为 x 或字母表上最接近 x 的字母).

例 1 求下列数项级数的和：

(1) $\sum_{n=1}^{\infty}\frac{2n-1}{2^n}$;　　(2) $\sum_{n=1}^{\infty}\frac{1}{n(2n+1)}$.

解 命令如下：

```
>> syms n
symsum((2*n-1)/2^n, 1, inf) ↙
ans =
3
>> symsum(1/(n*(2*n+1)), 1, inf) ↙
ans =
2-2*log(2)
```

即 $\sum_{n=1}^{\infty}\frac{2n-1}{2^n}=3, \sum_{n=1}^{\infty}\frac{1}{n(2n+1)}=2-2\ln 2$.

上面两个级数都是收敛的，如果级数发散，则求得的和为 inf，因此，symsum 函数可同时解决收敛性问题和求和问题. 同时，symsum 也可以用来求函数项级数的和函数.

例 2 求下列级数的和函数：

(1) $\sum_{n=1}^{\infty}\frac{\sin x}{2^n}$;　　(2) $\sum_{n=1}^{\infty}\frac{(-1)^{n-1}x^n}{n}$.

解 命令如下：

```
>> syms n x
symsum(sin(x)/2^n, n, 1, inf) ↙
ans =
1/6*sin(x)*pi^2
>> symsum((-1)^(n-1)*x^n/n, n, 1, inf) ↙
ans =
log(1+x)
```

即 $\sum_{n=1}^{\infty}\frac{\sin x}{2^n}=\sin x, \sum_{n=1}^{\infty}\frac{(-1)^{n-1}x^n}{n}=\ln(1+x)$.

二、幂级数展开的 MATLAB 实现

在实验三中我们已经介绍了“taylor”函数的用法，这里可以用它来把函数展开成幂级数.

例 3 将函数$(1+x)^m$ 展开为 x 的幂级数，m 为任意常数，展开至四次幂.

解 命令如下：

```
>> syms x m
taylor((1+x)^m, 5) ↙
ans =
1+m*x+1/2*m*(m-1)*x^2+1/6*m*(m-1)*(m-2)*x^3+1/24*m*(m-1)*(m-2)*(m-3)*x^4
```

三、应用举例

经济中的许多问题都可以转化为无穷级数的问题来解决.

例 4 经济中的乘子效应

设想美国联邦政府通过一项削减 100 亿美元税收的法案，假设每人将花费这笔额外收入的 93%，并把其余的存起来. 试估算削减税收对经济活动的总效应.

解 削减税收后人们的收入增加了，由题设，增加收入的 93%，即(100×0.93)亿美元将被用于消费. 消费出去的这些钱对接受者来说又变成了额外的收入，它的 93% 又被用于消费，因此又增加了$(100\times 0.93\times 0.93)$亿美元的消费. 这些钱的$(100\times 0.93^2$ 亿美元$)$接受者又将花费它的 93%，即又增加了 $100\times 0.93^2\times 0.93=100\times 0.93^3$ 亿美元的消费. 如此下去，削减税收后所产生的新的消费的总和由下列无穷级数给出：

$$100\times 0.93+100\times 0.93^2+100\times 0.93^3+\cdots+100\times 0.93^n+\cdots,$$

这是一个几何级数，且是收敛的.

MATLAB 实现：

```
>> syms n
symsum(100*0.93^n, 1, inf) ↙
ans =
9300/7
>> format short, 9300/7 ↙
ans =
1.3286e+003
```

通过计算，该级数的和为$\frac{9300}{7}\approx 1328.6$，即削减100亿美元的税收产生的附加消费约为1328.6亿美元.

这个例子描述了经济中的乘子效应，每人花费额外收入的比例称作“边际消费倾向”，记为MPC. 在例4中，MPC =0.93，而削减税收后所产生的附加消费的总和为$100\times\frac{0.93}{1-0.93}$，由此我们可以得到下列公式：

$$\text{附加消费的总和}=\text{削减税额}\times\frac{\text{MPC}}{1-\text{MPC}},$$

即削减税额乘以“乘子”$\frac{\text{MPC}}{1-\text{MPC}}$就是它的实际效应.

实验题 8

1. 求级数 $\sum_{n=1}^{\infty}\frac{n+1}{n\cdot 2^n}$ 的和.

2. 求级数 $\sum_{n=1}^{\infty}\frac{n^3}{3^n}$ 的和.

3. 将函数 $\cos x$ 展开成$(x-3)$的幂级数，取前10项.

4. 患有某种慢性病的病人需长期服用一种药物进行治疗，已知该药物在体内的清除速率正比于体内该药物的含量，一天(24h)约有10%的药物被清除. 假设病人每天服用0.05mg的药物，试估算治疗较长一段时间后该病人体内这种药物的总量.

总习题九

1. 填空：

(1) 对级数 $\sum_{n=1}^{\infty}u_n, \lim_{n\to\infty}u_n=0$ 仅是它收敛的______条件；

(2) 若级数 $\sum_{n=1}^{\infty}u_n$ 收敛于 s，则级数 $\sum_{n=1}^{\infty}(u_n+u_{n+1})$ 收敛于______；

(3) 级数 $\sum_{n=1}^{\infty}\frac{1}{n(n+1)}$ 的和是______.

2. 判定下列级数的收敛性：

(1) $\sum_{n=1}^{\infty}\frac{\sqrt[n]{n}}{n^2}$；　　(2) $\sum_{n=1}^{\infty}\frac{n!}{2^n}$；

(3) $\sum_{n=1}^{\infty}\frac{(2n)^{n+1}}{n!}$；　　(4) $\sum_{n=1}^{\infty}\frac{3^n}{n\cdot 2^n}$；

(5) $\sum_{n=1}^{\infty}\frac{a^n}{n^s}\ (a>0, s>0)$.

3. 讨论下列级数的绝对收敛性与条件收敛性：

(1) $\sum_{n=1}^{\infty}(-1)^n\frac{1}{n^{p+1}}\quad(p>0)$；　(2) $\sum_{n=1}^{\infty}(-1)^{n+1}\sin\frac{\pi}{n}$；

(3) $\sum_{n=1}^{\infty}(-1)^n\frac{n^{n+2}}{(n^2+1)^n}$.

4. 设正项级数$\sum_{n=1}^{\infty}u_n$收敛，证明级数$\sum_{n=1}^{\infty}{u_n}^2$收敛.

5. 证明极限$\lim_{n\to\infty}\frac{n^n}{(n!)^2}=0$.

6. 求下列幂级数的收敛半径及收敛域：

(1) $\sum_{n=1}^{\infty}\frac{3^n+5^n}{n}x^n$；　(2) $\sum_{n=1}^{\infty}\frac{(x-1)^n}{2^n}$；　(3) $\sum_{n=1}^{\infty}\frac{n^2}{2^n}x^{2n}$.

7. 求下列幂级数的和函数：

(1) $\sum_{n=1}^{\infty}\frac{n}{n+1}x^n$；　(2) $\sum_{n=0}^{\infty}(2n+1)x^n$；　(3) $\sum_{n=1}^{\infty}\frac{n^2}{n!}x^n$.

8. 将下列函数展开成x的幂级数：

(1) $\frac{e^x-e^{-x}}{2}$；　(2) $\cos^2x$；　(3) a^x.

9. 将下列级数展开成$(x-1)$的幂级数：

(1) $\frac{1}{3-x}$；　(2) $\ln\frac{x}{1+x}$.

第十章　微分方程与差分方程

为了深入研究几何、物理、经济等实际问题，常常需要寻求相关变量之间的函数关系. 但是在许多问题中，这种函数关系往往不能直接得到，有时却只能根据问题所提供的条件，得到所求函数及其导数之间的关系式. 这样的关系式就是微分方程. 建立微分方程以后，求出满足这个方程的函数的过程，就是解微分方程.

本章主要介绍微分方程和差分方程的一些基本概念和几种常见的微分方程和差分方程的解法，并结合实际问题介绍微分方程和差分方程在经济学及管理学中的简单应用.

第一节　微分方程的基本概念

我们在前面的学习过程中，实际上已经遇到了一些简单的微分方程. 现在通过几个具体的例子来说明微分方程的相关概念，同时介绍一些建立微分方程的方法.

例 1　已知镭的衰变速度与现存量成正比(比例常数为 k). 设开始时镭的量为 m，问在时刻 t 时镭的量 $x(t)$ 为多少?

解　由于镭的量随着时间的增加而减少，因此，镭的衰变速度为

$$-\frac{dx}{dt}.$$

于是 $x(t)$ 应该满足方程

$$-\frac{dx}{dt}=kx, \tag{10.1}$$

且满足条件

$$x(0)=m. \tag{10.2}$$

式(10.1)变形得

$$\frac{dx}{x}=-kdt,$$

两边积分得

$$\ln|x|=-kt+C_1,$$

整理得

$$x=Ce^{-kt}\quad (其中\ C=e^{C_1}).$$

将式(10.2)代入上式得

$$C=m,$$

于是

$$x=me^{-kt}. \tag{10.3}$$

例 2　设有某种新产品要推向市场，t 时刻的销售量为 $x(t)$，假定 t 时刻产品的销售量的增长率$\frac{dx}{dt}$与 $x(t)$ 成正比；假设市场的容量为 N，统计数据表明$\frac{dx}{dt}$与尚未购买产品的潜在顾客的数量 $N-x(t)$ 也成正比；问在时刻 t 的销售量 $x(t)$ 为多少?

解　由所给条件知可建立如下的微分方程：

$$\frac{\mathrm{d}x}{\mathrm{d}t}=kx(N-x)，其中 k 为比例系数.$$

变形得
$$\frac{\mathrm{d}x}{x(N-x)}=k\mathrm{d}t,$$

两边积分得

$$\frac{1}{N}(\ln|x|-\ln|N-x|)=kt+C_1$$

整理得销售量为
$$x(t)=\frac{N}{1+C\mathrm{e}^{-kNt}}.$$

例 3　已知作自由落体运动的物体下落的加速度为常数 g，求其下落的距离 s 与时间 t 的关系 $s(t)$.

解　由前面学过的知识知道，加速度是距离 s 对时间 t 的二阶导数，因此有

$$\frac{\mathrm{d}^2s}{\mathrm{d}t^2}=g. \tag{10.4}$$

由题意知：$s(0)=0$，　$s'(0)=0$. 对式(10.4)两边积分一次得

$$\frac{\mathrm{d}s}{\mathrm{d}t}=gt+C_1, \tag{10.5}$$

再积分一次得

$$s=\frac{1}{2}gt^2+C_1t+C_2. \tag{10.6}$$

将条件 $s(0)=0$，$s'(0)=0$ 代入式(10.5)和式(10.6)，得 $C_1=C_2=0$.

因此作自由落体运动的物体下落的距离 s 与时间 t 的关系为

$$s=\frac{1}{2}gt^2. \tag{10.7}$$

在上面的三个例子中，由题意列出的关系式都含有未知函数及未知函数的导数. 它们都是微分方程. 一般地，我们把表示未知函数、未知函数的导数与自变量之间关系的方程叫做**微分方程**. 未知函数是一元函数的，叫做常微分方程；未知函数是多元函数的，叫做偏微分方程.

微分方程中出现的未知函数的最高阶导数的阶数，叫做**微分方程的阶**. 例如，方程(10.1)是一阶微分方程；方程(10.4)是二阶微分方程. 又如，方程

$$x^3y'''+x^2y''-4xy'=3x^2 \text{ 和 } y^{(4)}-4y''-12y=x\sin x$$

分别是三阶和四阶微分方程.

一般地，n 阶微分方程的形式是

$$F(x, y, y', \cdots, y^{(n)})=0, \tag{10.8}$$

其中，F 是 $n+2$ 个变量的函数. 这里还需要注意一点，在方程(10.8)中，$y^{(n)}$ 必

须出现，而 x，y，y'，…，$y^{(n-1)}$ 在方程中可以不出现.

如果函数 $y=f(x)$ 代入微分方程后能使方程两端恒等，则称函数 $y=f(x)$ 是**微分方程的解**. 具体来说，设函数 $y=f(x)$ 在区间 I 上有 n 阶连续的导数，如果在区间 I 上，

$$F(x, f(x), f'(x), \cdots, f^{(n)}(x)) \equiv 0,$$

则称函数 $y=f(x)$ 为微分方程(10.8)在区间 I 上的解.

例如，式(10.3)是方程(10.1)的解；又如，式(10.6)和式(10.7)是方程(10.4)的解.

需要注意的是：微分方程的解也可能是隐函数 $\varphi(x, y)=0$. 对于微分方程的解，能够写为显函数的形式就写为显函数的形式.

如果微分方程的解中含有任意常数，且独立的任意常数的个数与微分方程的阶数相同，称这样的解为**微分方程的通解**. 例如，式(10.6)是微分方程(10.4)的通解.

注意：$s=\dfrac{1}{2}gt^2+C_1t+1$ 也是微分方程(10.4)的解，但它不是通解.

我们称式(10.3)和式(10.7)这样的不含任意常数的解为**微分方程的特解**. 这样的解，是满足某些附加条件的解. 这些附加条件，我们称为初始条件.

一阶微分方程的初始条件是 $x=x_0$ 时 $y=y_0$，通常记作

$$y\big|_{x=x_0}=y_0 \quad \text{或} \quad y(x_0)=y_0;$$

二阶微分方程的初始条件是 $x=x_0$ 时 $y=y_0$，$y'=y'_0$，通常记作

$$y\big|_{x=x_0}=y_0, \quad y'\big|_{x=x_0}=y'_0.$$

一般地，n 阶微分方程　$F(x, y, y', \cdots, y^{(n)})=0$　给定 n 个条件：

$$y\big|_{x=x_0}=y_0, \quad y^{(i)}\big|_{x=x_0}=y_0^{(i)} \quad (i=1, 2, \cdots, n-1),$$

可以确定微分方程的通解中所含的 n 个任意常数，从而可以得到满足初始条件的微分方程的一个特解.

微分方程的解的图形是一条曲线，叫做微分方程的积分曲线. 微分方程的通解中含有任意常数，所以其积分曲线是含有参数(通解中的任意常数)的积分曲线族.

例 4　验证：函数 $y=C_1+C_2\mathrm{e}^x$ 是微分方程

$$y''-y'=0 \tag{10.9}$$

的通解.

解　要验证一个函数是否是方程的通解，只要将函数代入方程，看方程两端是否恒等，再看函数式中所含独立任意常数的个数是否等于方程的阶数即可.

$$\frac{\mathrm{d}y}{\mathrm{d}x}=C_2\mathrm{e}^x. \tag{10.10}$$

$$\frac{\mathrm{d}^2y}{\mathrm{d}x^2}=C_2\mathrm{e}^x. \tag{10.11}$$

将式(10.10)、式(10.11)代入式(10.9)的左端，得

$$y''-y'=C_2\mathrm{e}^x-C_2\mathrm{e}^x\equiv 0,$$

即 $y=C_1+C_2\mathrm{e}^x$ 是微分方程(10.9)的通解.

习题 10.1

1. 检验下列各题中的函数是否为所给微分方程的解，并指出是不是通解？

(1) $xy'=2y$，函数 $y=5x^2$；

(2) $y''-2y'+y=x$，函数 $y=(C_1+C_2)\mathrm{e}^x+x+2$.

2. 给定一阶微分方程 $\dfrac{\mathrm{d}y}{\mathrm{d}x}=2x$.

(1)求出它的通解；

(2)求过点(1, 4)的特解；

(3)求出与直线 $y=2x+3$ 相切的特解.

第二节 一阶微分方程及其解法

本节我们来讨论几种常见的一阶微分方程的形式及其解法.

一阶微分方程的一般形式为

$$F(x,\ y,\ y')=0\ . \tag{10.12}$$

如果这个方程可以解出 y'，则我们有另一种形式

$$y'=f(x,\ y), \tag{10.13}$$

称其为导数已解出的一阶微分方程.

一阶微分方程有时也写成如下的对称形式：

$$P(x,\ y)\mathrm{d}x+Q(x,\ y)\mathrm{d}y=0. \tag{10.14}$$

由上一节，我们知道一阶微分方程的通解含有一个任意常数. 要确定这个任意常数，必须给出一个初始条件 $y|_{x=x_0}=y_0$，在上一节，我们可以看到，有的微分方程的解可以直接用求积分的方法求得，但并非所有的微分方程都能这样求解，即使它是最简单的一阶微分方程，如

$$\frac{\mathrm{d}y}{\mathrm{d}x}=\frac{xy-y^2}{x^2-2xy},\qquad y'=\tan x\cdot y+\cos x$$

等就无法直接用求积分的方法求得.

由此可见，实际问题中，遇到的微分方程是多种多样的，它们的解法也是多种多样的，这就要求我们去探讨微分方程的类型和解法问题. 下面我们介绍几种常用的一阶微分方程的基本类型及其解法.

一、可分离变量的微分方程

一般地，如果一个一阶微分方程能写成

$$g(y)\mathrm{d}y=f(x)\mathrm{d}x \tag{10.15}$$

的形式，也就是说，能把微分方程一端写成 y 的函数乘以 $\mathrm{d}y$，而另一端写成 x 的函数乘以 $\mathrm{d}x$，这样的方程就称为**可分离变量的微分方程**. 其中 $f(x)$ 和 $g(y)$ 在所给范围内是连续的. 例如，

$$x\mathrm{d}y=-y\mathrm{d}x;\quad \frac{\mathrm{d}y}{\mathrm{d}x}=\mathrm{e}^{x+y};\quad \frac{\mathrm{d}y}{\mathrm{d}x}=\mathrm{e}^{y}\sin x$$

等，都是可分离变量的微分方程.

对于可分离变量的微分方程，一般是将方程化为式(10.15)的形式，然后，式(10.15)两端对所含的变量分别求积分，得

$$\int g(y)\mathrm{d}y=\int f(x)\mathrm{d}x.$$

假设 $G(y)$ 和 $F(x)$ 分别是 $g(y)$ 和 $f(x)$ 的原函数，于是方程的通解为

$$G(y)=F(x)+C, \tag{10.16}$$

其中 C 为任意常数. 式(10.16)是方程(10.15)的隐式通解. 根据所给的初始条件，确定出任意常数 C，就可得方程(10.15)的特解.

例 1　求下列微分方程的通解：

(1) $y'\sin x=y\ln y$;　　(2) $xy\mathrm{d}x+(1+y^2)\sqrt{1+x^2}\mathrm{d}y=0$.

解　(1)分离变量，得

$$\frac{\mathrm{d}y}{y\ln y}=\frac{\mathrm{d}x}{\sin x},$$

两边积分，得

$$\int\frac{\mathrm{d}y}{y\ln y}=\int\frac{\mathrm{d}x}{\sin x}$$

即

$$\ln|\ln y|=\ln\left|\tan\frac{x}{2}\right|+C_1,$$

化简得

$$|\ln y|=\mathrm{e}^{C_1}\left|\tan\frac{x}{2}\right|,$$

$$\ln y=\pm\mathrm{e}^{C_1}\tan\frac{x}{2},$$

令 $C=\pm\mathrm{e}^{C_1}$，得

$$\ln y=C\tan\frac{x}{2},$$

即

$$y=\mathrm{e}^{C\tan\frac{x}{2}}$$

为所求微分方程的通解.

(2)分离变量，得

$$\frac{1+y^2}{y}\mathrm{d}y=-\frac{x}{\sqrt{1+x^2}}\mathrm{d}x,$$

两边积分，得

$$\int\left(\frac{1}{y}+y\right)\mathrm{d}y=-\int\frac{x}{\sqrt{1+x^2}}\mathrm{d}x,$$

$$\ln|y|+\frac{1}{2}y^2=-\sqrt{1+x^2}+C,$$

微分方程的通解为
$$\ln|y|+\frac{1}{2}y^2+\sqrt{1+x^2}=C.$$

例 2　求微分方程

$$(1+\mathrm{e}^x)yy'=\mathrm{e}^x$$

满足初始条件：$y|_{x=0}=1$ 的特解.

解　分离变量，得

$$y\mathrm{d}y=\frac{\mathrm{e}^x}{1+\mathrm{e}^x}\mathrm{d}x,$$

两边积分，得

$$\int y\mathrm{d}y=\int\frac{\mathrm{e}^x}{1+\mathrm{e}^x}\mathrm{d}x,$$

$$\frac{1}{2}y^2=\ln(1+\mathrm{e}^x)+C,$$

将初始条件代入通解，得

$$\frac{1}{2}=\ln2+C,\ C=\frac{1}{2}-\ln2,$$

所以满足初始条件的特解为

$$y^2=2\ln(1+\mathrm{e}^x)+1-2\ln2.$$

有些微分方程可以经过变量代换化为可分离变量的微分方程，例如，$\frac{\mathrm{d}y}{\mathrm{d}x}=(x+y)^3$，令 $x+y=u$，则 $y=u-x$，微分方程可化为$\frac{\mathrm{d}u}{\mathrm{d}x}=1+u^3$，这是一个可分离变量的微分方程.

二、齐次方程

如果一阶微分方程能表示成

$$\frac{\mathrm{d}y}{\mathrm{d}x}=\varphi\left(\frac{y}{x}\right)\tag{10.17}$$

的形式，叫做**齐次方程**. 例如，

$$(xy-y^2)\mathrm{d}x-(x^2-2xy)\mathrm{d}y=0$$

是齐次方程，因为

$$\frac{\mathrm{d}y}{\mathrm{d}x}=\frac{xy-y^2}{x^2-2xy}=\frac{\frac{y}{x}-\left(\frac{y}{x}\right)^2}{1-2\left(\frac{y}{x}\right)}.$$

在齐次方程(10.17)中作变量代换 $u=\frac{y}{x}$，则 $y=ux$，$\frac{\mathrm{d}y}{\mathrm{d}x}=x\frac{\mathrm{d}u}{\mathrm{d}x}+u$，代入式(10.17)，得

$$x\frac{\mathrm{d}u}{\mathrm{d}x}+u=\varphi(u),$$

即
$$x\frac{\mathrm{d}u}{\mathrm{d}x}=\varphi(u)-u,$$

分离变量，得
$$\frac{\mathrm{d}u}{\varphi(u)-u}=\frac{\mathrm{d}x}{x},$$

两边积分，得
$$\int\frac{\mathrm{d}u}{\varphi(u)-u}=\int\frac{\mathrm{d}x}{x}.$$

求出积分后，再回代 $u=\frac{y}{x}$，便得所求齐次方程(10.17)的通解.

例3　解微分方程

$$y^2+x^2\frac{\mathrm{d}y}{\mathrm{d}x}=xy\frac{\mathrm{d}y}{\mathrm{d}x}.$$

解　原方程可化为

$$\frac{\mathrm{d}y}{\mathrm{d}x}=\frac{y^2}{xy-x^2}=\frac{\left(\frac{y}{x}\right)^2}{\frac{y}{x}-1}.$$

令 $\frac{y}{x}=u$，则 $y=ux$，$\frac{\mathrm{d}y}{\mathrm{d}x}=x\frac{\mathrm{d}u}{\mathrm{d}x}+u$，于是原方程变为

$$x\frac{\mathrm{d}u}{\mathrm{d}x}+u=\frac{u^2}{u-1},$$

即
$$x\frac{\mathrm{d}u}{\mathrm{d}x}=\frac{u}{u-1}.$$

分离变量，得
$$\left(1-\frac{1}{u}\right)\mathrm{d}u=\frac{\mathrm{d}x}{x},$$

两边积分，得 $$u-\ln|u|+\ln C=\ln|x|,$$
即 $$\ln|ux|=u+\ln C,$$
或写为 $$ux=Ce^{u},$$
回代 $u=\dfrac{y}{x}$，得方程的通解为

$$y=Ce^{\frac{y}{x}}.$$

三、一阶线性微分方程

1. 线性方程

方程

$$\frac{\mathrm{d}y}{\mathrm{d}x}+P(x)y=Q(x) \tag{10.18}$$

叫做**一阶线性微分方程**. 因为它对于未知函数 y 及其导数是一次线性方程. 如果 $Q(x)\equiv 0$，则称方程(10.18)为齐次的；如果 $Q(x)$ 不恒等于零，则方程(10.18)称为非齐次的.

设方程(10.18)为非齐次方程，为了求非齐次方程(10.18)的通解，我们先来看方程

$$\frac{\mathrm{d}y}{\mathrm{d}x}+P(x)y=0. \tag{10.19}$$

方程(10.19)叫做对应于非齐次线性方程(10.18)的齐次线性方程. 显然，方程(10.19)是可分离变量的微分方程，分离变量得

$$\frac{\mathrm{d}y}{y}=-P(x)\mathrm{d}x,$$

两端积分，得

$$\ln|y|=-\int P(x)\mathrm{d}x+C_1,$$

即 $$y=Ce^{-\int P(x)\mathrm{d}x}\ (C=\pm e^{C_1}),$$
这是对应的齐次方程的通解.

现在我们用所谓的常数变易法来求非齐次方程(10.18)的通解. 这方法是把方程(10.19)的通解中的常数 C 换成 x 的未知函数 $u(x)$，即作变换

$$y=ue^{-\int P(x)\mathrm{d}x}, \tag{10.20}$$

于是 $$\frac{\mathrm{d}y}{\mathrm{d}x}=u'e^{-\int P(x)\mathrm{d}x}-uP(x)e^{-\int P(x)\mathrm{d}x}. \tag{10.21}$$

将式(10.20)和式(10.21)代入方程(10.18)得

$$u'e^{-\int P(x)\mathrm{d}x}-uP(x)e^{-\int P(x)\mathrm{d}x}+P(x)ue^{-\int P(x)\mathrm{d}x}=Q(x),$$

即
$$u'\mathrm{e}^{-\int P(x)\mathrm{d}x}=Q(x),\quad u'=Q(x)\mathrm{e}^{\int P(x)\mathrm{d}x}$$

两端积分，得
$$u=\int Q(x)\mathrm{e}^{\int P(x)\mathrm{d}x}\mathrm{d}x+C,$$

把上式代入式(10.20)，得非齐次线性方程(10.18)的通解为
$$y=\mathrm{e}^{-\int P(x)\mathrm{d}x}\left(\int Q(x)\mathrm{e}^{\int P(x)\mathrm{d}x}\mathrm{d}x+C\right).\tag{10.22}$$

将式(10.22)改写成两项之和，即
$$y=C\mathrm{e}^{-\int P(x)\mathrm{d}x}+\mathrm{e}^{-\int P(x)\mathrm{d}x}\int Q(x)\mathrm{e}^{\int P(x)\mathrm{d}x}\mathrm{d}x.$$

上式右段第一项是对应的齐次线性方程(10.19)的通解，第二项是非齐次线性方程(10.18)的一个特解（在方程(10.18)的通解式(10.22)中取 $C=0$ 便得到这个特解）. 由此可知，**一阶非齐次线性方程的通解等于对应的齐次方程的通解与非齐次方程的一个特解之和.**

概括起来，一阶非齐次线性微分方程(10.18)的求解方法及步骤如下：

（1）**常数变易法**

1）求对应的齐次方程(10.19)的通解；

2）设 $y=u\mathrm{e}^{-\int P(x)\mathrm{d}x}$，代入方程(10.18)，解出 $u=\int Q(x)\mathrm{e}^{\int P(x)\mathrm{d}x}\mathrm{d}x+C$；

3）写出微分方程的通解：$y=\mathrm{e}^{-\int P(x)\mathrm{d}x}\left(\int Q(x)\mathrm{e}^{\int P(x)\mathrm{d}x}\mathrm{d}x+C\right)$.

（2）**公式法**

1）写出一阶非齐次线性方程对应的 $P(x)$，$Q(x)$.

2）代入公式(10.22)直接求出通解.

需要注意的是：一阶非齐次线性方程也可以表示为
$$\frac{\mathrm{d}x}{\mathrm{d}y}+P(y)x=Q(y).$$

其求解方法及步骤同上，只不过 x 和 y 交换位置而已. 即通解为
$$x=\mathrm{e}^{-\int P(y)\mathrm{d}y}\left(\int Q(y)\mathrm{e}^{\int P(y)\mathrm{d}y}\mathrm{d}y+C\right).$$

例 4　求微分方程
$$\frac{\mathrm{d}y}{\mathrm{d}x}-\frac{2y}{x+1}=(x+1)^{\frac{5}{2}}$$
的通解.

解　先求对应的齐次方程的通解：
$$\frac{\mathrm{d}y}{\mathrm{d}x}-\frac{2y}{x+1}=0,$$

分离变量，得 $\dfrac{\mathrm{d}y}{y}=\dfrac{2\mathrm{d}x}{x+1}$，

两端积分，得　$\ln y = 2\ln(x+1) + \ln C$,

即　$$y = C(x+1)^2.$$

设 $y = u(x+1)^2$ 为原非齐次方程的解，则

$$\frac{dy}{dx} = u'(x+1)^2 + 2u(x+1),$$

代入所给非齐次微分方程，得

$$u' = (x+1)^{\frac{1}{2}},$$

两端积分，得　$$u = \frac{2}{3}(x+1)^{\frac{3}{2}} + C,$$

所求微分方程的通解为

$$y = (x+1)^2\left[\frac{2}{3}(x+1)^{\frac{3}{2}} + C\right].$$

例 5　求微分方程

$$\frac{dy}{dx} = \frac{1}{x\cos y + \sin 2y}$$

的通解.

解　将分子、分母颠倒，得非齐次线性方程的另一形式，即

$$\frac{dx}{dy} = x\cos y + \sin 2y$$

移项得　$$\frac{dx}{dy} - x\cos y = \sin 2y$$

这是一个以 x 为函数、y 为自变量的一阶线性微分方程. 其中

$$P(y) = -\cos y, \quad Q(y) = \sin 2y,$$

于是

$$x = e^{-\int(-\cos y)dy}\left[\int \sin 2y e^{\int(-\cos y)dy}dy + C\right] = e^{\sin y}\left(\int \sin 2y e^{-\sin y}dy + C\right)$$
$$= e^{\sin y}[-2(1+\sin y)e^{-\sin y} + C] = -2(1+\sin y) + Ce^{\sin y},$$

所以微分方程的通解为　$x = -2(1+\sin y) + Ce^{\sin y}$.

2. 可化为线性微分方程的微分方程

有些微分方程不是线性的，但通过变量代换，可以把它化为线性微分方程. 例如，伯努利方程

$$\frac{dy}{dx}+P(x)y=Q(x)y^n \quad (n\neq 0,\ 1) \tag{10.23}$$

当 $n=0$ 或 $n=1$ 时，这是线性微分方程. 当 $n\neq 0$ 且 $n\neq 1$ 时，这方程不是线性的. 但是以 y^n 除方程(10.23)的两端，得

$$y^{-n}\frac{dy}{dx}+P(x)y^{1-n}=Q(x), \tag{10.24}$$

容易看出，上式左端第一项与 $\frac{d}{dx}(y^{1-n})$ 只差一个常数因子 $1-n$.

因此，我们引入新的变量 $z=y^{1-n}$，则

$$\frac{dz}{dx}=(1-n)y^{-n}\frac{dy}{dx},$$

将上述代换代入式(10.24)，便得一阶非齐次线性方程

$$\frac{dz}{dx}+(1-n)P(x)z=(1-n)Q(x).$$

求出这方程的通解后，以 y^{1-n} 代 z，便得伯努利方程的通解.

习题 10.2

1. 求下列微分方程的通解：

(1) $xy'-y\ln y=0$;　　(2) $\sqrt{1-x^2}y'=\sqrt{1-y^2}$;

(3) $e^x\cos y dx+(1+e^x)\sin y dy=0$.

2. 求下列微分方程满足所给初始条件的特解：

(1) $\sin 2x dx+\cos 3y dy=0$, $y|_{x=\frac{\pi}{2}}=\frac{\pi}{3}$;　　(2) $x dx+ye^{-x}dy=0$, $y|_{x=0}=1$.

3. 求解下列齐次方程：

(1) $y'=\frac{y}{x}(1+\ln y-\ln x)$;　　(2) $xy'-x\sin\frac{y}{x}-y=0$;

(3) $\frac{y-xy'}{x+yy'}=2$,　$y|_{x=1}=1$.

4. 求解下列一阶线性微分方程：

(1) $y'=y\tan x+\cos x$;　　(2) $xy'+y=x^2+3x+2$;

(3) $\frac{dy}{dx}-y\tan x=\sec x$, $y|_{x=0}=0$;　　(4) $\frac{dy}{dx}+\frac{2-3x^2}{x^3}y=1$, $y|_{x=1}=0$.

5. 用适当的变量代换把下列微分方程变为可分离变量的微分方程或一阶线性微分方程，然后求出其通解：

(1) $\frac{dy}{dx}=(x+y)^2$;　　(2) $xy'+y=y(\ln x+\ln y)$;

(3) $y'=y^2+2(\sin x-1)y+\sin^2 x-2\sin x-\cos x+1$.

第三节　一阶微分方程在经济中的应用

前面我们主要研究了常见的一阶微分方程的解法，同时也看到了许多实际问题可以用微分方程来描述. 在经济管理中经常需要研究各经济变量之间的联系及其变化的内在规律. 为此就需要通过建立数学模型，特别是微分方程模型，并求解微分方程模型，从数量方面刻画与描述经济变量之间的联系及其变化的内在规律，希望读者通过下面几个不同的模型，对微分方程在经济管理中的应用有所体会.

例 1　设某商品的需求量 Q 对价格 P 的弹性为 $kP(k<0)$，若该商品的最大需求量为 N. 试建立需求量 Q 与价格 P 的数学模型；并求出需求量 Q 与价格 P 的函数关系；求当 $k=-\ln 4$，$N=2100$，$P=1$ 时，市场对该商品的需求量；当价格无限增加时，需求量的变化趋势如何？

解　由条件可建立如下的数学模型：

$$\frac{P}{Q}\cdot\frac{\mathrm{d}Q}{\mathrm{d}P}=kP,$$

即

$$\frac{\mathrm{d}Q}{\mathrm{d}P}=kQ;\qquad Q\big|_{P=0}=N.$$

分离变量并求解此微分方程，得

$$\frac{\mathrm{d}Q}{Q}=k\mathrm{d}P,$$

$$Q=C\mathrm{e}^{kP}\,(C\text{ 为任意常数}).$$

由 $Q\big|_{P=0}=N$ 得　$C=N$,

所以

$$Q=N\mathrm{e}^{kP}.$$

当 $k=-\ln 4$，$N=2100$，$P=1$ 时，$Q=2100\mathrm{e}^{-\ln 4}=525$.

显然当 $P\to+\infty$ 时，$Q\to 0$，即随着价格的无限增大，需求量将趋于零.

例 2　以 $x(t)$ 表示 t 时刻的人口总数，$x'(t)$ 表示 t 时刻的人口的增长率. 称 t 时刻的人口增长率 $x'(t)$ 与 t 时刻的人口个体总数之比 $\frac{x'}{x}$ 为相对增长率. 设 t 时刻的人口出生率为 $p(t)$，死亡率为 $q(t)$.

（1）试建立人口总数与人口的增长率的数学模型；

（2）在一定环境下，当人口数量减少时，资源相对丰富，出生率增加，死亡率减少；当人口数量增加时，资源相对匮乏，生存环境变差，出生率减少而死亡率增加. 现假设出生率 $p(t)$ 及死亡率 $q(t)$ 都是人口总数的线性函数，给出人口总数 $x(t)$ 的函数表达式并研究随着时间的增长人口总数的变化趋势.

解　（1）由条件可建立如下的数学模型：

$$\frac{x'}{x}=p(t)-q(t)\ ,\ x(0)=x_0.$$

(2) 由于出生率 $p(t)$ 及死亡率 $q(t)$ 都是人口总数的线性函数，故可设

$$p(t)=a-bx(t),\ q(t)=\alpha-\beta x(t).$$

于是

$$\frac{x'}{x}=p(t)-q(t)=(a-\alpha)-(b-\beta)x.$$

记 $r=a-\alpha$，$k=b-\beta$，这里 $r>0$，$k>0$，于是有

$$\frac{x'}{x}=r-kx. \tag{10.25}$$

这是一个可分离变量的微分方程. 分离变量，得

$$\frac{\mathrm{d}x}{x(r-kx)}=\mathrm{d}t,$$

两边积分，得

$$\ln x-\ln(r-kx)=rt+\ln C.$$

故方程(10.25)的通解为

$$\frac{x}{r-kx}=C\mathrm{e}^{rt}. \tag{10.26}$$

将初始条件 $x(0)=x_0$ 代入方程(10.26)可解得

$$x=\frac{r}{k+\dfrac{r-kx_0}{x_0}\mathrm{e}^{-rt}}. \tag{10.27}$$

由方程(10.27)知，当 $t\to+\infty$ 时，$x\to\dfrac{r}{k}$，即人口总数随着时间的增长而趋于稳定. $\dfrac{r}{k}$称为种群在一定环境下的平衡态，称方程(10.25)为自然生长方程，它的解式(10.27)所对应的曲线呈S形，称为Logistic曲线.

注　习惯上把

$$\frac{\mathrm{d}x}{\mathrm{d}t}=kx(N-x)\ (k>0)$$

称为Logistic方程，该方程的解曲线 $x(t)=\dfrac{N}{1+B\mathrm{e}^{-Nkt}}$称为Logistic曲线. 在经济学、生物学等中常遇到这样的变化规律.

习题 10.3

1. 某商品的需求量 x 对价格 p 的弹性为 $\eta=-3p^3$，市场对该商品的最大需求量为1万件，求需求函数.

2. (马尔萨斯(Malthus)模型)　英国人口统计学家马尔萨斯(1766—1834)在担任牧师期间，

查看了教堂100多年的人口出生统计资料，发现人口出生率是一个常数，于1798年在《人口原理》一书中提出了闻名于世的马尔萨斯人口模型．他的基本假设是：在人口自然增长过程中，净相对增长率(出生率与死亡率之差)是常数，即单位时间内人口的增长量与人口成正比，比例数设为r．在此假设下，推导并求解人口随时间变化的数学模型(只考虑增长率，其他因素的影响暂不考虑)．

3. 每年的大学毕业生(含硕士、博士研究生)中都要有一定比例的人员充实教师队伍，其余的从事科技管理方面的工作．设t年时教师人数为$x_1(t)$，科技管理人员人数为$x_2(t)$，又设一个教师每年平均培养α个毕业生，又每年退休、死亡或调出人员的比例为$\lambda(0<\lambda<1)$，每年毕业生中从事教师职业的比率为$\beta(0<\beta<1)$，试建立教师人数$x_1(t)$、科技管理人员人数$x_2(t)$的数学模型；给出$x_1(t)$、$x_2(t)$的函数表达式并研究随着时间的增长对应的变化趋势(当$\beta=1$，$\beta\to0$时)．

4. 设某产品的销售量$x(t)$是时间t的可导函数，如果该产品的销售量对时间的增长速率$\frac{dx}{dt}$与销售量$x(t)$及销售量接近于饱和水平的程度$N-x(t)$之积成正比(N为饱和水平，比例常数为$k>0$)，且当$t=0$时，$x=\frac{1}{4}N$．求：

(1)销售量$x(t)$；

(2) 销售量$x(t)$的增长最快的时刻T．

第四节　可降阶的高阶微分方程

前面几节中我们讨论了几种常见的一阶微分方程，从这一节起，我们将讨论二阶及二阶以上的微分方程，即高阶微分方程．本节介绍几种简单的高阶微分方程．

对于有些简单的高阶微分方程，我们可以通过代换将它化为较低阶的微分方程来求解．以二阶微分方程

$$y''=f(x, y, y') \tag{10.28}$$

讨论，如果我们能设法作代换把它从二阶降至一阶，那么就有可能应用前面几节中所讲的方法求出它的解了．

下面介绍三种容易降阶的高阶微分方程的解法．

一、$y^{(n)}=f(x)$型的微分方程

微分方程

$$y^{(n)}=f(x) \tag{10.29}$$

的右端仅含自变量x．容易看出，只要通过n次积分就可以得到方程(10.29)的通解．

例1　求微分方程$y'''=6x-\sin x$的通解．

解　对所给的方程连续进行三次积分，得

$$y''=3x^2+\cos x+C,$$

$$y'=x^3+\sin x+Cx+C_2,$$

$$y=\frac{1}{4}x^4-\cos x+C_1x^2+C_2x+C_3 \quad \left(C_1=\frac{C}{2}\right).$$

这就是方程的通解.

二、$y''=f(x, y')$ 型的微分方程

方程

$$y''=f(x, y') \tag{10.30}$$

的右端不显含未知函数 y. 我们作代换 $y'=P(x)$，则 $y''=\frac{\mathrm{d}p}{\mathrm{d}x}=p'$，

方程(10.30)就变为

$$p'=f(x, p).$$

这是一个关于变量 x，p 的一阶微分方程. 设其通解为

$$p=\varphi(x, C_1).$$

由于 $p=\frac{\mathrm{d}y}{\mathrm{d}x}$，得一阶微分方程

$$\frac{\mathrm{d}y}{\mathrm{d}x}=\varphi(x, C_1).$$

对它进行积分，得方程(10.30)的通解为

$$y=\int\varphi(x,C_1)\,\mathrm{d}x+C_2.$$

例 2　求微分方程 $xy''=y'(\ln y'-\ln x)$ 的通解.

解　设 $y'=P(x)$，则 $y''=\frac{\mathrm{d}p}{\mathrm{d}x}=p'$，原方程变为

$$xp'=p(\ln p-\ln x),$$

即

$$\frac{\mathrm{d}p}{\mathrm{d}x}=\frac{p}{x}\ln\frac{p}{x}.$$

这是含变量 x，p 的齐次方程. 再令 $u=\frac{p}{x}$，则 $\frac{\mathrm{d}p}{\mathrm{d}x}=u+x\frac{\mathrm{d}u}{\mathrm{d}x}$，

从而有

$$u+x\frac{\mathrm{d}u}{\mathrm{d}x}=u\ln u,$$

分离变量，得

$$\frac{\mathrm{d}u}{u(\ln u-1)}=\frac{\mathrm{d}x}{x},$$

两端积分，得

$$\ln(\ln u-1)=\ln x+\ln C_1,$$

即

$$u=\mathrm{e}^{C_1x+1},$$

所以

$$y'=p=x\mathrm{e}^{C_1x+1}=\mathrm{e}x\mathrm{e}^{C_1x},$$

两端再积分，得通解

$$y = \int e x e^{C_1 x}\,dx + C_2 = \frac{e}{C_1}\left(x e^{C_1 x} - \frac{1}{C_1} e^{C_1 x}\right) + C_2.$$

三、$y''=f(y,\ y')$ 型的微分方程

方程

$$y''=f(y,\ y') \tag{10.31}$$

的右端不显含自变量 x. 我们作代换 $y'=p(y)$，则

$$y''=\frac{dp}{dy}\cdot\frac{dy}{dx}=p\frac{dp}{dy},$$

方程(10.31)就变为

$$p\frac{dp}{dy}=f(y,\ p).$$

这是一个关于变量 y，p 的一阶微分方程. 设其通解为

$$p=\varphi(y,\ C_1).$$

由于 $p=\frac{dy}{dx}$，得一阶微分方程

$$\frac{dy}{dx}=\varphi(y,\ C_1).$$

分离变量后再积分，得方程(10.31)的通解为

$$\int\frac{dy}{\varphi(y,C_1)} = x + C_2.$$

例 3　求微分方程 $y''=\frac{3}{2}y^2$ 满足初始条件 $y|_{x=0}=1$，$y'|_{x=0}=1$ 的特解.

解　设 $y'=p(y)$，则 $y''=p\frac{dp}{dy}$，代入原方程，得

$$p\frac{dp}{dy}=\frac{3}{2}y^2,$$

即

$$2p\,dp=3y^2dy,$$

两端积分，得

$$p^2=y^3+C_1,$$

代入初始条件 $y|_{x=0}=1$，$y'|_{x=0}=1$，得 $C_1=0$. 所以

$$p^2=y^3$$

或

$$p=y^{\frac{3}{2}}\quad（因为\ y|_{x=0}=1,\ y'|_{x=0}=1>0）.$$

即

$$\frac{dy}{dx}=y^{\frac{3}{2}}.$$

分离变量，得
$$y^{-\frac{3}{2}}\mathrm{d}y=\mathrm{d}x,$$
两端积分，得
$$-2y^{-\frac{1}{2}}=x+C_2.$$
代入初始条件 $y\big|_{x=0}=1$，得 $C_2=-2$. 则满足初始条件的特解为
$$y=\frac{4}{(x-2)^2}.$$

习题 10.4

1. 求下列微分方程的通解：

(1) $y'''=\mathrm{e}^{2x}-\cos x$;　　(2) $y''=\dfrac{1}{1+x^2}$;

(3) $y''=1+y'^2$;　　(4) $y''=y'+x$;

(5) $y''=\dfrac{1}{\sqrt{y}}$;　　(6) $xy''=y'+x\sin\dfrac{y'}{x}$.

2. 求下列各微分方程满足初始条件的特解：

(1) $y'''=\mathrm{e}^{ax}$, $y\big|_{x=1}=y'\big|_{x=1}=y''\big|_{x=1}=0$;　　(2) $y^2y''+1=0$, $y\big|_{x=1}=1$, $y'\big|_{x=1}=0$;

(3) $y''-ay'^2=0$, $y\big|_{x=0}=0$, $y'\big|_{x=0}=-1$;　　(4) $y''=\mathrm{e}^{2y}$, $y\big|_{x=0}=y'\big|_{x=0}=0$.

3. 试求 $y''=x$ 的经过点 $M(0, 1)$ 且在此点与直线 $y=\dfrac{x}{2}+1$ 相切的积分曲线.

第五节　二阶常系数线性微分方程

在工程及物理问题中，所遇到的高阶微分方程很多是线性方程，或者可以化为线性的方程. 因此，我们对高阶线性方程作较为详细的讨论. 首先讨论它的解的结构，再讨论它的解法.

n 阶线性方程的一般形式为
$$y^{(n)}+a_1(x)y^{(n-1)}+\cdots+a_{n-1}(x)y'+a_n(x)y=f(x),$$
其中 $a_1(x)$, $a_2(x)$, $\cdots$, $a_{n-1}(x)$, $a_n(x)$, $f(x)$ 是在某一区间 (a, b) 上的连续函数. 由于方程中未知函数 y 和未知函数的各阶导数 y', y'', $\cdots$, $y^{(n)}$ 都是一次的，故称为线性的. 如果 $f(x)\equiv 0$，称为**齐次方程**；如果 $f(x)$ 不恒等于零，称为**非齐次方程**. 如果系数 $a_1(x)$, $a_2(x)$, $\cdots$, $a_{n-1}(x)$, $a_n(x)$ 都为常数，称为常系数线性微分方程；否则，称为变系数线性微分方程.

一、二阶线性微分方程解的结构

下面我们着重讨论二阶线性微分方程，这是实际问题中最常见的类型. 我们先来讨论二阶微分方程解的结构.

形如

$$\frac{d^2y}{dx^2}+P(x)\frac{dy}{dx}+Q(x)y=f(x) \tag{10.32}$$

的方程称为**二阶非齐次线性微分方程**.

形如

$$\frac{d^2y}{dx^2}+P(x)\frac{dy}{dx}+Q(x)y=0 \tag{10.33}$$

的方程称为**二阶齐次线性微分方程**.

定理 1　如果函数 $y_1(x)$ 与 $y_2(x)$ 是方程(10.33)的两个解，则它们的线性组合

$$y=C_1y_1(x)+C_2y_2(x) \tag{10.34}$$

也是方程(10.33)的解，其中 C_1，C_2 是任意常数.

证　将式(10.34)代入方程(10.33)的左端，得

$$\begin{aligned}&(C_1y''_1+C_2y''_2)+P(x)(C_1y'_1+C_2y'_2)+Q(x)(C_1y_1+C_2y_2)\\&=C_1[y''_1+P(x)y'_1+Q(x)y_1]+C_2[y''_2+P(x)y'_2+Q(x)y_2],\end{aligned}$$

由于 y_1 与 y_2 是方程的解，上式右端括号里的表达式都为零，即左端 = 右端，式(10.34)是方程(10.33)的解.

齐次方程的这条性质表明它的解符合叠加原理.

在这里，我们要注意一点，式(10.34)从形式上看含有两个任意常数 C_1 和 C_2，但它不一定是方程(10.33)的通解，因为 C_1 和 C_2 不一定是两个独立的任意常数. 例如：若 $y_1=2y_2$，则式(10.34)变为 $y=(2C_1+C_2)y_2=Cy_2$，即 C_1 和 C_2 可以合并为一任意常数，这显然不可能是方程(10.33)的通解. 那么在什么情况下，式(10.34)才是方程(10.33)的通解呢？为解决这个问题，我们先引入一个新的概念，即线性相关与线性无关.

设 $y_1(x)$，$y_2(x)$，…，$y_n(x)$ 为定义在区间 I 上的 n 个函数，若存在 n 个不全为零的常数 k_1，k_2，…，k_n，使得当 $x\in I$ 时，有恒等式

$$k_1y_1+k_2y_2+\cdots+k_ny_n\equiv 0$$

成立，那么称这 n 个函数在区间 I 上**线性相关**；否则，称**线性无关**.

例如，函数 1，$\cos^2x$，$\sin^2x$ 在整个数轴上是线性相关的，因为存在三个不全为零的数 $k_1=1$，$k_2=-1$，$k_3=-1$，使得

$$1-\cos^2x-\sin^2x\equiv 0.$$

又如，x，x^3，x^5 在任何区间上都线性无关. 因为要使 $k_1x+k_2x^3+k_3x^5=0$，必有 $k_1=k_2=k_3=0$.

应用上面的概念，对于两个函数来说，只要它们的比为常数，它们就线性相关；否则，线性无关.

由此二阶齐次线性微分方程通解的结构定理可如下表述.

定理 2　如果函数 $y_1(x)$ 与 $y_2(x)$ 是方程(10.33)的两个线性无关的特解，则它

们的线性组合

$$y = C_1y_1(x) + C_2y_2(x)\ (C_1,\ C_2 \text{ 是任意常数})$$

是方程(10.33)的通解.

例如，方程 $y'' + y = 0$ 是二阶齐次线性微分方程. 容易验证，$y_1 = \sin x$，$y_2 = \cos x$ 是方程的两个解，且 $\frac{y_1}{y_2} = \tan x$ 不是常数，因此它们线性无关. 所以

$$y = C_1\sin x + C_2\cos x$$

为方程的通解.

在本章第二节中，我们看到，一阶非齐次线性微分方程的通解由两部分构成：一部分为对应的齐次方程的通解，另一部分是所给非齐次方程自身的一个特解. 实际上，不仅仅是一阶线性微分方程的特解有这样的结构，而且二阶以及更高阶的非齐次线性微分方程的通解也具有同样的结构.

定理 3　设 $y^*(x)$ 是二阶非齐次线性微分方程(10.32)的一个特解，$Y(x)$ 是与方程(10.32)对应的齐次方程(10.33)的通解，那么

$$y = Y(x) + y^*(x) \tag{10.35}$$

是二阶非齐次线性微分方程(10.32)的通解.

证　将式(10.35)代入方程(10.32)的左端，得

$$\begin{aligned}&(Y'' + y^{*}{}'') + P(x)(Y' + y^{*}{}') + Q(x)(Y + y^*)\\ &= [Y'' + P(x)Y' + Q(x)Y] + [y^{*}{}'' + P(x)y^{*}{}' + Q(x)y^*]\\ &= f(x) + 0 = f(x),\end{aligned}$$

显然，$y = Y(x) + y^*(x)$ 能使方程(10.32)恒等，因此是方程(10.32)的解. 由于 $Y(x)$ 中含有两个独立的任意常数，因此 $y = Y(x) + y^*(x)$ 中也含有两个独立的任意常数，所以它是方程(10.32)的通解.

例如，方程 $y'' + y = x^2$ 是二阶非齐次方程. 已知 $y = C_1\sin x + C_2\cos x$ 是其对应的齐次方程的通解；又容易验证 $y^* = x^2 - 2$ 是所给方程的一个特解. 因此

$$y = C_1\sin x + C_2\cos x + x^2 - 2$$

是所给方程 $y'' + y = x^2$ 的通解.

定理 4　设二阶非齐次线性微分方程(10.32)的右端 $f(x)$ 是几个函数之和，如

$$y'' + P(x)y' + Q(x)y = f_1(x) + f_2(x),$$

而 $y_1{}^*(x)$ 和 $y_2{}^*(x)$ 分别是方程

$$y'' + P(x)y' + Q(x)y = f_1(x) \quad \text{和} \quad y'' + P(x)y' + Q(x)y = f_2(x)$$

的特解，那么 $y_1{}^*(x) + y_2{}^*(x)$ 就是原方程的一个特解.

这一定理称为非齐次线性微分方程的解的叠加原理.

二阶线性微分方程的解的结构定理可以推广到 n 阶线性微分方程的情况. 下面进行简单的叙述.

定理5　设 $y_1(x)$，$y_2(x)$，…，$y_n(x)$是 n 阶齐次线性微分方程

$$y^{(n)}+a_1(x)y^{(n-1)}+\cdots+a_{n-1}(x)y'+a_n(x)y=0 \tag{10.36}$$

的 n 个线性无关的解，则

$$Y=C_1y_1+C_2y_2+\cdots+C_ny_n(C_1,\ C_2,\ \cdots,\ C_n\text{ 为任意常数})$$

为方程(10.36)的通解.

定理6　若 $y^*(x)$是非齐次线性微分方程

$$y^{(n)}+a_1(x)y^{(n-1)}+\cdots+a_{n-1}(x)y'+a_n(x)y=f(x) \tag{10.37}$$

的一个特解，$Y=C_1y_1+C_2y_2+\cdots+C_ny_n$ 是对应的 n 阶齐次线性微分方程(10.36)的通解，则

$$y=C_1y_1+C_2y_2+\cdots+C_ny_n+y^*(C_1,\ C_2,\ \cdots,\ C_n\text{ 为任意常数})$$

是方程(10.37)的通解.

二、二阶常系数齐次线性微分方程

在二阶齐次线性微分方程(10.33)中，如果 $P(x)$ 和 $Q(x)$ 均为常数，即方程(10.33)成为

$$y''+py'+qy=0, \tag{10.38}$$

其中 p，q 是常数，则称方程(10.38)为**二阶常系数齐次线性微分方程**.

由本节的定理2可知，只要找出方程(10.38)的两个线性无关的特解，就可以写出方程(10.38)的通解.

方程(10.38)的左端是 y''，py'，qy 三项之和，右端为0. 如果能找到一个函数 $y(x)\neq0$，使得 $y'=by$，$y''=ay$，且 $a+pb+q=0$ 即可.

什么样的函数它的各阶导数与它自身只相差一个常系数呢？我们自然会想到指数函数 $y=\mathrm{e}^{rx}$，r 为常数. 将它代入方程(10.38)中，得

$$\mathrm{e}^{rx}(r^2+pr+q)=0,$$

由于 $\mathrm{e}^{rx}\neq0$，必有

$$r^2+pr+q=0, \tag{10.39}$$

这就是说，如果 r 是方程(10.39)的根，则 $y=\mathrm{e}^{rx}$一定是方程(10.38)的解. 因此我们称方程(10.39)是微分方程(10.38)的**特征方程**.

方程(10.39)是一个二次代数方程，按照根的判别式 p^2-4q 的符号，它的根有三种情况，即相异实根、重根和共轭复根. 因此方程(10.38)的通解也相应地有三种情况. 下面我们就这三种情况分别加以讨论：

(1) 当 $p^2-4q>0$ 时，方程(10.39)有两个不等的实根，且

$$r_1=\frac{-p-\sqrt{p^2-4q}}{2},\qquad r_2=\frac{-p+\sqrt{p^2-4q}}{2}.$$

这时，方程(10.38)有两个特解：

$$y_1=e^{r_1x},\ y_2=e^{r_2x}.$$

由于$\frac{y_1}{y_2}=e^{(r_1-r_2)x}$不等于常数，所以$y_1=e^{r_1x}$，$y_2=e^{r_2x}$是方程(10.38)的两个线性无关的解．因此，方程(10.38)的通解为

$$y=C_1e^{r_1x}+C_2e^{r_2x}.$$

(2) 当$p^2-4q=0$时，方程(10.39)有两个相等的实根，且

$$r_1=r_2=-\frac{p}{2}.$$

这时，我们得到方程(10.38)的一个特解：$y_1=e^{r_1x}$，还需要找另一个特解．

由于另一个特解应满足$\frac{y_2}{y_1}$不为常数，所以$\frac{y_2}{y_1}$应是x的某个函数，设$\frac{y_2}{y_1}=u(x)$，即$y_2=u(x)e^{r_1x}$，其中$u(x)$为待定函数．将$y_2=u(x)e^{r_1x}$代入方程(10.38)得

$$e^{r_1x}[(u''+2r_1u'+r_1^2u)+p(u'+r_1u)+qu]=0.$$

即

$$u''+(2r_1+p)u'+(r_1^2+pr_1+q)u=0.$$

由于r_1是方程(10.39)的重根，所以$2r_1+p=0$，$r_1^2+pr_1+q=0$．于是

$$u''=0.$$

满足上式的$u(x)$很多，我们取其中简单的一个非常数函数$u(x)=x$，则$y_2=xe^{r_1x}$是方程(10.38)的另一个与$y_1=e^{r_1x}$线性无关的解．所以方程(10.38)的通解为

$$y=C_1e^{r_1x}+C_2xe^{r_1x}=(C_1+C_2x)e^{r_1x}.$$

(3) 当$p^2-4q<0$时，方程(10.39)有一对共轭复根，且

$$r_1=\alpha+i\beta,\ r_2=\alpha-i\beta\quad(\beta\neq 0).$$

这时，$y_1=e^{(\alpha+i\beta)x}$，$y_2=e^{(\alpha-i\beta)x}$是微分方程(10.38)的两个线性无关的特解，但它们是复数值函数形式．为了得出实数值函数形式，我们利用欧拉公式

$$e^{i\theta}=\cos\theta+i\sin\theta,$$

将y_1，y_2改写为

$$y_1=e^{(\alpha+i\beta)x}=e^{\alpha x}(\cos\beta x+i\sin\beta x),$$
$$y_2=e^{(\alpha-i\beta)x}=e^{\alpha x}(\cos\beta x-i\sin\beta x).$$

由前面定理1知

$$\bar{y}_1=\frac{1}{2}(y_1+y_2)=e^{\alpha x}\cos\beta x,$$

$$\bar{y}_2=\frac{1}{2i}(y_1-y_2)=e^{\alpha x}\sin\beta x$$

仍然是方程(10.38)的解，且$\frac{\bar{y}_1}{\bar{y}_2}=\frac{e^{\alpha x}\cos\beta x}{e^{\alpha x}\sin\beta x}=\cot\beta x$不是常数，所以微分方程(10.38)的通解为

$$y=e^{\alpha x}(C_1\cos\beta x+C_2\sin\beta x).$$

综上所述，求二阶常系数齐次线性微分方程

$$y''+py'+qy=0$$

的通解的步骤如下：

第一步，写出微分方程(10.38)的特征方程 $r^2+pr+q=0$；

第二步，求出特征方程的两个根 r_1 和 r_2；

第三步，根据特征方程的两个根的不同情形，按照下表写出方程(10.38)的通解：

特征方程 $r^2+pr+q=0$ 的两个特征根 r_1，r_2	微分方程 $y''+py'+qy=0$ 的通解
两个不相等的实根 r_1，r_2	$y=C_1e^{r_1x}+C_2e^{r_2x}$
两个相等的实根 $r_1=r_2$	$y=(C_1+C_2x)e^{r_1x}$
一对共轭复根 $r_{1,2}=\alpha\pm i\beta$	$y=e^{\alpha x}(C_1\cos\beta x+C_2\sin\beta x)$

例 1　求下列微分方程的通解：

(1) $y''+5y'+6y=0$；(2) $y''-4y'+4y=0$；(3) $y''-4y'+13y=0$.

解　(1) 所给微分方程的特征方程为

$$r^2+5r+6=0.$$

它有两个不相等的实根 $r_1=-2$，$r_2=-3$，因此所求微分方程的通解为

$$y=C_1e^{-2x}+C_2e^{-3x}.$$

(2) 所给微分方程的特征方程为

$$r^2-4r+4=0.$$

它有两个相等的实根 $r_1=r_2=2$，因此所求微分方程的通解为

$$y=(C_1+C_2x)e^{2x}.$$

(3) 所给微分方程的特征方程为

$$r^2-4r+13=0.$$

它有一对共轭复根 $r_{1,2}=2\pm3i$，因此所求微分方程的通解为

$$y=e^{2x}(C_1\cos3x+C_2\sin3x).$$

例 2　求解初值问题

$$\begin{cases}4y''-4y'+y=0,\\ y(1)=e^{\frac{1}{2}},\ y'(1)=2e^{\frac{1}{2}}.\end{cases}$$

解　特征方程为

$$4r^2-4r+1=0.$$

特征方程有两个相等的实根

$$r_1=r_2=\frac{1}{2},$$

所求微分方程的通解为

$$y=(C_1+C_2x)e^{\frac{x}{2}}.$$

对上式求导得

$$y' = \left(\frac{1}{2}C_1 + C_2 + \frac{1}{2}C_2 x\right)e^{\frac{x}{2}}.$$

将初始条件分别代入上面两式，得

$$\begin{cases} C_1 + C_2 = 1, \\ \frac{1}{2}C_1 + C_2 + \frac{1}{2}C_2 = 2. \end{cases}$$

解得

$$C_1 = -\frac{1}{2},\ C_2 = \frac{3}{2}.$$

故该初值问题的解为

$$y = \left(-\frac{1}{2} + \frac{3}{2}x\right)e^{\frac{x}{2}}.$$

三、二阶常系数非齐次线性微分方程

二阶常系数非齐次线性微分方程的一般形式是

$$y'' + py' + qy = f(x), \tag{10.40}$$

其对应的齐次方程为

$$y'' + py' + qy = 0. \tag{10.41}$$

由线性微分方程解的结构定理可知，要求二阶常系数非齐次线性微分方程的通解，只要求出它的一个特解 y^* 和其对应的齐次方程的通解，两者相加后，就得到非齐次线性微分方程(10.40)的通解. 由于上面已经讨论了齐次方程的通解，因此，在这里主要是讨论求非齐次线性微分方程的一个特解 y^* 的方法.

下面只介绍当方程(10.40)中的 $f(x)$ 取两种常见形式时求 y^* 的方法. 这种方法的特点是可以不用积分就能够求出 y^* 来，它叫做**待定系数法**.

1. $f(x) = P_m(x)e^{\lambda x}$ 型

在这里，λ 为常数，$P_m(x)$ 是 x 的 m 次多项式，即

$$P_m(x) = a_0x^m + a_1x^{m-1} + \cdots + a_{m-1}x + a_m.$$

由于多项式和指数函数的乘积，其导数仍然是多项式和指数函数的乘积，因此可以设方程(10.40)的特解的形式为

$$y^* = Q(x)e^{\lambda x}$$

其中 $Q(x)$ 是多项式，其系数待定.

由于

$$y^{*\prime} = e^{\lambda x}[\lambda Q(x) + Q'(x)],$$

$$y^{*\prime\prime} = e^{\lambda x}[\lambda^2 Q(x) + 2\lambda Q'(x) + Q''(x)],$$

代入方程(10.40)并消去 $e^{\lambda x}$，得

$$Q''(x) + (2\lambda + p)Q'(x) + (\lambda^2 + p\lambda + q)Q(x) = P_m(x). \tag{10.42}$$

(1) 如果 λ 不是特征方程 $r^2+pr+q=0$ 的根，即 $\lambda^2+p\lambda+q\neq 0$，由于 $P_m(x)$ 是一个 m 次多项式，要使方程(10.42)两端恒等，则 $Q(x)$ 应是一个 m 次多项式，设

$$Q(x)=Q_m(x)=b_0x^m+b_1x^{m-1}+\cdots+b_{m-1}x+b_m,$$

代入方程(10.40)，比较两端的同次幂的系数，求出 b_0，b_1，…，b_m，就得到所求特解 $y^*=Q_m(x)e^{\lambda x}$.

(2) 如果 λ 是特征方程 $r^2+pr+q=0$ 的单根，即 $\lambda^2+p\lambda+q=0$，但 $2\lambda+p\neq 0$，要使方程(10.42)两端恒等，则 $Q'(x)$ 应是一个 m 次多项式，此时可令

$$Q(x)=xQ_m(x),$$

用同样的方法求出 b_0，b_1，…，b_m，就得到所求特解 $y^*=xQ_m(x)e^{\lambda x}$.

(3) 如果 λ 是特征方程 $r^2+pr+q=0$ 的重根，即 $\lambda^2+p\lambda+q=0$，且 $2\lambda+p=0$，要使方程(10.42)两端恒等，则 $Q''(x)$ 应是一个 m 次多项式，此时可令

$$Q(x)=x^2Q_m(x),$$

用同样的方法确定 $Q_m(x)$ 的系数，就得到所求特解 $y^*=x^2Q_m(x)e^{\lambda x}$.

综上所述，我们可以得出以下结论：

如果 $f(x)=P_m(x)e^{\lambda x}$，微分方程(10.40)具有如下形式的特解：

$$y^*=x^kQ_m(x)e^{\lambda x}, \tag{10.43}$$

其中 $Q_m(x)$ 是与 $P_m(x)$ 同次幂的多项式，而 k 是按 λ 不是特征方程的根、是特征方程的单根、是特征方程的重根分别取 0、1 或 2.

例 3　求微分方程

$$y''+y=2x^2-3$$

的通解及满足初始条件 $y|_{x=0}=1$，$y'|_{x=0}=2$ 的特解.

解　(1) 先求对应的齐次方程的通解：

其特征方程为 $r^2+1=0$，特征根为 $r=\pm i$，因此对应的齐次方程的通解为

$$Y=C_1\cos x+C_2\sin x.$$

(2) 再求非齐次方程的一个特解：

由于 $f(x)=2x^2-3$，则 $\lambda=0$，$m=2$. $\lambda=0$ 不是特征方程的根，所以设非齐次方程的特解为

$$y^*=b_0x^2+b_1x+b_2,$$

代入方程，得

$$2b_0+b_0x^2+b_1x+b_2=2x^2-3.$$

比较系数，得 $b_0=2$，$b_1=0$，$b_2=-7$. 所以 $y^*=2x^2-7$.

(3) 写出方程的通解：

方程的通解为　　$y=C_1\cos x+C_2\sin x+2x^2-7.$

(4) 求满足初始条件的特解：

由于　　$y'=-C_1\sin x+C_2\cos x+4x,$

将初始条件代入，得 $C_1=8$，$C_2=2$. 所以满足初始条件的特解为

$$y=8\cos x+2\sin x+2x^2-7.$$

例 4　求微分方程 $y''+3y'+2y=xe^{-2x}$的通解.

解　对应的齐次方程的特征方程为 $r^2+3r+2=0$，得特征根 $r_1=-1$，$r_2=-2$，所以齐次方程的通解为

$$Y=C_1e^{-x}+C_2e^{-2x}.$$

由于右端$f(x)=xe^{-2x}$，即 $m=1$，$\lambda=-2$. $\lambda=-2$ 是特征方程的单根，所以设非齐次方程的特解为

$$y^*=x(b_0x+b_1)e^{-2x}.$$

代入方程，约去 e^{-2x}并化简，得

$$-2b_0x+2b_0-b_1=x.$$

比较系数，得

$$b_0=-\frac{1}{2},\ b_1=-1.$$

所以方程的一个特解为

$$y^*=\left(-\frac{1}{2}x^2-x\right)e^{-2x}.$$

故方程的通解为

$$y=C_1e^{-x}+C_2e^{-2x}-\frac{1}{2}(x^2+2x)e^{-2x}.$$

2. $f(x)=e^{\lambda x}[P_l(x)\cos\omega x+P_n(x)\sin\omega x]$型

应用欧拉公式，将三角函数表示为复变指数函数的形式，得

$$\begin{aligned}f(x)&=e^{\lambda x}(P_l\cos\omega x+P_n\sin\omega x)\\&=e^{\lambda x}\left(P_l\frac{e^{i\omega x}+e^{-i\omega x}}{2}+P_n\frac{e^{i\omega x}-e^{-i\omega x}}{2i}\right)\\&=\left(\frac{P_l}{2}+\frac{P_n}{2i}\right)e^{(\lambda+i\omega)x}+\left(\frac{P_l}{2}-\frac{P_n}{2i}\right)e^{(\lambda-i\omega)x}\\&=P(x)e^{(\lambda+i\omega)x}+\overline{P}(x)e^{(\lambda-i\omega)x}.\end{aligned}$$

其中 $P(x)=\frac{P_l}{2}+\frac{P_n}{2i}=\frac{P_l}{2}-\frac{P_n}{2}i$，$\overline{P}(x)=\frac{P_l}{2}-\frac{P_n}{2i}=\frac{P_l}{2}+\frac{P_n}{2}i$ 是一对互成共轭的 m 次多项式，而 $m=\max\{l,n\}$.

由前面的定理4，要求出方程(10.40)的特解 y^*，只需求出下面两个方程

$$y''+py'+q=P(x)e^{(\lambda+i\omega)x},\tag{10.44}$$

$$y''+py'+q=\overline{P}(x)e^{(\lambda-i\omega)x}\tag{10.45}$$

的特解 y_1^* 和 y_2^*. 由于 $P(x)e^{(\lambda+i\omega)x}$和 $\overline{P}(x)e^{(\lambda-i\omega)x}$互成共轭，再应用上一目的结果，可以设方程(10.44)和方程(10.45)的特解分别为 $y_1^*=x^kQ_m(x)e^{(\lambda+\omega i)x}$ 和 $y_2^*=x^k\overline{Q}_m(x)e^{(\lambda-\omega i)x}$，这里 $Q_m(x)$和 $\overline{Q}_m(x)$是互成共轭的 m 次多项式，k 是根据 $\lambda\pm\omega i$ 不是特征方程的根或是特征方程的根分别取0或1. 显然

$$
\begin{aligned}
y^* &= x^k Q_m(x)\mathrm{e}^{(\lambda+\omega\mathrm{i})x} + x^k \overline{Q}_m(x)\mathrm{e}^{(\lambda-\omega\mathrm{i})x} \\
&= x^k \mathrm{e}^{\lambda x}\left[Q_m(x)\mathrm{e}^{\mathrm{i}\omega x} + \overline{Q}_m(x)\mathrm{e}^{-\mathrm{i}\omega x}\right] \\
&= x^k \mathrm{e}^{\lambda x}\left[Q_m(x)(\cos\omega x + \mathrm{i}\sin\omega x) + \overline{Q}_m(x)(\cos\omega x - \mathrm{i}\sin\omega x)\right],
\end{aligned}
$$

由于括号内的两项互成共轭，相加后即无虚部，所以可以写成实函数的形式，即

$$
y^* = x^k \mathrm{e}^{\lambda x}\left[R_m^{(1)}(x)\cos\omega x + R_m^{(2)}(x)\sin\omega x\right], \tag{10.46}
$$

其中 $R_m^{(1)}(x)$，$R_m^{(2)}(x)$ 是 m 次多项式，$m=\max\{l, n\}$，k 是根据 $\lambda \pm \omega\mathrm{i}$ 不是特征方程的根或是特征方程的根分别取 0 或 1.

上述结论可以推广到 n 阶常系数非齐次线性微分方程，式(10.46)中的 k 是特征方程含根 $\lambda \pm \omega\mathrm{i}$ 的重复次数.

例 5　求微分方程 $y''+4y'+4y=\cos 2x$ 的一个特解.

解　由于 $f(x)=\cos 2x$，则 $\lambda=0$，$\omega=2$，$P_l(x)=1$，$P_n(x)=0$.

对应的齐次方程的特征方程为 $r^2+4r+4=0$，得特征根

$$
r_1=r_2=-2.
$$

$\lambda \pm \omega\mathrm{i} = \pm 2\mathrm{i}$ 不是特征方程的根，所以设所求方程的一个特解为

$$
y^* = a\cos 2x + b\sin 2x.
$$

代入原方程，化简得　　$8b\cos 2x - 8a\sin 2x = \cos 2x$，

比较系数，得　　$a=0$，$b=\dfrac{1}{8}$，

所求方程的一个特解为　　$y^* = \dfrac{1}{8}\sin 2x.$

例 6　求微分方程 $y''-2y'+5y=\mathrm{e}^x\sin 2x$ 的通解.

解　由于 $f(x)=\mathrm{e}^x\sin 2x$，则 $\lambda=1$，$\omega=2$，$P_l(x)=0$，$P_n(x)=1$.

对应的齐次方程的特征方程为 $r^2-2r+5=0$，得特征根 $r_{1,2}=1\pm 2\mathrm{i}$，则对应的齐次方程的通解为

$$
Y=\mathrm{e}^x(C_1\cos 2x + C_2\sin 2x).
$$

由于 $\lambda \pm \omega\mathrm{i} = 1\pm 2\mathrm{i}$ 是特征方程的根，所以设所求方程的一个特解为

$$
y^* = x\mathrm{e}^x(a\cos 2x + b\sin 2x).
$$

代入方程并求得　　$a=-\dfrac{1}{4}$，$b=0$，

于是特解为　　$y^* = -\dfrac{1}{4}x\mathrm{e}^x\cos 2x$，

所求方程的通解为

$$
y=\mathrm{e}^x(C_1\cos 2x + C_2\sin 2x) - \frac{1}{4}x\mathrm{e}^x\cos 2x.
$$

习题 10.5

1. 验证 $y_1=\cos\omega x$，$y_2=\sin\omega x$ 都是方程

$$y''+\omega^2y=0$$

的解，并写出该方程的通解.

2. 求下列微分方程的通解：

(1) $y''-2y'-3y=0$；　　(2) $y''-2y'+5y=0$；

(3) $4\dfrac{d^2x}{dt^2}-20\dfrac{dx}{dt}+25x=0$；　　(4) $y''+6y'+13y=0$.

3. 求下列微分方程满足初始条件的特解：

(1) $4y''+4y'+y=0$, $y\big|_{x=0}=2$, $y'\big|_{x=0}=0$；

(2) $y''-3y'-4y=0$, $y\big|_{x=0}=0$, $y'\big|_{x=0}=-5$；

(3) $y''+4y'+29y=0$, $y\big|_{x=0}=0$, $y'\big|_{x=0}=15$；

(4) $y''+25y=0$, $y\big|_{x=0}=2$, $y'\big|_{x=0}=5$.

4. 求下列微分方程的通解：

(1) $y''-5y'+6y=xe^{2x}$；　　(2) $y''+y=e^x$；

(3) $2y''+5y'=5x^2-2x-1$；　　(4) $y''+3y'+2y=3xe^{-x}$；

(5) $y''+4y=x\cos x$.

5. 求下列各微分方程满足初始条件的特解：

(1) $y''-3y'+2y=5$, $y\big|_{x=0}=1$, $y'\big|_{x=0}=2$；

(2) $y''-y=4xe^x$, $y\big|_{x=0}=0$, $y'\big|_{x=0}=1$.

第六节　一阶差分方程

在经济管理和许多的实际问题中，已知的数据大多数是按等时间间隔周期统计的，因而相关变量的取值是离散变化的. 如何寻求它们之间的关系及变化规律呢？差分方程是研究这样的离散型数学问题的有力工具，本节介绍差分方程的一些基本概念及常用的求解方法.

一、差分方程的概念

1. 差分的概念

一般地，在连续变化的时间范围内，变量 y 关于时间 t 的变化率是用 $\dfrac{dy}{dt}$ 来表述的；对离散型的变量 y，我们常取在规定的时间区间上的差商 $\dfrac{\Delta y}{\Delta t}$ 来刻画变量 y 的变化率. 如果选择 $\Delta t=1$，则 $\Delta y=y(t+1)-y(t)$，可以近似表示变量 y 的变化率. 例如，设某公司经营一种商品，第 t 月月初的库存量是 $R(t)$，第 t 月调进和销售出这种商品的数量分别是 $P(t)$ 和 $Q(t)$，则下月月初，即第 $t+1$ 月月初的库存量 $R(t+1)$ 应是

$$R(t+1)=R(t)+P(t)-Q(t),$$

若将上式写作

$$R(t+1)-R(t)=P(t)-Q(t),$$

则等式两端就是相邻两月库存量的改变量. 若记

$$\Delta R(t)=R(t+1)-R(t),$$

并将库存量 $R(t)$ 理解为是时间 t 的函数.

由此我们给出差分的定义:

设 $y=y(x)$ 是一个函数, 自变量从 x 变化到 $x+1$, 这时函数的增量记为

$$\Delta y_x=y(x+1)-y(x);$$

我们称量 Δy_x 为 $y(x)$ 在点 x 的一阶差分, 简称为 $y(x)$ 的**一阶差分**.

当 x 是离散型变量时, 为了方便起见我们常将 $y(x)$ 写作 y_x, 也记 $y_{x+1}=y(x+1)$, 则 $\Delta y_x=y_{x+1}-y_x$.

称 $\Delta(\Delta y_x)=(y_{x+2}-y_{x+1})-(y_{x+1}-y_x)=y_{x+2}-2y_{x+1}+y_x$ 为 $y(x)$ 的**二阶差分**, 简记为 $\Delta^2 y_x$.

同样记 $\Delta(\Delta^2 y_x)$ 为 $\Delta^3 y_x=y_{x+3}-3y_{x+2}+3y_{x+1}-y_x$, 并称为**三阶差分**, 简记为 $\Delta^3 y_x$.

一般记 $\Delta^n y_x=\Delta(\Delta^{n-1}y_x)$, 称为 **$n$ 阶差分**, 且有

$$\Delta^n y_x=\sum_{i=0}^{n}\mathrm{C}_n^i(-1)^i y_{x+n-i}.$$

性质 当 a, b, c 是常数, y_x 和 z_x 是函数时, 则有

(1) $\Delta(c)=0$;

(2) $\Delta(cy_x)=c\Delta(y_x)$;

(3) $\Delta(ay_x\pm bz_x)=a\Delta(y_x)\pm b\Delta(z_x)$;

(4) $\Delta y_x\Delta(y_xz_x)=z_{x+1}\Delta y_x+y_x\Delta z_x=y_{x+1}\Delta z_x+z_x\Delta y_x$;

(5) $\Delta\left(\dfrac{y_x}{z_x}\right)=\dfrac{z_x\Delta y_x-y_x\Delta z_x}{z_xz_{x+1}}=\dfrac{z_{x+1}\Delta y_x-y_{x+1}\Delta z_x}{z_xz_{x+1}}$.

在此仅给出式(5)的证明, 其余的读者可以自己证明.

证

$$\begin{aligned}\Delta\left(\frac{y_x}{z_x}\right)&=\frac{y_{x+1}}{z_{x+1}}-\frac{y_x}{z_x}=\frac{y_{x+1}z_x-y_xz_{x+1}}{z_{x+1}z_x}\\&=\frac{(y_{x+1}-y_x)z_x-y_x(z_{x+1}-z_x)}{z_{x+1}z_x}\\&=\frac{z_x\Delta y_x-y_x\Delta z_x}{z_xz_{x+1}}.\end{aligned}$$

例 1 已知 $y_x=x^\alpha(x\neq 0)$, 求 Δy_x.

解 $\Delta y_x=(x+1)^\alpha-x^\alpha$.

特别地, 当 $\alpha=n$ 为正整数时,

$$\Delta y_x = \sum_{i=1}^{n} C_n^i x^{n-i}.$$

例 2 已知 $y_x = a^x(0 < a \neq 1)$，求 Δy_x.

解 $\Delta y_x = a^{x+1} - a^x = a^x(a-1)$.

例 3 设 $y_t = t^2 + 2t - 3$，求 Δy_t，$\Delta^2 y_t$.

解 $\Delta y_t = y_{t+1} - y_t = [(t+1)^2 + 2(t+1) - 3] - (t^2 + 2t - 3) = 2t + 3.$

$$\Delta^2 y_t = \Delta(\Delta y_t) = y_{t+2} - 2y_{t+1} + y_t = [(t+2)^2 + 2(t+2) - 3] - 2[(t+1)^2 + 2(t+1) - 3] + (t^2 + 2t - 3) = 2.$$

2. 差分方程的概念

描述离散型变量之间的关系的数学模型称为离散型模型. 对取值是离散化的经济变量，差分方程是研究它们之间变化规律的有效方法.

最简单常见的两类差分方程：

(1)（等差数列）公差为 $d = \dfrac{1}{2}$ 的数列，满足

$$a_{n+1} - a_n = \frac{1}{2},\ n = 1, 2, \cdots, \tag{10.47}$$

通项

$$a_n = a_1 + (n-1)d = a_1 + \frac{1}{2}(n-1),\ n = 1, 2, \cdots. \tag{10.48}$$

(2)（等比数列）公比为 $q = -3$ 的数列，满足

$$a_{n+1} = -3a_n,\ n = 1, 2, \cdots, \tag{10.49}$$

通项

$$a_n = a_1 q^{n-1} = a_1(-3)^{n-1},\ n = 1, 2, \cdots. \tag{10.50}$$

方程(10.47)、方程(10.49)就是差分方程，式(10.48)、式(10.50)分别是它们的解.

含有未知函数差分的方程，我们称为**差分方程**. 它的一般形式为

$$F(x, y_x, y_{x+1}, \cdots, y_{x+n}) = 0$$

或

$$G(x, y_x, \Delta y_x, \cdots, \Delta^n y_x) = 0,$$

其中 F, G 是表达式，x 是自变量. 使等式成立的自变量的取值范围称为该方程的定义域.

在方程 $F(x, y_x, y_{x+1}, \cdots, y_{x+n}) = 0$ 中，未知函数的最大下标与最小下标的差称为**差分方程的阶**.

例如，方程 $3y_{x+1} - 2y_x = 0$ 是一阶差分方程，方程 $y_{x+4} + y_{x+2} + 5y_{x+1} = 2x$ 是三阶差分方程，在方程 $F(x, y_x, y_{x+1}, \cdots, y_{x+n}) = 0$ 中，若 y_x 及 y_{x+n} 存在，则为 n 阶差分方程.

需要注意的是，在方程 $G(x, y_x, \Delta y_x, \cdots, \Delta^n y_x) = 0$ 中，显示的是未知函数差分的阶，不一定是差分方程的阶. 例如，方程 $\Delta^3 y_x + y_x + x + 1 = 0$，它显示的是未知

函数的三阶差分 $\Delta^3 y_x$，但 $\Delta^3 y_x = y_{x+3} - 3y_{x+2} + 3y_{x+1} - y_x$，代入得 $y_{x+3} - 3y_{x+2} + 3y_{x+1} + x + 1 = 0$，这是一个二阶差分方程.

满足差分方程的函数称为**差分方程的解**. 对于一阶差分方程来说，其含有一个任意常数的解，称为一阶差分方程的**通解**. 一般来说，对于 n 阶差分方程，其含有 n 个互相独立的任意常数的解称为 n 阶**差分方程的通解**. 不含有任意常数的解称为**差分方程的特解**. 同微分方程一样，差分方程也有初值问题. 一般的一阶差分方程的初值条件为 $y_x\big|_{x=x_0} = y_0$. 二阶的为 $y_x\big|_{x=x_0} = y_0$，$\Delta y_x\big|_{x=x_0} = \Delta y_0$ 等.

二、常系数线性差分方程的解的结构

方程

$$y_{x+n} + a_1(x)y_{x+n-1} + \cdots + a_n(x)y_x = f(x),$$

其中 $a_n(x) \neq 0$，称为 n 阶线性差分方程. $f(x) = 0$ 时为齐次的；$f(x) \neq 0$ 时为非齐次的.

当 $a_i(i = 1, 2, \cdots, n)$ 为常数，且 $a_n \neq 0$ 时，称为 n 阶常系数线性差分方程，即

$$y_{x+n} + a_1 y_{x+n-1} + \cdots + a_n y_x = f(x), \tag{10.51}$$

对应的齐次差分方程为

$$y_{x+n} + a_1 y_{x+n-1} + \cdots + a_n y_x = 0. \tag{10.52}$$

对于常系数线性差分方程的解的结构有如下结论：

定理 1 如果 $y = y_1(x)$ 和 $y = y_2(x)$ 都是方程(10.52)的解，则 $C_1 y_1(x) + C_2 y_2(x)$ 也是它的解.

定理 2 设 $y_1(x)$，$y_2(x)$，$\cdots$，$y_n(x)$ 是方程(10.52)的 n 个线性无关的特解，则 $y_x = C_1 y_1(x) + C_2 y_2(x) + \cdots + C_n y_n(x)$ 是它的通解.

定理 3 设 $y_1(x)$，$y_2(x)$，$\cdots$，$y_n(x)$ 是方程(10.52)的 n 个线性无关的特解，y_x^* 是方程(10.51)的一个特解，则

$$y_x = C_1 y_1(x) + C_2 y_2(x) + \cdots + C_n y_n(x) + y_x^*$$

是非齐次差分方程(10.51)的通解.

定理 4 设 $y_1(x)$ 是方程 $y_{x+n} + a_1 y_{x+n-1} + \cdots + a_n y_x = f_1(x)$ 的解，$y_2(x)$ 是方程 $y_{x+n} + a_1 y_{x+n-1} + \cdots + a_n y_x = f_2(x)$ 的解，则 $y_x = y_1(x) + y_2(x)$ 是方程

$$y_{x+n} + a_1(x)y_{x+n-1} + \cdots + a_n(x)y_x = f_1(x) + f_2(x)$$

的一个特解.

三、一阶常系数齐次线性差分方程的解

一阶常系数齐次线性差分方程的一般形式是

$$y_{x+1} + p y_x = 0 \ (p \text{ 为常数}). \tag{10.53}$$

对于一阶常系数齐次差分方程(10.53)，常用的解法有以下两种：

1. 迭代法

假设 y_0 已知，则由方程(10.53)依次可得

$$y_1=(-p)y_0,$$
$$y_2=(-p)y_1=(-p)^2y_0,$$
$$y_3=(-p)y_2=(-p)^3y_0,\cdots,$$

于是可得
$$y_x=(-p)^xy_0.$$

如果令 $y_0=C$ 是任意常数，则方程(10.53)的通解为

$$y_x=C(-p)^x.$$

2. 特征根法

注意到方程(10.53)的特点 $y_{x+1}=(-p)y_x$，即 y_{x+1} 是 y_x 的常数倍，而函数 $r^{x+1}=r\cdot r^x$ 恰好满足这一特点. 故不妨设方程(10.53)具有形如

$$y_x=r^x$$

的特解，其中 r 是非零待定常数. 将其代入方程(10.53)中，有

$$r^{x+1}+pr^x=0,$$

即

$$r^x(r+p)=0.$$

因 $r^x\neq0$，因此 $y_x=r^x$ 是方程(10.53)的解的充要条件为 $r+p=0$. 所以一阶常系数齐次线性差分方程(10.53)的非零特解为 $y_x=(-p)^x$. 从而其通解为

$$y_x=C(-p)^x\,(C\text{ 为任意常数}).$$

称一次代数方程

$$r+p=0$$

为差分方程(10.53)的**特征方程**；而 $r=-p$ 称为特征方程的根(简称**特征根或特征值**).

由上可知，要求方程(10.53)的通解，只需先写出其特征方程，求出特征根，即可写出其通解了.

例 4 求差分方程 $3y_{x+1}-2y_x=0$ 的通解.

解 原方程化为

$$y_{x+1}-\frac{2}{3}y_x=0.$$

其特征方程为 $r-\frac{2}{3}=0$，即得特征方程的根为 $r=\frac{2}{3}$.

所以其通解为

$$y_x=C\left(\frac{2}{3}\right)^x\,(C\text{ 为任意常数}).$$

例 5 求差分方程 $y_{t+1}+2y_t=0$ 满足初始条件 $y_0=7$ 的解.

解　其特征方程为 $r+2=0$；特征方程的根为 $r=-2$；故原方程的通解为

$$y_t=C(-2)^t \quad (C\text{ 是任意常数}).$$

将初始条件 $y_0=7$ 代入，得 $C=7$；故所求特解为

$$y_t=7(-2)^t.$$

也可这样解：因为 $p=2$，代入通解公式得通解为

$$y_t=C(-p)^t=C(-2)^t \quad (C\text{ 为任意常数}).$$

四、一阶常系数非齐次线性差分方程的解

一阶常系数非齐次线性差分方程的一般形式是

$$y_{x+1}+py_x=f(x)\ (p\text{ 为常数}). \tag{10.54}$$

对于一阶常系数非齐次差分方程(10.54)，由前面定理 3 可知，其通解为该方程的一个特解和相应的齐次差分方程的通解之和. 因对应的一阶常系数齐次差分方程(10.53)的通解已经解决，因此只需讨论非齐次差分方程的特解的求法即可. 下面仅就 $f(x)$ 的几种常见形式进行讨论.

1. $f(x)$ 为一般函数

此时，非齐次差分方程可写作

$$y_{x+1}=-py_x+f(x).$$

利用迭代法，可得

$$y_1=(-p)y_0+f(0),$$

$$y_2=(-p)y_1+f(1)=(-p)^2y_0+(-p)f(0)+f(1),$$

$$y_3=(-p)y_2+f(2)=(-p)^3y_0+(-p)^2f(0)+(-p)f(1)+f(2),$$

$$\vdots$$

$$y_x=(-p)^xy_0+(-p)^{x-1}f(0)+(-p)^{x-2}f(1)+\cdots+(-p)f(x-2)+f(x-1).$$

上式实际是非齐次差分方程的通解，其第一项是相应齐次差分方程的通解，后面是非齐次差分方程的一个特解. 令 $C=y_0$ 是任意常数，则该非齐次差分方程的通解为

$$y_x=C(-p)^x+\sum_{k=0}^{x-1}(-p)^kf(x-k-1)\ (C\text{ 为任意常数}). \tag{10.55}$$

例 6　求差分方程 $y_{x+1}+y_x=2^x$ 的通解.

解　由于 $p=1$，$f(x)=2^x$；由通解一般式(10.55)得该方程的特解为

$$y_x^*=\sum_{k=0}^{x-1}(-1)^k2^{x-k-1}=2^{x-1}\sum_{k=0}^{x-1}\left(-\frac{1}{2}\right)^k$$

$$=2^{x-1}\frac{1-\left(-\frac{1}{2}\right)^x}{1+\frac{1}{2}}=\frac{1}{3}2^x-\frac{1}{3}(-1)^x.$$

故而所求通解为

$$y_x=C_1(-1)^x+\frac{1}{3}2^x-\frac{1}{3}(-1)^x=C(-1)^x+\frac{1}{3}2^x.$$

其中 $C=C_1-\frac{1}{3}$为任意常数.

2. $f(x)$为 n 次多项式

如果$f(x)=P_n(x)$（n 次多项式），则非齐次差分方程(10.54)为

$$y_{x+1}+py_x=P_n(x).$$

显然，由于$f(x)=P_n(x)$为 n 次多项式，其解 y_x 也应该是一个多项式函数，并且当 y_x 是 n 次多项式时，$\Delta y_x=y_{x+1}-y_x$ 是 $n-1$ 次多项式，因为相减时最高次数项被消去.

若 $p=-1$，即 -1 是该方程的特征方程的根，即 $y_{x+1}-y_x=P_n(x)$，由上述内容知，此方程的解应该是一个 $n+1$ 次多项式，可设方程的特解为

$$y_x=x(b_0+b_1x+b_2x^2+\cdots+b_nx^n),$$

代入方程后，比较系数确定 b_0，b_1，b_2，…，b_n 便得到一个特解.

若 $p\neq-1$，即 -1 不是该方程的特征方程的根，由于当 y_x 是 n 次多项式时，$y_{x+1}+py_x$ 仍是 n 次多项式，则方程 $y_{x+1}+py_x=P_n(x)$的解是一个 n 次多项式，故可设方程的特解为

$$y_x=b_0+b_1x+b_2x^2+\cdots+b_nx^n,$$

同样代入方程后，比较系数确定 b_0，b_1，b_2，…，b_n 便得到一个特解.

综上所述，可归纳如下：

如果方程(10.54)的$f(x)=P_n(x)$，其中 $P_n(x)$为 n 次多项式，则该方程具有形如

$$y_x^*=x^kQ_n(x)=x^k(b_0+b_1x+\cdots+b_{n-1}x^{n-1}+b_nx^n)$$

的特解，k 的取值按如下方式确定：

(1) 如果 $p\neq-1$，则 $k=0$；

(2) 如果 $p=-1$，则 $k=1$.

例 7　求差分方程 $y_{x+1}-3y_x=2$ 的通解.

解　由于 $P_n(x)=2$，$p=-3$. 对应的齐次差分方程的通解为 $Y_x=C3^x$，非齐次差分方程的特解可设成 $y_x^*=b$，回代，得 $b-3b=2\Rightarrow b=-1$，故原方程的通解为

$$y_x=C3^x-1.$$

例 8　求差分方程 $y_{t+1}-y_t=3+2t$ 的通解.

解　由于 $P_n(t)=3+2t$，$p=-1$. 对应的齐次差分方程的通解为

$$Y_t=C.$$

非齐次差分方程的特解可设为

$$y_t^*=t(b_0+b_1t).$$

将其代入已知差分方程得

$$b_0 + b_1 + 2b_1 t = 3 + 2t,$$

比较该方程的两端关于 t 的同次幂的系数，可解得 $b_0 = 2$，$b_1 = 1$. 故 $y_t^* = 2t + t^2$.

于是，所求通解为

$$y_t = Y_t + y_t^* = C + 2t + t^2 \text{（}C\text{ 为任意常数）}.$$

3. $f(x) = \lambda^x P_n(x)$（$P_n(x)$ 是 n 次多项式，λ 是常数）

如果 $f(x) = \lambda^x P_n(x)$（$P_n(x)$ 是 n 次多项式，λ 是常数），则非齐次差分方程（10.54）为

$$y_{x+1} + py_x = \lambda^x P_n(x).$$

为求特解，分以下两步进行：

第一步，令 $y_x = \lambda^x z_x$，代入方程得

$$\lambda^{x+1} z_{x+1} + p\lambda^x z_x = \lambda^x P_n(x),$$

它等价于方程

$$\lambda z_{x+1} + pz_x = P_n(x).$$

第二步，用上面的方法求出特解 z_x^*，则方程的特解为

$$y_x^* = \lambda^x z_x^*.$$

总之，对这种情况，可以直接设其特解为

$$y_x^* = \lambda^x x^k (b_0 + b_1 x + b_2 x^2 + \cdots + b_n x^n),$$

其中当 $p \neq -\lambda$ 时，$k = 0$；当 $p = -\lambda$ 时，$k = 1$.

例 9 求差分方程 $y_{x+1} - 3y_x = 7 \cdot 2^x$ 的通解.

解 由于 $p = -3$，$\lambda = 2$，$P_n(x) = 7$.

显然其齐次差分方程的通解为

$$Y_x = C \cdot 3^x \text{（}C\text{ 为任意常数）}.$$

设其特解为 $y^* = b \cdot 2^x$，代入得

$$b \cdot 2^{x+1} - 3b \cdot 2^x = 7 \cdot 2^x,$$

从而得 $b = -7$.

因此，原方程的通解为

$$y_x = C \cdot 3^x - 7 \cdot 2^x.$$

习题 10.6

1. 求下列函数的一阶和二阶差分：

(1) $y_x = x(x-1)$； (2) $y_x = a^x$；

(3) $y_t = t^2 + 1$.

2. 改写下列差分方程，并指出其阶数：

(1) $\Delta^2 y_x - 2y_x = 1$； (2) $\Delta^3 y_t - 3\Delta y_t - 2y_t = 3$.

3. 求下列差分方程的特解：

(1) $y_x+y_{x-1}=(x-1)3^{x-1}$，$y_0=1$；　(2) $\Delta y_x-4y_x=x^2$，$y_0=2$；

(3) $s_{t+1}-9s_t=t^2 9^{t+1}$，$s_0=9$.

4. 求下列差分方程的通解：

(1) $y_{t+1}-y_t=3+2t$；　(2) $\Delta y_x-3y_x=x^2\ln 2$；

(3) $y_{t+1}-y_t=2^t$.

第七节　一阶差分方程的简单经济应用

在经济管理及其他实际问题中，许多数据都是以等间隔时间周期统计的. 例如，银行中的定期存款是按所设定的时间等间隔计息，国民收入按年统计等. 因此差分方程在经济领域的应用十分广泛，下面仅举一些简单的例子.

例1　设 P_t，S_t，Q_t 分别表示某种商品在 t 时刻的价格、供给量和需求量，t 为离散型变量. 由于 t 时刻的供给量 S_t 决定于 t 时刻的价格，且价格越高，供给量越大，因此常用的线性模型是

$$S_t=-c+dP$$

及

$$Q_t=a-bP,$$

其中 a，b，c，d 均为正常数. 实际统计情况告诉我们，t 时期的价格 P_t 由 $t-1$ 时期的价格 P_{t-1} 与供给量及需求量之差 $S_{t-1}-Q_{t-1}$ 按下述关系

$$P_t=P_{t-1}-\lambda(S_{t-1}-Q_{t-1})$$

所确定(其中 λ 为常数). 试求供需相等时的价格 P_e(称为均衡价格)；并研究商品的价格随时间的变化规律.

解　均衡价格：由 $Q_t=S_t$ 可得

$$P_e=\frac{a+c}{b+d}.$$

变化规律：由题设可得

$$\begin{aligned}P_t&=P_{t-1}-\lambda(S_{t-1}-Q_{t-1})\\&=P_{t-1}-\lambda[(-c+dP_{t-1})-(a-bP_{t-1})],\end{aligned}$$

即

$$P_t-(1-b\lambda-d\lambda)P_{t-1}=\lambda(a+c).$$

这是一个一阶常系数非齐次线性差分方程，其对应的齐次差分方程的通解为

$$P_t=A(1-b\lambda-d\lambda)^t\text{(其中 }A\text{ 为常数)}.$$

原方程的一个特解为

$$P_t^*=\frac{a+c}{b+d}=P_e,$$

所以原方程的通解为

$$P_t = A(1 - b\lambda - d\lambda)^t + P_e.$$

由于 $t=0$ 时初始价格 P_0 一般为已知，故由

$$P_0 = A + P_e$$

可得

$$A = P_0 - P_e,$$

从而

$$P_t = (P_0 - P_e)(1 - b\lambda - d\lambda)^t + P_e.$$

在实际的经济问题中，往往是 t 时期的价格 P_t 决定下一时期的供给量 S_{t+1}，同时 P_t 还决定本时期该产品的需求量，需要另外讨论.

例 2 某家庭从现在着手，从每月工资中拿出一部分资金存入银行，用于投资子女的教育，并准备 20 年后开始从投资账户中每月支取 1000 元，直到 10 年后子女大学毕业并用完全部资金. 要实现这个投资目标，20 年内要总共筹措多少资金？每月要在银行存入多少钱？（假设投资的月利率为 0.5%）

解 设第 t 个月投资账户上资金为 s_t 元，每月存入资金为 a 元. 则由条件知，20 年后 10 年内关于 s_t 的差分方程为

$$s_{t+1} = (1.005)s_t - 1000, \tag{10.56}$$

且有

$$t = 10 \times 12 = 120, \ s_{120} = 0.$$

设 $t=0$，$s_0 = b$.

由方程(10.56)，解得通解为

$$s_t = C \cdot 1.005^t - \frac{1000}{1-1.005} = C \cdot 1.005^t + 200000.$$

由 $s_{120}=0$ 得

$$s_{120} = C \cdot 1.005^{120} + 200000 = 0.$$

因此 $C = -\dfrac{200000}{1.005^{120}}$，由 $s_0 = b$ 得

$$s_0 = C + 200000 = b,$$

从而有

$$b = 200000 - \frac{200000}{1.005^{120}} = 90073.45.$$

另一方面，从现在到 20 年内，s_t 满足的差分方程为

$$s_{t+1} = 1.005s_t + a, \tag{10.57}$$

且满足 $s_0 = 0$，$s_{240} = 90073.45$.

解方程(10.57)，得通解

$$s_t = C \cdot 1.005^t + \frac{a}{1-1.005} = C \cdot 1.005^t - 200a,$$

代入条件 $s_0 = 0$，$s_{240} = 90073.45$ 得

$$s_{240}=C\cdot 1.005^{240}-200a=90073.45,$$
$$s_0=C-200a=0,$$

从而有
$$a=194.95.$$

即要达到投资目标，20 年内要筹措资金 90073.45 元，平均每月要存入银行 194.95 元.

例 3　据统计数字显示，某城镇 2010 年的猪肉产量为 30 万 t，价格为 6.00 元/kg. 在 2011 年猪肉产量为 25 万 t，价格为 8.00 元/kg. 已知 2012 年的猪肉产量为 28 万 t，若保持目前的消费水平与生产方式，并假定猪肉产量与价格之间是线性关系. 问若干年以后的产量与价格是否会趋于稳定？若稳定，请求出稳定的产量和价格.

解　设猪肉产量为 x_t，猪肉的价格为 y_t，由于猪肉产量与价格之间是线性关系，可设需求函数为 $y_t=ax_t+b$，且满足 $t=1$，$x_1=30$，$y_1=6$ 和 $t=2$，$x_2=25$，$y_2=8$，因此得需求函数为

$$y_t=18-\frac{2}{5}x_t. \tag{10.58}$$

再设供给函数为 $x_{t+1}=cy_t+d$，且满足 $t=1$，$x_1=30$，$y_1=6$ 和 $t=2$，$x_2=25$，$y_2=8$ 及 $x_3=28$，因此得供给函数为

$$x_{t+1}=16+\frac{3}{2}y_t. \tag{10.59}$$

将式(10.58)代入到式(10.59)得关于 x_t 的差分方程为

$$x_{t+1}=43-\frac{3}{5}x_t. \tag{10.60}$$

这是一个一阶常系数非齐次线性差分方程，由于 $P_n(x)=43$，$p=\frac{3}{5}$. 对应的齐次差分方程的通解为 $x_t=C\cdot\left(-\frac{3}{5}\right)^t$，非齐次差分方程(10.60)的特解可设成 $x_t^*=A$，回代，得 $A=43-\frac{3}{5}A\Rightarrow A=\frac{215}{8}$.

于是非齐次差分方程(10.60)的通解为

$$x_t=C\cdot\left(-\frac{3}{5}\right)^t+\frac{215}{8},$$

所以，$\lim\limits_{t\to\infty}x_t=\frac{215}{8}=26.875$（万 t）.

由式(10.58)，得到关于 y_t 的表达式为

$$y_t=\frac{29}{4}-C\cdot\frac{2}{5}\left(-\frac{3}{5}\right)^t,$$

所以，
$$\lim_{t\to\infty} y_t = \frac{29}{4} = 7.25\ (元/kg).$$

若干年以后的产量与价格都会趋于稳定，其稳定的产量为 26.875 万 t，稳定的价格为 7.25 元/kg.

习题 10.7

1. 设 y_t 为 t 期国民收入，C_t 为 t 期消费，I_t 为 t 期投资，它们之间有如下关系式：

$$C_t = \lambda y_t + a, \tag{1}$$
$$I_t = \beta y_t + b, \tag{2}$$
$$y_t - y_{t-1} = \theta(y_{t-1} - C_{t-1} - I_{t-1}), \tag{3}$$

其中 λ, β, a, b, θ 均为常数，且

$$0<\lambda<1,\ 0<\beta<1,\ 0<\lambda+\beta<1,\ a\geqslant 0,\ b\geqslant 0,\ 0<\theta<1.$$

若基期的国民收入 y_0 为已知，试求 y_t 的函数表达式.

2. 设 S_t 为 t 年年末存款总额，r 为年利率，初始存款为 S_0，按年复利计息，求 t 年年末的本利和.

3. 设某商品在 t 时期的供给量 S_t 与需求量 D_t 都是这一时期该商品的价格 P_t 的线性函数，已知 $S_t = 3P_t - 2$，$D_t = 4 - 5P_t$，且在 t 时期的价格 P_t 由 $t-1$ 时期的价格 P_{t-1} 及供给量与需求量之差 $S_{t-1} - D_{t-1}$ 按关系式 $P_t = P_{t-1} - \frac{1}{16}(S_{t-1} - D_{t-1})$ 确定，试求商品的价格随时间的变化规律.

实验九　微分方程及差分方程求解的 MATLAB 实现

一、利用 MATLAB 求解微分方程

解微分方程是比较繁难的工作，MATLAB 提供了非常强大的求解常微分方程和常微分方程组的功能，利用“dslove”命令可求解一般微分方程和方程组，包括可分离变量的微分方程，齐次方程，一阶、二阶、…、n 阶线性齐次和非齐次微分方程，可降阶的高阶微分方程等. 其调用格式为

$$\mathrm{y = dsolve(f_1, f_2, \cdots, f_m, 'x')},$$

其中，$\mathrm{f_i}$ 既可以描述微分方程，又可以描述初始条件，不含初始条件时，求出的解就是该方程的通解；'x'是指明自变量，不指明的话，默认自变量为 t. 在描述微分方程时，可以用“D4y”这样的记号表示 $y^{(4)}(t)$. 例如：

```
>> syms x y t a b
dsolve('t * Dy + y = t^2 + 3 * t + 2') ↙
ans =
2 + 1/3 * t^2 + 3/2 * t + 1/t * C1
>> dsolve('x * D2y + Dy = 0', 'x') ↙
```

```
ans =
C1 + C2 * log(x)
>> dsolve('Dx = a * x * (b - x)', 'x(0) = 0') ↙
ans =
0
>> dsolve('Dx = a * x * (b - x)', 'x(0) = x0') ↙
ans
b/(1 + exp( - a * b * t) * (b - x0)/x0)
```

例 1 求微分方程 $y^{(4)}=y$ 的通解和满足初始条件 $y(0)=y'(0)=2$，$y''(0)=y'''(0)=1$ 的特解.

解 求通解：

```
>> syms t y
y = dsolve('D4y = y') ↙
y =
C1 * exp(t) + C2 * exp( - t) + C3 * sin(t) + C4 * cos(t)
```

求特解：

```
>> y1 = dsolve('D4y = y', 'y(0) = 2, Dy(0) = 2, D2y(0) = 1, D3y(0) = 1') ↙
y1 =
3/2 * exp(t) + 1/2 * sin(t) + 1/2 * cos(t)
```

二、微分方程应用举例

例 2 游轮上的传染病人数

一只游轮上有 800 人，一名游客患了某种传染病，12h 后有 3 人发病. 由于这种传染病没有早期症状，故感染者不能被及时隔离. 疫苗将在 60 ~ 72h 间运到，试估算疫苗运到时患此传染病的人数.

解 设 $y(t)$ 表示发现首例病人后 t h 时刻的感染人数，则 $800-y(t)$ 表示此时刻未受感染的人数. 由题意知：$y(0)=1$，$y(12)=3$.

当感染人数 $y(t)$ 很小时，传染病的传播速度较慢，因为只有很少的游客能接触到感染者；当感染人数 $y(t)$ 很大时，未受感染的人数 $800-y(t)$ 很小，即只有很少的游客能被传染，所以此时传染病的传播速度也很慢. 排除上述两种极端的情况，当有很多的感染者及很多的未感染者时，传染病的传播速度很快，因此传染病的发病率，一方面受感染人数的影响，另一方面也受未感染人数的制约.

根据上面的分析，可建立如下的微分方程：

$$\frac{dy}{dt}=ky(800-y),$$

k 是比例常数.

MATLAB 实现：

```
>> dsolve('Dy = k * y * (800 - y)') ↙
ans =
800/(1 + 800 * exp( - 800 * k * t) * C1)
>> dsolve('Dy = k * y * (800 - y)', 'y(0) = 1') ↙
ans =
800/(1 + 799 * exp( - 800 * k * t))
```

解得其通解为

$$y(t) = \frac{800}{1 + Ce^{-800kt}},$$

由 $y(0)=1$ 得 $C=799$.

又因为 $y(12)=3$，所以

$$3 = \frac{800}{1 + 799e^{-800k \times 12}},$$

解得

$$800k = -\frac{1}{12}\ln\frac{797}{799 \times 3} \approx 0.09176,$$

所以

$$y(t) = \frac{800}{1 + 799e^{-0.09176t}}.$$

下面计算 $t=60\text{h}$、$t=72\text{h}$ 时感染者的人数：

$$y(60) = \frac{800}{1 + 799e^{-0.09176 \times 60}} \approx 188,$$

$$y(72) = \frac{800}{1 + 799e^{-0.09176 \times 72}} \approx 385.$$

从上面的数字可以看出，在 72h 疫苗被运到时感染者的人数将是在 60h 时感染者人数的近 2 倍. 可见在传染病流行时及时采取措施是至关重要的.

三、差分方程模型举例

MATLAB 中并没有提供专门求解差分方程的函数，但对于一些可以转化为差分方程模型来解决的问题，在进行数值计算和模拟绘图的时候我们可以借助 MATLAB 软件来实现，下面我们通过一个具体的例子来说明.

例 3　动物繁衍模型

佛罗里达沙丘鹤属于濒危物种，它在较好的自然环境下，年均增长率仅为 1.94%，而在中等和较差环境下年均增长率分别为 −3.24% 和 −3.82%，如果在某自然保护区内开始有100只沙丘鹤，试建立描述其数量变化规律的模型，并作数值计算.

解 记第 k 年沙丘鹤的数量为 x_k，年均增长率为 r，则第 $k+1$ 年沙丘鹤的数量为

$$x_{k+1}=(1+r)x_k,\ k=0,1,2\cdots.$$

这是一个一阶常系数齐次线性差分方程，可解得

$$x_n=(1+r)^n x_0.$$

已知 $x_0=100$，在较好、中等和较差的自然环境下，r 的值分别为0.0194，-0.0324和-0.0382.

(1) 我们可利用MATLAB编程，递推20年后沙丘鹤的数量变化情况.

建立M函数文件sqh.m实现 $x_n=(1+r)^n x_0$：

```
function   Xn = sqh(n, r, X0)
Xn = (1 + r)^n * X0;
```

保存以后在命令窗口调用sqh函数，输入：

```
>> Xn = sqh(20, 0.0194, 100)↙
Xn =
    146.8563
```

由此得到在较好的自然环境下，20年后约有146只鹤，中等和较差环境下的数据类似可得.

(2) 若想看20年间逐年的变化情况，则需要MATLAB实现 $x_{k+1}=(1+r)x_k$.

建立M函数文件sqh2.m：

```
function x = sqh2(n, r)
x(1) = 100;
for k = 1:n
x(k+1) = (1+r) * x(k);
end
```

保存以后在命令窗口调用sqh2函数，输入：

```
>> xn = sqh2(20, 0.0194)↙
xn =
Columns 1 through 7
100.0000   101.9400   103.9176   105.9336   107.9888   110.0837   112.2194
Columns 8 through 14
114.3964   116.6157   118.8780   121.1843   123.5353   125.9318   128.3749
Columns 15 through 21
130.8654   133.4042   135.9922   138.6305   141.3199   144.0615   146.8563
```

由此得到在较好的自然环境下，20年间沙丘鹤的数量的具体变化情况，中等和

较差环境下的数据类似可得.

(3) 人工孵化是挽救濒危物种的措施之一，如果每年孵化 a 只沙丘鹤放入保护区，观察在自然条件下沙丘鹤的数量如何变化.

人工孵化后沙丘鹤的数量应满足

$$x_{k+1}=(1+r)x_k+a.$$

下面通过 MATLAB 绘图来观察采取人工孵化措施后 20 年间鹤的变化情况.

建立新的 M 文件 rgsqh.m：

```
function   X = rgsqh(n, r, a)
X(1) = 100;
for k = 1:n
   X(k+1) = (1+r) * X(k) + a;
end
```

若在中等自然条件下每年孵化 5 只鹤放入保护区，则在命令窗口输入：

```
>>k = 0:20;
y = rgsqh(20, -0.0324, 5);
plot(k, y)↙
```

输出如图 10-1 所示.

(4) 每年放养多少只会保证物种数量的稳定?

令 $x_k=x_{k+1}$，可得 $a=-rx_0$. 当 $x_0=100$，$r=-0.0324$ 时，$a=3.24$. 但放养的数量应为整数，利用 MATLAB 画图观察：

当 $a=3$ 时，输入：

```
>> k = 0:20;
y = rgsqh(20, -0.0324, 3);
plot(k, y)↙
```

输出如图 10-2 所示.

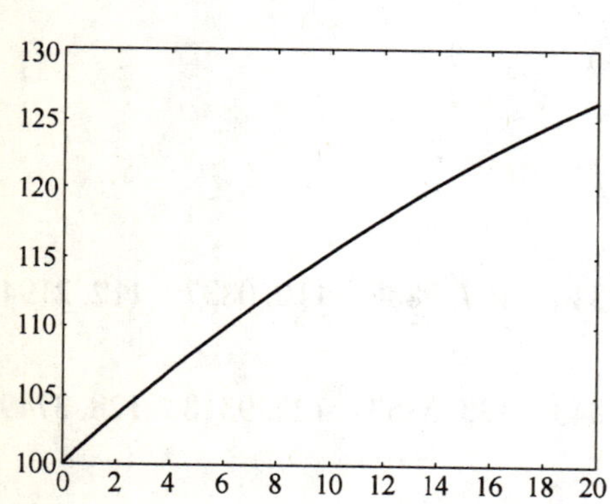

图　10-1

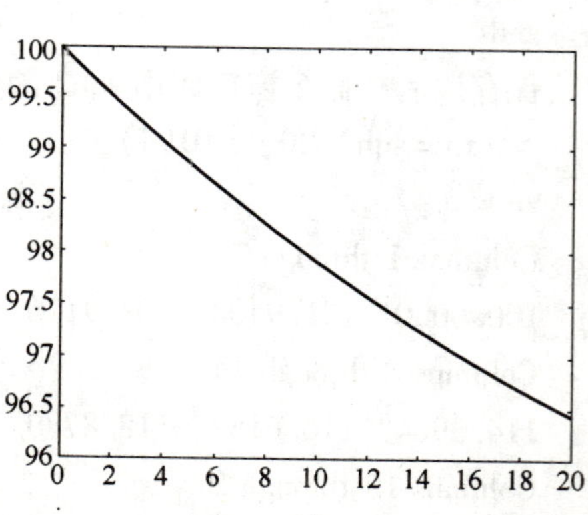

图　10-2

当 $a=4$ 时，输入：

```
>>k=0:20;
y=rgsqh(20, -0.0324,4);
plot(k, y)↙
```

输出如图 10-3 所示，通过比较，每年放养 4 只沙丘鹤比较合适.

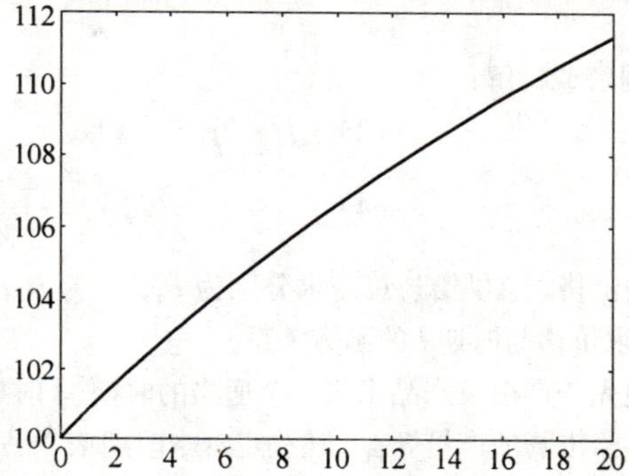

图　10-3

实验题 9

1. 利用 MATLAB 解下列微分方程：

(1) $t\dfrac{dy}{dt}+y=t^2+3t+2$；(2) $xy''+y'=0$；(3) $y'=\left(\dfrac{y}{x}\right)^2+\dfrac{y}{x}+4$，$y(1)=0$.

2. 医学上经常用静脉输入葡萄糖来治疗病人，为了研究这一过程，设 $G(t)$ 为 t 时刻血液中的葡萄糖含量，且设葡萄糖以每分钟 k g 的固定速率输入到血液中. 与此同时，血液中的葡萄糖还会转化为其他物质或转移到其他地方，其速率与血液中的葡萄糖含量成正比. 试列出描述这一情况的微分方程，并解之.

3. 一对夫妇为保障子女将来的教育费用，从孩子出生时开始，每年向银行存入 x 元作为家庭教育基金，假设银行的年利率为 r，建立描述 n 年后教育基金总额的模型并计算若 $r=0.1$，每年存入 500 元，则孩子在 17 岁、18 岁、19 岁考入大学时可获得多少教育基金.

总习题十

1. 求下列微分方程的通解：

(1) $y'=\dfrac{y}{x}+\sin\dfrac{y}{x}$；　　(2) $xy'\ln x+y=ax(\ln x+1)$；

(3) $\dfrac{dy}{dx}=\dfrac{y}{2(\ln y-x)}$；　　(4) $\dfrac{dy}{dx}+xy-x^3y^3=0$；

(5) $x\,dx+y\,dy+\dfrac{y\,dx-x\,dy}{x^2+y^2}=0$；　　(6) $yy''-y'^2-1=0$；

(7) $y''+y'=x^2$；　　(8) $(y^4-3x^2)dy+xy\,dx=0$；

(9) $y'=\sqrt{x^2+y}-x$.

2. 设对任意 $x>0$，曲线 $y=f(x)$ 上点 $(x, f(x))$ 处的切线在 y 轴上的截距等于 $\frac{1}{x}\int_0^x f(t)\,\mathrm{d}t$，求 $f(x)$ 的一般表达式.

3. 设可导函数 $f(x)$ 满足

$$f(x)\cos x + 2\int_0^x f(t)\sin t\mathrm{d}t = x+1,$$

求 $f(x)$.

4. 求下列差分方程的通解或特解：

(1) $y_{t+1}+3y_t=5t$；　　(2) $y_{t+1}-2y_t=t^2+1$；

(3) $y_{t+1}-y_t=\frac{3^t}{2}$，$y_0=1$；　　(4) $y_{t+1}+2y_t=2^t$，$y_0=\frac{4}{3}$.

5. 设某产品在时期 t 的价格、总供给与总需求分别为 P_t，S_t 与 D_t，并设①$S_t=2P_t-1$；②$D_t=-P_{t-1}+5$；③$S_t=D_t$. 试求价格与时期 t 的函数关系.

6. 在农业生产中，种植先于产出及产品出售一个适当的时期，t 时期该产品的价格 P_t 决定着生产者在下一时期愿意提供给市场的产量 S_{t+1}，还决定着本时期该产品的需求量 D_t，因此有

$$D_t=a-bP_t,\ S_t=-c+dP_{t-1}\text{（其中 } a, b, c, d \text{ 均为正常数）}.$$

假设每一时期的价格总是确定在市场售清的水平上，即 $S_t=D_t$. 试求价格随时间变化的规律；并讨论市场价格的种种变化趋势.

附录　二阶、三阶行列式简介

一、二阶行列式

行列式的概念来源于解线性方程组，我们来看下面的例子：

用消元法解二元线性方程组

$$\begin{cases} a_{11}x_1 + a_{12}x_2 = b_1, \\ a_{21}x_1 + a_{22}x_2 = b_2. \end{cases} \tag{1}$$

消去 x_2 得

$$(a_{11}a_{22} - a_{12}a_{21})x_1 = b_1a_{22} - a_{12}b_2;$$

消去 x_1 得

$$(a_{11}a_{22} - a_{12}a_{21})x_2 = a_{11}b_2 - b_1a_{21}.$$

当 $a_{11}a_{22} - a_{12}a_{21} \neq 0$ 时，方程组(1)有唯一解：

$$x_1 = \frac{b_1a_{22} - a_{12}b_2}{a_{11}a_{22} - a_{12}a_{21}},\ x_2 = \frac{a_{11}b_2 - b_1a_{21}}{a_{11}a_{22} - a_{12}a_{21}}. \tag{2}$$

式(2)中的分母是由方程组(1)的四个系数决定的，为了便于记忆，引入记号 $\begin{vmatrix} a_{11} & a_{12} \\ a_{21} & a_{22} \end{vmatrix}$，称之为二阶行列式，用它表示数 $a_{11}a_{22} - a_{12}a_{21}$，即

$$\begin{vmatrix} a_{11} & a_{12} \\ a_{21} & a_{22} \end{vmatrix} = a_{11}a_{22} - a_{12}a_{21}. \tag{3}$$

数 $a_{ij}(i, j=1, 2)$ 称为行列式(3)的元素，下标 i 称为**行标**，j 称为**列标**.

对于行列式的定义，可以用**对角线法则**来记忆，如图 1 所示.

把 a_{11}，a_{22}之间的连线(实线)称为**主对角线**，a_{12}，a_{21}之间的连线(虚线)称为**副(次)对角线**. 于是二阶行列式(3)就是主对角线上的两个元素之积减去副对角线上的两个元素之积所得的差. 这种计算二阶行列式的方法，称为**对角线法**.

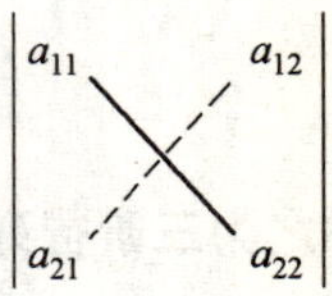

图　1

根据二阶行列式的定义，若记

$$D = \begin{vmatrix} a_{11} & a_{12} \\ a_{21} & a_{22} \end{vmatrix},\ D_1 = \begin{vmatrix} b_1 & a_{12} \\ b_2 & a_{22} \end{vmatrix},\ D_2 = \begin{vmatrix} a_{11} & b_1 \\ a_{21} & b_2 \end{vmatrix},$$

那么方程组(1)的解可以用二阶行列式叙述为：

当二阶行列式 $D = \begin{vmatrix} a_{11} & a_{12} \\ a_{21} & a_{22} \end{vmatrix} \neq 0$ 时，该方程组有唯一解，即

$$x_1=\frac{D_1}{D}=\frac{\begin{vmatrix} b_1 & a_{12} \\ b_2 & a_{22} \end{vmatrix}}{\begin{vmatrix} a_{11} & a_{12} \\ a_{21} & a_{22} \end{vmatrix}},\ x_2=\frac{D_2}{D}=\frac{\begin{vmatrix} a_{11} & b_1 \\ a_{21} & b_2 \end{vmatrix}}{\begin{vmatrix} a_{11} & a_{12} \\ a_{21} & a_{22} \end{vmatrix}}. \tag{4}$$

这种用行列式来表示方程组的解的方法，称为二元一次线性方程组的**行列式解法**，行列式 D 称为方程组(1)的**系数行列式**.

例 1　求解二元线性方程组

$$\begin{cases} 3x_1-2x_2=12, \\ 2x_1+x_2=1. \end{cases}$$

解　由于
$$D=\begin{vmatrix} 3 & -2 \\ 2 & 1 \end{vmatrix}=3-(-4)=7\neq 0,$$

$$D_1=\begin{vmatrix} 12 & -2 \\ 1 & 1 \end{vmatrix}=12-(-2)=14,\ D_2=\begin{vmatrix} 3 & 12 \\ 2 & 1 \end{vmatrix}=3-24=-21,$$

所以
$$x_1=\frac{D_1}{D}=\frac{14}{7}=2,\qquad x_2=\frac{D_2}{D}=\frac{-21}{7}=-3.$$

二、三阶行列式

与二元线性方程组的解法一样，对于三元线性方程组

$$\begin{cases} a_{11}x_1+a_{12}x_2+a_{13}x_3=b_1, \\ a_{21}x_1+a_{22}x_2+a_{23}x_3=b_2, \\ a_{31}x_1+a_{32}x_2+a_{33}x_3=b_3. \end{cases} \tag{5}$$

我们引进由 9 个数 $a_{ij}(i=1,2,3;j=1,2,3)$ 排成的三行三列的数表：

$$\begin{vmatrix} a_{11} & a_{12} & a_{13} \\ a_{21} & a_{22} & a_{23} \\ a_{31} & a_{32} & a_{33} \end{vmatrix}, \tag{6}$$

称之为**三阶行列式**，且规定

$$\begin{vmatrix} a_{11} & a_{12} & a_{13} \\ a_{21} & a_{22} & a_{23} \\ a_{31} & a_{32} & a_{33} \end{vmatrix}=a_{11}a_{22}a_{33}+a_{12}a_{23}a_{31}+a_{13}a_{21}a_{32}-a_{11}a_{23}a_{32}-a_{12}a_{21}a_{33}-a_{13}a_{22}a_{31}. \tag{7}$$

三阶行列式也是一个数，与二阶行列式类似，亦可用对角线法则来记忆，如图 2 所示.

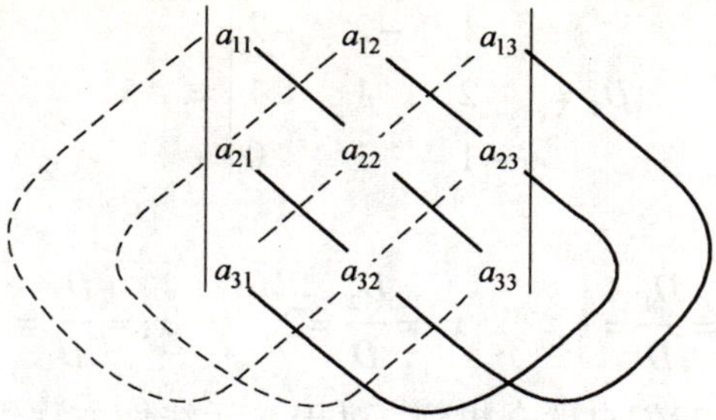

图 2

引入了三阶行列式的概念后，当系数行列式

$$D=\begin{vmatrix} a_{11} & a_{12} & a_{13} \\ a_{21} & a_{22} & a_{23} \\ a_{31} & a_{32} & a_{33} \end{vmatrix}\neq 0$$

时，三元线性方程组(5)有唯一解，其解为

$$x_1=\frac{D_1}{D},\ x_2=\frac{D_2}{D},\ x_3=\frac{D_3}{D} \tag{8}$$

其中，

$$D_1=\begin{vmatrix} b_1 & a_{12} & a_{13} \\ b_2 & a_{22} & a_{23} \\ b_3 & a_{32} & a_{33} \end{vmatrix},\ D_2=\begin{vmatrix} a_{11} & b_1 & a_{13} \\ a_{21} & b_2 & a_{23} \\ a_{31} & b_3 & a_{33} \end{vmatrix},\ D_3=\begin{vmatrix} a_{11} & a_{12} & b_1 \\ a_{21} & a_{22} & b_2 \\ a_{31} & a_{32} & b_3 \end{vmatrix}.$$

这就是三元线性方程组的**行列式解法**.

例 2　用行列式解方程组

$$\begin{cases} x_1-2x_2+x_3=-2, \\ 2x_1+x_2-3x_3=1, \\ -x_1+x_2-x_3=0. \end{cases}$$

解　由于方程组的系数行列式

$$D=\begin{vmatrix} 1 & -2 & 1 \\ 2 & 1 & -3 \\ -1 & 1 & -1 \end{vmatrix}=-1-6+2-(-1-3+4)=-5\neq 0,$$

因此，方程组有唯一解. 又

$$D_1=\begin{vmatrix} -2 & -2 & 1 \\ 1 & 1 & -3 \\ 0 & 1 & -1 \end{vmatrix}=-5,\ D_2=\begin{vmatrix} 1 & -2 & 1 \\ 2 & 1 & -3 \\ -1 & 0 & -1 \end{vmatrix}=-10,$$

$$D_3 = \begin{vmatrix} 1 & -2 & -2 \\ 2 & 1 & 1 \\ -1 & 1 & 0 \end{vmatrix} = -5,$$

所以方程组的解为

$$x_1 = \frac{D_1}{D} = 1, \qquad x_2 = \frac{D_2}{D} = 2, \qquad x_3 = \frac{D_3}{D} = 1.$$

通过上面的讨论，我们自然会想到，对于 n 元线性方程组，它的解是否也可以用 n 阶行列式来表示？如果可以，如何来定义 n 阶行列式？这些问题，我们在《线性代数》中将详尽讨论，此不多赘.

习题答案与提示

第 六 章

习题 6.1（第 2 页）

1. 两点分别在Ⅱ，Ⅴ卦限.

(1) 对于点 A：$(-1, 2, -3)$；$(1, 2, 3)$；$(-1, -2, 3)$.

对于点 B：$(2, 3, 1)$；$(-2, 3, -1)$；$(2, -3, -1)$.

(2) 对于点 A：$(-1, -2, -3)$；$(1, 2, -3)$；$(1, -2, 3)$.

对于点 B：$(2, -3, 1)$；$(-2, 3, 1)$；$(-2, -3, -1)$.

(3) 对于点 A：$(1, -2, -3)$；对于点 B：$(-2, -3, 1)$.

2. 点 $A(3, 4, 0)$ 在 xOy 平面内；点 $B(0, 4, 3)$ 在 yOz 平面内；点 $C(3, 0, 0)$ 在 x 轴上；点 $D(0, -1, 0)$ 在 y 轴上.

3. $\left(-\frac{\sqrt{2}}{2}a, 0, 0\right)$, $\left(\frac{\sqrt{2}}{2}a, 0, 0\right)$, $\left(0, -\frac{\sqrt{2}}{2}a, 0\right)$, $\left(0, \frac{\sqrt{2}}{2}a, 0\right)$,

$\left(-\frac{\sqrt{2}}{2}a, 0, a\right)$, $\left(\frac{\sqrt{2}}{2}a, 0, a\right)$, $\left(0, -\frac{\sqrt{2}}{2}a, a\right)$, $\left(0, \frac{\sqrt{2}}{2}a, a\right)$.

4. $M(-6, -4, 3)$.

习题 6.2（第 6 页）

1. $10\boldsymbol{a}-11\boldsymbol{b}+7\boldsymbol{c}$.
2. $P(2, 3, 6)$.
3. $\left(\frac{6}{11}, \frac{7}{11}, -\frac{6}{11}\right)$ 或 $\left(-\frac{6}{11}, -\frac{7}{11}, \frac{6}{11}\right)$.
4. 18.
5. $\boldsymbol{a}\cdot\boldsymbol{b}+\boldsymbol{b}\cdot\boldsymbol{c}+\boldsymbol{c}\cdot\boldsymbol{a}=-\frac{3}{2}$.
6. $m=2$.
7. $\boldsymbol{e}=\left(-\frac{1}{\sqrt{35}}, \frac{3}{\sqrt{35}}, \frac{5}{\sqrt{35}}\right)$.

习题 6.3（第 12 页）

1. $2x+2y+2z-21=0$.

2. (1) 球心为(1, 0, 0), 半径为1;

(2) 球心为$\left(0, \frac{5}{4}, 0\right)$, 半径为$\frac{\sqrt{89}}{4}$.

3. (1) $y^2+z^2=5x$;　　(2) $x^2+y^2+z^2=9$;

(3) 双曲线绕 x 轴旋转而得的旋转曲面的方程为

$4x^2-9y^2-9z^2=36$;

双曲线绕 y 轴旋转而得的旋转曲面的方程为

$4x^2+4z^2-9y^2=36$.

4. 方程(1), (2)都是旋转曲面.

5. 略.

6. $3x-y+4z-1=0$.

7. $x+2z=0$.

习题 6.4 (第 17 页)

1. (1) $\begin{cases}\left(x-\frac{1}{2}\right)^2+y^2=\left(\frac{\sqrt{5}}{2}\right)^2, \\ z=0;\end{cases}$　　(2) $\begin{cases}4\left(x-\frac{1}{2}\right)^2+2y^2=17, \\ z=0.\end{cases}$

2. $3y^2-z^2=16$;　$3x^2+2z^2=16$.

3. 在 xOy 面上投影为 $x^2+y^2\leqslant ax$; 在 zOx 面上投影为 $x^2+z^2\leqslant a^2$, $x\geqslant 0$, $z\geqslant 0$.

4. 在 xOy 面上的投影为 $x^2+y^2\leqslant 4$; 在 yOz 面上的投影为 $y^2\leqslant z\leqslant 4$; 在 zOx 面上的投影为 $x^2\leqslant z\leqslant 4$.

5. (1) $\frac{x-4}{2}=\frac{y+1}{1}=\frac{z-3}{5}$;　　(2) $\frac{x-2}{1}=\frac{y-3}{0}=\frac{z-1}{0}$;

(3) $\frac{x-3}{-4}=\frac{y+2}{2}=\frac{x-1}{1}$.

6. 对称式方程为$\frac{x-3}{-2}=\frac{y}{1}=\frac{z+2}{3}$;

参数方程为 $x=3-2t$, $y=t$, $z=-2+3t$.

总习题六 (第 22 页)

1. (1) $\lambda=2\mu$; (2) 共面; (3) $x-3y+z+2=0$; (4) 36.

2. (0, 2, 0).

3. $d=\sqrt{30}$.

4. $\theta=\arccos\frac{2}{\sqrt{7}}$.

5. $(x-1)^2+(y+1)^2=4(z-1)$.

6. (1) 母线为 zOx 面上的曲线 $z=2x^2$，旋转轴为 z 轴；

(2) 母线为 xOy 面上的曲线$\dfrac{x^2}{36}+\dfrac{y^2}{9}=1$，旋转轴为 y 轴；

(3) 母线为 yOz 面上的曲线 $z=\sqrt{3}y$，旋转轴为 z 轴；

(4) 母线为 xOy 面上的曲线 $x^2-\dfrac{y^2}{4}=1$，旋转轴为 x 轴.

7. $x-y-3z+16=0$.

8. $x+2y+1=0$.

9. $\dfrac{x+1}{16}=\dfrac{y}{19}=\dfrac{z-4}{28}$.

10. 在 xOy 面上的投影曲线方程为 $\begin{cases}x^2+y^2=x+y,\\ z=0;\end{cases}$

在 zOx 面上的投影曲线方程为$\begin{cases}2x^2+2xz+z^2-4x-3z+2=0,\\ y=0;\end{cases}$

在 yOz 面上的投影曲线方程为$\begin{cases}2y^2+2yz+z^2-4y-3z+2=0,\\ x=0.\end{cases}$

11. 在 xOy 面上的投影为$\begin{cases}(x-1)^2+y^2\leqslant 1,\\ z=0;\end{cases}$

在 yOz 面上的投影为$\begin{cases}\left(\dfrac{z^2}{2}-2\right)^2+y^2\leqslant 1,\\ x=0;\end{cases}$

在 zOx 面上的投影为$\begin{cases}x\leqslant z\leqslant \sqrt{2x},\\ y=0.\end{cases}$

12. 略.

第　七　章

习题 7.1 (第 30 页)

1. $\dfrac{xy}{xy^3+1}$.

2. $(x+y)^{xy}+(xy)^{2x}$.

3. (1) $\{(x,y)\mid y<x^2+1\}$；　(2) $\{(x,y)\mid x+y>0,\ x-y>0\}$；

(3) $\{(x,y)\mid y>x,\ x\geqslant 0,\ x^2+y^2<1\}$；

(4) $\{(x,y)\mid z^2\leqslant x^2+y^2,\ x^2+y^2\neq 0\}$.

4. (1) 1；(2) ln2；(3) 4；(4) 2.

5. 略.

6. $y^2=2x$.

习题 7.2（第 38 页）

1. （1）$\frac{\partial z}{\partial x}=3x^2y-y^3$，$\frac{\partial z}{\partial y}=x^3-3xy^2$；

（2）$\frac{\partial z}{\partial x}=\frac{e^y}{y^2}$，$\frac{\partial z}{\partial y}=\frac{xe^y(y-2)}{y^3}$；

（3）$\frac{\partial z}{\partial x}=\frac{1}{2x\sqrt{\ln(xy)}}$，$\frac{\partial z}{\partial y}=\frac{1}{2y\sqrt{\ln(xy)}}$；

（4）$\frac{\partial z}{\partial x}=y[\cos(xy)-\sin(2xy)]$，$\frac{\partial z}{\partial y}=x[\cos(xy)-\sin(2xy)]$；

（5）$\frac{\partial z}{\partial x}=\frac{2}{y}\csc\frac{2x}{y}$，$\frac{\partial z}{\partial y}=-\frac{2x}{y^2}\csc\frac{2x}{y}$；

（6）$\frac{\partial z}{\partial x}=y^2(1+xy)^{y-1}$，

$\frac{\partial z}{\partial y}=(1+xy)^y\left[\ln(1+xy)+\frac{xy}{1+xy}\right]$；

（7）$\frac{\partial u}{\partial x}=\frac{y}{z}x^{\frac{y}{z}-1}$，$\frac{\partial u}{\partial y}=\frac{1}{z}x^{\frac{y}{z}}\ln x$，$\frac{\partial u}{\partial z}=-\frac{y}{z^2}x^{\frac{y}{z}}\cdot\ln x$；

（8）$\frac{\partial u}{\partial x}=\frac{z(x-y)^{z-1}}{1+(x-y)^{2z}}$，$\frac{\partial u}{\partial y}=-\frac{z(x-y)^{z-1}}{1+(x-y)^{2z}}$，

$\frac{\partial u}{\partial z}=\frac{(x-y)^z\ln(x-y)}{1+(x-y)^{2z}}$.

2. $f_x(x,1)=\frac{d}{dx}f(x,1)=1$.

3. $\frac{\pi}{6}$.

4. （1）$\frac{\partial^2 z}{\partial x^2}=\frac{2xy}{(x^2+y^2)^2}$，$\frac{\partial^2 z}{\partial y^2}=-\frac{2xy}{(x^2+y^2)^2}$，$\frac{\partial^2 z}{\partial x\partial y}=\frac{y^2-x^2}{(x^2+y^2)^2}$；

（2）$\frac{\partial^2 z}{\partial x^2}=y^x\ln^2 y$，$\frac{\partial^2 z}{\partial y^2}=x(x-1)y^{x-2}$，$\frac{\partial^2 z}{\partial x\partial y}=y^{x-1}(x\ln y+1)$.

5. $\frac{\partial^3 z}{\partial x^2\partial y}=0$；$\frac{\partial^3 z}{\partial x\partial y^2}=-\frac{1}{y^2}$.

6. （1）$\left(y+\frac{1}{y}\right)dx+\left(x-\frac{x}{y^2}\right)dy$；

(2) $-\dfrac{x}{(x^2+y^2)^{\frac{3}{2}}}(y\mathrm{d}x-x\mathrm{d}y)$;

(3) $\mathrm{e}^x(x^2+y^2+z^2+2x)\mathrm{d}x+2y\mathrm{e}^x\mathrm{d}y+2z\mathrm{e}^x\mathrm{d}z$;

(4) $yzx^{yz-1}\mathrm{d}x+zx^{yz}\ln x\mathrm{d}y+yx^{yz}\ln x\mathrm{d}z$.

7. $\mathrm{d}f(1,1,1)=\mathrm{d}x-\mathrm{d}y$.

8. $\Delta z=-\dfrac{5}{42}$, $\mathrm{d}z=-0.125$.

9. 略.

习题 7.3（第 42 页）

1. $\mathrm{e}^{\sin t-2t^3}(\cos t-6t^2)$.

2. $\dfrac{\partial z}{\partial x}=3x^2\sin y\cos y(\cos y-\sin y)$,

$\dfrac{\partial z}{\partial y}=-2x^3\sin y\cos y(\sin y+\cos y)+x^3(\sin^3y+\cos^3y)$.

3. $\dfrac{\partial z}{\partial x}=\dfrac{2x}{y^2}\ln(3x-2y)+\dfrac{3x^2}{(3x-2y)y^2}$,

$\dfrac{\partial z}{\partial y}=-\dfrac{2x^2}{y^3}\ln(3x-2y)-\dfrac{2x^2}{(3x-2y)y^2}$.

4. $\dfrac{\partial z}{\partial x}=(x+y)^{(x+y)}[\ln(x+y)+1]$, $\dfrac{\partial z}{\partial y}=(x+y)^{(x+y)}[\ln(x+y)+1]$.

5. $\dfrac{\mathrm{d}z}{\mathrm{d}x}=\dfrac{\mathrm{e}^x(1+x)}{1+x^2\mathrm{e}^{2x}}$.

6. $\dfrac{\mathrm{d}u}{\mathrm{d}x}=\mathrm{e}^{ax}\sin x$.

7. 略.

8. (1) $\dfrac{\partial u}{\partial x}=2xf_1'+y\mathrm{e}^{xy}f_2'$, $\dfrac{\partial u}{\partial y}=-2yf_1'+x\mathrm{e}^{xy}f_2'$;

(2) $\dfrac{\partial u}{\partial x}=\dfrac{1}{y}f_1'$, $\dfrac{\partial u}{\partial y}=-\dfrac{x}{y^2}f_1'+\dfrac{1}{z}f_2'$, $\dfrac{\partial u}{\partial z}=-\dfrac{y}{z^2}f_2'$;

(3) $\dfrac{\partial u}{\partial x}=f_1'+yf_2'+yzf_3'$, $\dfrac{\partial u}{\partial y}=xf_2'+xzf_3'$, $\dfrac{\partial u}{\partial z}=xyf_3'$.

9. 略.

习题 7.4（第 44 页）

1. $\dfrac{\mathrm{d}y}{\mathrm{d}x}=\dfrac{y^2-\mathrm{e}^x}{\cos y-2xy}$.

2. $\dfrac{dy}{dx}=\dfrac{x+y}{x-y}$.

3. $\dfrac{\partial z}{\partial x}=\dfrac{yz-\sqrt{xyz}}{\sqrt{xyz}-xy}$，$\dfrac{\partial z}{\partial y}=\dfrac{xz-2\sqrt{xyz}}{\sqrt{xyz}-xy}$.

4. $\dfrac{\partial z}{\partial x}=\dfrac{z}{x+z}$，$\dfrac{\partial z}{\partial y}=\dfrac{z^2}{y(x+z)}$.

5~7. 略.

8. $\dfrac{\partial^2 z}{\partial x^2}=\dfrac{2y^2ze^z-2xy^3z-y^2z^2e^z}{(e^z-xy)^3}$.

9. $\dfrac{\partial^2 z}{\partial x\partial y}=\dfrac{z(z^4-2xyz^2-x^2y^2)}{(z^2-xy)^3}$.

10. $\dfrac{du}{dx}=f_x+\dfrac{y^2}{1-xy}f_y+\dfrac{z}{xz-x}f_z$.

习题 7.5（第 52 页）

1. 极小值$f(-1,-1)=-2$，极小值$f(1,1)=-2$.
2. 极大值$f(3,2)=36$.
3. 极小值$f\left(\dfrac{1}{2},-1\right)=-\dfrac{e}{2}$.
4. 极大值$z=\dfrac{1}{4}$.
5. 最大值$f(2,1)=4$，最小值$f(4,2)=-64$.
6. 等腰直角三角形.
7. $\left(\dfrac{8}{5},\dfrac{16}{5}\right)$.
8. 当矩形的边长为$\dfrac{2p}{3}$和$\dfrac{p}{3}$时，绕短边旋转所得圆柱体的体积最大.

总习题七（第 58 页）

1. (1) 充分，必要；(2) 必要，充分；(3) 充分；(4) 充分.
2. $D=\{(x,y)\mid x-y>0,\ y\geqslant 0,\ x^2+y^2<a^2\}$.
3. (1) ln2；(2) 2.
4. 略.
5. $dz=(2x+y)e^{-\arctan\frac{y}{x}}dx+(2y-x)e^{-\arctan\frac{y}{x}}dy$，

   $\dfrac{\partial^2 z}{\partial x\partial y}=\dfrac{y^2-x^2-xy}{x^2+y^2}e^{-\arctan\frac{y}{x}}$.

6. $f_x(x,y)=\begin{cases}\dfrac{2xy^3}{(x^2+y^2)^2}, & x^2+y^2\neq 0,\\ 0, & x^2+y^2=0;\end{cases}$

$f_y(x,y)=\begin{cases}\dfrac{x^2(x^2-y^2)}{(x^2+y^2)^2}, & x^2+y^2\neq 0,\\ 0, & x^2+y^2=0.\end{cases}$

7. 略.

8. $\dfrac{du}{dt}=yx^{y-1}\varphi'(t)+x^y\ln x\cdot\psi'(t)$.

9. (1) $z_{极大}=f(0,0)=1$；(2) $z_{极大}\big|_{y=2}=-3$.

10. 容器的长、宽、高分别为 $\sqrt[3]{100}$m、$\sqrt[3]{100}$m、$\sqrt[3]{100}$m 时，制作材料最省.

第 八 章

习题 8.1（第 64 页）

1. (1) $\iint\limits_D(x+y)^2d\sigma\leqslant\iint\limits_D(x+y)^3d\sigma$；

(2) $\iint\limits_D[\ln(x+y)]^2d\sigma\leqslant\iint\limits_D\ln(x+y)d\sigma$；

(3) $\iint\limits_D\ln(x+y)d\sigma<\iint\limits_D[\ln(x+y)]^2d\sigma$.

2. (1) $0\leqslant\iint\limits_D\sin^2x\sin^2y\,d\sigma\leqslant\pi^2$；(2) $2\leqslant\iint\limits_D(x+y+1)d\sigma\leqslant 8$；

(3) $36\pi\leqslant\iint\limits_D(x^2+4y^2+9)d\sigma\leqslant 100\pi$.

3. $I_1=4I_2$.

习题 8.2（第 78 页）

1. (1) 8；(2) $\dfrac{20}{3}$；(3) $\dfrac{1}{27}$；(4) $\dfrac{13}{6}$；(5) $\dfrac{64}{15}$；(6) $\dfrac{243}{20}$.

2. (1) $\int_0^4dx\int_{\frac{x}{2}}^{\sqrt{x}}f(x,y)dy$；(2) $\int_0^1dy\int_{2-y}^{1+\sqrt{1-y^2}}f(x,y)dx$；

(3) $\int_0^1dy\int_{e^y}^{e}f(x,y)dx$；

(4) $\int_{-1}^0dy\int_{-2\arcsin y}^{\pi}f(x,y)dx+\int_0^1dy\int_{\arcsin y}^{\pi-\arcsin y}f(x,y)dx$.

3. (1) $I = \int_0^4 dx \int_x^{2\sqrt{x}} f(x, y) dy = \int_0^4 dy \int_{\frac{y^2}{4}}^{y} f(x, y) dx$;

(2) $I = \int_1^2 dx \int_{\frac{1}{x}}^{x} f(x, y) dy$

$= \int_{\frac{1}{2}}^{1} dy \int_{\frac{1}{y}}^{2} f(x, y) dx + \int_1^2 dy \int_y^2 f(x, y) dx.$

4. (1) $\int_0^{2\pi} d\theta \int_0^a f(r\cos\theta, r\sin\theta) r dr$;

(2) $\int_{-\frac{\pi}{2}}^{\frac{\pi}{2}} d\theta \int_0^{2\cos\theta} f(r\cos\theta, r\sin\theta) r dr.$

5. (1) $\pi(e^4 - 1)$; (2) $\frac{\pi}{4}(2\ln 2 - 1)$; (3) $\frac{3\pi^2}{64}$.

6. (1) $1 - \sin 1$; (2) $-6\pi^2$; (3) $\frac{2\pi}{3}(b^3 - a^3)$; (4) $\frac{4}{3}$.

7. (1) $\int_0^{\frac{\pi}{4}} d\theta \int_0^{a\sec\theta} r \cdot r dr = \frac{a^3}{6}[\sqrt{2} + \ln(\sqrt{2} + 1)]$;

(2) $\int_0^{\frac{\pi}{4}} d\theta \int_0^{\sec\theta\tan\theta} r^{-1} \cdot r dr = \sqrt{2} - 1$;

(3) $\int_0^{\frac{\pi}{2}} d\theta \int_0^a r^2 \cdot r dr = \frac{\pi a^4}{8}$.

8. (1) $\int_0^{\frac{\pi}{4}} d\theta \int_0^{\sec\theta} f(r\cos\theta, r\sin\theta) r dr + \int_{\frac{\pi}{4}}^{\frac{\pi}{2}} d\theta \int_0^{\csc\theta} f(r\cos\theta, r\sin\theta) r dr$;

(2) $\int_{\frac{\pi}{4}}^{\frac{\pi}{3}} d\theta \int_0^{2\sec\theta} f(r) r dr$;

(3) $\int_0^{\frac{\pi}{2}} d\theta \int_{\frac{1}{\cos\theta + \sin\theta}}^{1} f(r\cos\theta, r\sin\theta) r dr$;

(4) $\int_0^{\frac{\pi}{4}} d\theta \int_{\sec\theta\tan\theta}^{\sec\theta} f(r\cos\theta, r\sin\theta) r dr.$

9. $\frac{17}{6}$.

10. $\frac{3}{32}\pi a^4$.

11. (1) $\frac{2}{3}$; (2) $\frac{\pi}{2}$.

12*. $\sqrt{2}\pi$.

13*. $\frac{\pi a^2}{2}$.

总习题八（第 82 页）

1. （1）（A）；（2）（B）；（3）（B）；（4）（D）.

2. （1）$\frac{1}{2}$；（2）0.

3. （1）$\frac{3}{2}+\sin 1+\cos 1-2\sin 2-\cos 2$；

（2）$\pi^2-\frac{40}{9}$；（3）$\frac{R^3}{3}\left(\pi-\frac{4}{3}\right)$；（4）$9\pi R^2+\frac{\pi}{4}R^4$.

4. （1）$\int_{-2}^{0}\mathrm{d}x\int_{2x+4}^{4-x^2}f(x,y)\mathrm{d}y$；（2）$\int_{0}^{2}\mathrm{d}x\int_{\frac{x}{2}}^{3-x}f(x,y)\mathrm{d}y$；

（3）$\int_{0}^{1}\mathrm{d}y\int_{0}^{y^2}f(x,y)\mathrm{d}x+\int_{1}^{2}\mathrm{d}y\int_{0}^{\sqrt{2y-y^2}}f(x,y)\mathrm{d}x$.

5. （1）略；（2）略.

6. $f(x,y)=\sqrt{1-x^2-y^2}+\frac{8}{9\pi}-\frac{2}{3}$.

7*. $2a^2$.

第 九 章

习题 9.1（第 89 页）

1. 略. 2. 略.
3. （1）收敛；（2）发散；（3）发散.
4. （1）收敛；（2）发散；（3）发散；（4）发散.

习题 9.2（第 94 页）

1. （1）发散；（2）发散；（3）收敛；（4）收敛；（5）发散；（6）发散；（7）收敛；（8）当 $0<a<1$ 时，发散；当 $a\geqslant 1$ 时，收敛.
2. （1）收敛；（2）发散；（3）收敛；（4）发散；（5）收敛；（6）收敛
3. （1）收敛；（2）收敛；（3）发散.

习题 9.3（第 98 页）

1. 略.
2. （1）条件收敛；（2）绝对收敛；（3）绝对收敛；（4）绝对收敛；（5）条件收敛.

习题 9.4（第 110 页）

1. （1）收敛半径 $R=1$，收敛区域：$(-1,1]$；（2）收敛半径 $R=3$，收敛区域：

$[0, 6)$；(3) 收敛半径 $R=\frac{1}{2}$，收敛区域：$\left[-\frac{1}{2}, \frac{1}{2}\right]$；(4) 收敛半径 $R=1$，收敛区域：$[-1, 1]$；(5)收敛半径 $R=\sqrt{2}$，收敛区域：$(-\sqrt{2}, \sqrt{2})$.

2. (1) $s(x)=\frac{1}{(1-x)^2}$，$x\in(-1, 1)$；(2) $s(x)=\arctan x$，$x\in[-1, 1]$；

(3) $s(x)=\frac{x}{2}\ln\frac{1+x}{1-x}$，$(-1, 1)\sum_{n=1}^{\infty}\frac{1}{(2n-1)\cdot 2^n}=\frac{1}{\sqrt{2}}\ln(\sqrt{2}+1)$

3. (1) $(1+x)\ln(1+x)=x+\sum_{n=1}^{\infty}\frac{(-1)^{n-1}x^{n+1}}{n(n+1)}$，$x\in(-1, 1]$；

(2) $x^2e^{-x}=\sum_{n=0}^{\infty}\frac{(-1)^n}{n!}x^{n+2}$，$x\in(-\infty, +\infty)$；

(3) $\frac{1}{(1+x)^2}=\sum_{n=1}^{\infty}(-1)^{n+1}nx^{n-1}$，$x\in(-1, 1)$；

(4) $\arctan x=\sum_{n=0}^{\infty}(-1)^n\frac{x^{2n+1}}{2n+1}$，$x\in[-1, 1]$.

4. $\sin x=\frac{\sqrt{2}}{2}\left[1+\left(x-\frac{\pi}{4}\right)-\frac{\left(x-\frac{\pi}{4}\right)^2}{2!}-\frac{\left(x-\frac{\pi}{4}\right)^3}{3!}+\cdots\right]$，$x\in(-\infty, +\infty)$.

5. $f(x)=\ln x=\ln 2+\sum_{n=0}^{\infty}(-1)^n\frac{(x-2)^{n+1}}{(n+1)\cdot 2^{n+1}}$，$x\in(0, 4]$.

6. $f(x)=\frac{1}{4}\sum_{n=0}^{\infty}(-1)^n\frac{(x-1)^n}{2^n}-\frac{1}{8}\sum_{n=0}^{\infty}(-1)^n\frac{(x-1)^n}{4^n}$，$x\in(-1, 3)$.

总习题九（第113页）

1. (1) 必要；(2) $2s-u_1$；(3) $s=1$.
2. (1) 收敛；(2) 发散；(3) 发散；(4) 发散；
   (5) 当 $a>1$ 时发散；当 $a<1$ 时收敛；当 $a=1$，$s>1$ 时收敛，当 $a=1$，$s\leqslant 1$ 时发散.
3. (1) 绝对收敛；(2) 条件收敛；(3) 绝对收敛.
4. 略.
5. 略.
6. (1) 收敛半径 $R=\frac{1}{5}$，收敛区域：$\left[-\frac{1}{5}, \frac{1}{5}\right)$；(2)收敛半径 $R=2$，收敛区域：$(-1, 3)$；
   (3) 收敛半径 $R=\sqrt{2}$，收敛区域：$(-\sqrt{2}, \sqrt{2})$.

7. (1) $\sum_{n=1}^{\infty}\frac{n}{n+1}x^n=\begin{cases}\frac{1}{x(1-x)}+\frac{\ln(1-x)}{x}, & -1<x<0 \text{或} 0<x<1,\\ 0, & x=0;\end{cases}$

(2) $\sum_{n=0}^{\infty}(2n+1)x^n=\frac{x+1}{(1-x)^2}$, $x\in(-1,1)$;

(3) $\sum_{n=1}^{\infty}\frac{n^2}{n!}x^n=x(1+x)e^x$, $x\in(-\infty,+\infty)$.

8. (1) $\frac{e^x-e^{-x}}{2}=\sum_{n=0}^{\infty}\frac{x^{2n+1}}{(2n+1)!}=x+\frac{x^3}{3!}+\frac{x^5}{5!}\cdots$, $|x|<\infty$;

(2) $\cos^2x=1+\sum_{n=1}^{\infty}\frac{(-1)^n2^{2n-1}x^{2n}}{(2n)!}$, $|x|<\infty$;

(3) $a^x=\sum_{n=0}^{\infty}\frac{(\ln a)^nx^n}{n!}$, $|x|<\infty$.

9. (1) $\frac{1}{3-x}=\sum_{n=0}^{\infty}\frac{1}{2^{n+1}}(x-1)^n$, $x\in(-1,3)$;

(2) $\ln\frac{x}{1+x}=\sum_{n=1}^{\infty}(-1)^{n-1}\frac{2^n-1}{n\cdot 2^n}(x-1)^n-\ln 2$, $x\in(0,2]$.

第 十 章

习题 10.1（第 118 页）

1. (1) 是解，但不是通解；(2) 是解，但不是通解.
2. (1) $y=x^2+C$;

   (2) $y=x^2+3$;

   (3) $y=x^2+4$.

习题 10.2（第 125 页）

1. (1) $y=e^{Cx}$, C 为任意常数；

   (2) $\arcsin y=\arcsin x+C$;

   (3) $\ln|\cos y|=\ln(e^x+1)+\ln|C|$ 或 $\cos y=C(e^x+1)$.
2. (1) $y=\frac{1}{3}\arcsin\left[\frac{3}{2}(1+\cos 2x)\right]$;

   (2) $y^2=-2xe^x+2e^x-1$.
3. (1) $y=xe^{Cx}$;

   (2) $\tan\frac{y}{2x}=Cx$;

(3) $(x^2+y^2)e^{\arctan\frac{y}{x}}=2e^{\frac{\pi}{4}}$.

4. (1) $y=\frac{1}{2}x\sec x+\frac{1}{2}\sin x+C\sec x$;

(2) $y=\frac{x^2}{3}+\frac{3x}{2}+2+\frac{C}{x}$;

(3) $y=x\sec x$;

(4) $y=\frac{1}{2}(x^3-x^3e^{x^{-2}}-1)$.

5. (1) (提示：令 $x+y=u$，则 $y=u-x$)
$y=-x+\tan(x-C)$;

(2) $\left(\text{提示：令 } xy=u\text{，则 } y=\frac{u}{x}\right)$ $y=\frac{1}{x}e^{Cx}$;

(3) (提示：令 $y+\sin x-1=u$，则 $y=u-\sin x+1$) $y=1-\sin x-\frac{1}{x+C}$.

习题 10.3（第 127 页）

1. $x=e^{-p^3}$.

2. $\begin{cases}\frac{dN}{dt}=rN(t),\\ N(t)\big|_{t=t_0}=N_0,\end{cases}$ 其解为 $N(t)=N_0e^{r(t-t_0)}$，即人口以 e^r 为公比，按几何级数增加.

3. $\frac{dx_1}{dt}=\alpha\beta x_1-\lambda x_1$，$\frac{dx_2}{dt}=\alpha(1-\beta)x_1-\lambda x_2$，$x_1=me^{(\alpha\beta-\lambda)t}$，$x_2=\left(n-\frac{1-\beta}{\beta}m\right)e^{-\lambda t}+\frac{1-\lambda}{\lambda}me^{(\alpha\beta-\lambda)t}$.

4. (1) $x(t)=\frac{N}{1+3e^{-Nkt}}$;

(2) 当 $T=\frac{\ln 3}{Nk}$时，$x(t)$增长的速度是最快的.

习题 10.4（第 131 页）

1. (1) $y=\frac{e^{2x}}{8}+\sin x+C_1x^2+C_2x+C_3$，其中 $C_1=\frac{C}{2}$，C_2，C_3 是任意常数;

(2) $y=x\arctan x-\frac{1}{2}\ln(1+x^2)+C_1x+C_2$;

(3) $y=-\ln|\cos(x+C_1)|+C_2$;

（4）$y=C_1e^x-\frac{x^2}{2}-x+C_2$；

（5）$x=\pm\left[\frac{2}{3}(\sqrt{y}+C_1)^{\frac{3}{2}}-2C_1\sqrt{\sqrt{y}+C_1}\right]+C_2$；

（6）$y=(C_1^{-2}+x^2)\arctan(C_1x)-C_1^{-1}x+C_2$.

2. （1）$y=\frac{1}{a^3}e^{ax}-\frac{1}{2a}e^a x^2+\frac{e^a}{a^2}(a-1)x+\frac{e^a}{2a^3}(2a-a^2-2)$；

（2）$\sqrt{2y-2y^2}-\sqrt{2}\arcsin\sqrt{1-y}+1=x$；

（3）$y=-\frac{1}{a}\ln(ax+1)$；

（4）$y=\ln\sec x$.

3. $y=\frac{1}{6}x^3+\frac{1}{2}x+1$.

习题 10.5（第 140 页）

1. $y=C_1\cos\omega x+C_2\sin\omega x$.

2. （1）$y=C_1e^{3x}+C_2e^{-x}$；

（2）$y=e^{-x}(C_1\cos2x+C_2\sin2x)$；

（3）$x=e^{\frac{5}{2}t}(C_1+C_2t)$；

（4）$y=e^{-3x}(C_1\cos2x+C_2\sin2x)$.

3. （1）$y=e^{-\frac{1}{2}x}(2+x)$；

（2）$y=e^{-x}-e^{4x}$；

（3）$y=3e^{-2x}\sin5x$；

（4）$y=2\cos5x+\sin5x$.

4. （1）$y=C_1e^{3x}+C_2e^{2x}-\left(\frac{1}{2}x^2+x\right)e^{2x}$；

（2）$y=C_1\cos x+C_2\sin x+\frac{1}{2}e^x$；

（3）$y=C_1+C_2e^{-\frac{5}{2}x}+x\left(\frac{1}{3}x^2-\frac{3}{5}x+\frac{7}{25}\right)$；

（4）$y=C_1e^{-x}+C_2e^{-2x}+3x\left(\frac{1}{2}x-1\right)e^{-x}$；

（5）$y=C_1\cos2x+C_2\sin2x+\frac{1}{3}x\cos x+\frac{2}{9}\sin x$.

5. （1）$y=-5e^x+\frac{7}{2}e^{2x}+\frac{5}{2}$；

(2) $y=e^x-e^{-x}+e^x(x^2-x)$.

习题 10.6（第 148 页）

1. (1) $\Delta y_x=2x$, $\Delta^2 y_x=2$;

(2) $\Delta y_x=(a-1)a^x$, $\Delta^2 y_x=(a-1)^2a^x$;

(3) $\Delta y_t=2t+1$, $\Delta^2 y_t=2$.

2. (1) $y_{x+2}-2y_{x+1}-y_x=1$，二阶；

(2) $y_{t+3}-3y_{t+2}=3$，一阶.

3. (1) $y_x=\frac{19}{16}\cdot(-1)^x+3^x\left(\frac{x}{4}-\frac{3}{16}\right)$;

(2) $y_x=\frac{35}{16}\cdot 5^x-\frac{x^2}{4}-\frac{x}{8}-\frac{3}{16}$;

(3) $s_t=9^t\left(\frac{t^3}{3}-\frac{t^2}{2}+\frac{t}{6}+9\right)$.

4. (1) $y_t=t^2+2t+C$;

(2) $y_x=C\cdot 4^x-\frac{x^2\ln 2}{3}-\frac{x\ln 2}{9}-\frac{4\ln 2}{27}$;

(3) $y_t=C+2^t$.

习题 10.7（第 152 页）

1. $y_t=C[1+\theta(1-\lambda-\beta)]^t+\frac{a+b}{1-\lambda-\beta}$.

2. $S_t=S_0(1+r)^t$.

3. $P_t=A\cdot 2^{-t}+\frac{3}{4}$.

总习题十（第 157 页）

1. (1) $y=2x\arctan(Cx)$;

(2) $y=ax+\frac{C}{\ln x}$;

(3) $x=Cy^{-2}+\ln y-\frac{1}{2}$;

(4) $y^{-2}=Ce^{x^2}+x^2+1$;

(5) $x^2+y^2-2\arctan\frac{y}{x}=C$;

(6) $y=\frac{1}{2C_1}(e^{C_1x+C_2}+e^{-C_1x-C_2})$;

(7) $y=\frac{1}{3}x^3-x^2+2x+C_1e^{-x}+C_2$;

(8) $x^2=Cy^6+y^4$;

(9) $2\sqrt{(x^2+y)^3}-2x^3-3xy=C$.

2. $f(x)=C_1\ln x+C_2$.

3. $f(x)=\sin x+\cos x$.

4. (1) $y_t=C\cdot(-3)^t+\frac{5t}{4}-\frac{5}{16}$;

(2) $y_t=C\cdot 2^t-t^2-2t-4$;

(3) $y_t=\frac{3}{4}+\frac{3^t}{4}$;

(4) $y_t=\frac{13}{12}(-2)^t+\frac{2^t}{4}$.

5. $P_t=C\left(-\frac{1}{2}\right)^t+2$.

6. $P_t=\frac{a+c}{b+d}+A\left(-\frac{d}{b}\right)^t$($A$为任意常数).

参 考 文 献

[1] 吴传生. 经济数学——微积分 [M]. 北京：高等教育出版社，2003.

[2] 苏德矿，金蒙伟. 微积分 [M]. 北京：高等教育出版社，2004.

[3] 龚德恩，范培华. 经济应用数学基础 [M]. 北京：高等教育出版社，2012.

[4] 吴赣昌. 微积分（经济类）[M]. 北京：中国人民大学出版社，2006.

[5] 罗蕴玲，安建业，程伟，等. 高等数学及其应用 [M]. 北京：高等教育出版社，2010.

[6] 隋如彬，吴刚，杨兴云. 微积分（经管类）[M]. 北京：科学出版社，2007.

[7] 同济大学数学系. 高等数学：上册 [M]. 6 版. 北京：高等教育出版社，2007.

[8] 同济大学数学系. 高等数学：下册 [M]. 6 版. 北京：高等教育出版社，2007.

[9] Dale Varberg，Edwin J P，Steven E R. 微积分 [M]. 刘深泉，张万芹，杜保健，等译. 北京：机械工业出版社，2011.

[10] 李秀珍. 高等数学（少学时）[M]. 北京：北京邮电大学出版社，2010.

[11] 赵凯，黄秋灵. 微积分 [M]. 北京：高等教育出版社，2009.

[12] 陆全. 经济类高等数学课程学习及考研辅导 [M]. 天津：天津大学出版社，2004.

[13] 李心灿. 高等数学应用 205 例 [M]. 北京：高等教育出版社，1997.

[14] 李秀珍，庞常词. 数学实验 [M]. 北京：机械工业出版社，2008.

[15] 姜启源，邢文训，谢金星，等. 大学数学实验 [M]. 2 版. 北京：清华大学出版社，2010.

[16] 石博强，滕贵法，李海鹏，等. MATLAB 数学计算范例教程 [M]. 北京：中国铁道出版社，2004.

[17] 薛定宇，陈阳泉. 高等应用数学问题的 MATLAB 求解 [M]. 2 版. 北京：清华大学出版社，2008.